Design

职业设计师岗位技能培训系列教程

从设计到印刷

1 DVD
影音视频
教学光盘

Photoshop CS6

平面设计师必读

刘大智 编著

Print

U0222005

北京希望电子出版社
Beijing Hope Electronic Press
www.bhp.com.cn

内 容 简 介

本书全面介绍了 Photoshop CS6 的基础知识和各项功能，以及相关的印刷知识。

全书共 11 章。第 1~2 章介绍使用 Photoshop 前的准备工作、原稿的获取与基本操作；第 3~5 章讲解了 Photoshop 中选区和路径、图层、文字等功能的使用方法和技巧；第 6~8 章介绍了 Photoshop 中蒙版和通道、色彩、滤镜等高级操作技能；第 9 章给出了印刷过程中陷阱分析；第 10 章总结了 Photoshop 中提高工作效率的技能；第 11 章利用综合案例介绍了常用文字特效、利用通道处理图像、手绘技法、数码照片处理技法、制作宣传海报等操作技能。

本书可以作为设计、印刷等专业院校的教材，也可以作为有志从事设计工作的自学人员的学习用书。

本书配套光盘内容为书中部分案例视频教学，同时还配有部分图片素材、场景和效果文件。

图书在版编目（CIP）数据

从设计到印刷 Photoshop CS6 平面设计师必读 / 刘大智编著.
—北京：北京希望电子出版社，2013.6
职业设计师岗位技能培训系列教程

ISBN 978-7-83002-101-6

Ⅰ.①从… Ⅱ.①刘… Ⅲ.①图象处理软件－技术培训－教材
Ⅳ.①TP391.41

中国版本图书馆 CIP 数据核字（2013）第 095563 号

出版：北京希望电子出版社	封面：深度文化
地址：北京市海淀区上地 3 街 9 号	编辑：刘秀青
金隅嘉华大厦 C 座 611	校对：刘 伟
邮编：100085	开本：787mm×1092mm　1/16
网址：www.bhp.com.cn	印张：25
电话：010-62978181（总机）转发行部	印数：1-3500
010-82702675（邮购）	字数：593 千字
传真：010-82702698	印刷：北京市密东印刷有限公司
经销：各地新华书店	版次：2013 年 6 月 1 版 1 次印刷

定价：49.80 元（配 1 张 DVD 光盘）

丛书序

职业教育是我国教育事业的重要组成部分，是衡量一个国家现代化水平的重要标志，我国一直非常重视职业教育的发展。《国务院关于大力发展职业教育的决定》中明确提出，要"推进职业教育办学思想的转变。坚持'以服务为宗旨、以就业为导向'的职业教育办学方针，积极推动职业教育从计划培养向市场驱动转变，从政府直接管理向宏观引导转变，从传统的升学导向向就业导向转变。促进职业教育教学与生产实践、技术推广、社会服务紧密结合，推动职业院校更好地面向社会、面向市场办学"。各级政府和社会各界对这种职业教育的办学思路已逐步形成共识，并引导着我国职业教育不断深化改革。

在新闻出版领域中，随着计算机技术的发展，装帧设计、排版输出的软硬件技术也得到了迅速发展。由于缺少专门的培训机构，在岗人员多采取自学的方式来掌握新技术，因此存在技术掌握不系统、不全面的问题，甚至因为错误理解、应用导致印刷错误而造成经济损失。

鉴于以上原因，新闻出版总署教育培训中心开展了"职业数码出版设计师"高级技能人才培训项目。该培训聘请资深软件技术工程师、北京印刷学院等院校的专业讲师以及来自生产一线的实战技能专家共同参与开发教育方案，参照"理论+实践"培训模式，力求切实提高学员的实际工作能力，培养掌握最新技术并具备实际工作水平的专业人才。

关于"职业数码出版设计师"培训

"职业数码出版设计师"是同时掌握设计专业知识、相关计算机软件技术以及印刷常识，能够独立完成出版社、杂志社、报社、广告公司、印刷制版中心设计工作的专业设计师。培训包括以下模块。

- Photoshop色彩管理与专业校色模块：系统介绍色彩管理的知识，包括原稿分析，图像阶调的调整，图像色彩的调整，图像清晰度的调整，重要类型图像的校正方法。
- InDesign排版技术应用模块：传授InDesign最新的排版技术，令学员能完成符合印刷要求的排版，掌握使用InDesign的各种技巧，规避排版中的各种错误。
- 印刷基础模块：主要讲解印刷基础知识，如基本概念、印刷分类，印刷品的成色原理与影响色彩还原的因素；典型工艺流程，即"设计—制作—排版—输出—印刷—印后工艺-装订与成型"完整工艺流程。
- 印刷品质量评价与事故鉴别方法：讲解各种特殊印刷品表面装饰工艺：覆膜、局部上光工艺、烫印、模切与凸凹等；以及印刷成本核算与报价方法。

关于"从设计到印刷"丛书

本丛书是配合新闻出版总署教育培训中心的"职业数码出版设计师"项目开发的教材，包括如下4本。

- 《从设计到印刷Photoshop CS6平面设计师必读》
- 《从设计到印刷InDesign CS6平面设计师必读》
- 《从设计到印刷IIlustrator CS6平面设计师必读》
- 《从设计到印刷CorelDRAW X6平面设计师必读》

本丛书通过大量实际案例，结合培训中4个模块的专业知识，将软件的功能与设计、印刷专业知识精心结合并进行综合分析与介绍，贯彻"从设计到印刷"的理念，培养和提高职业数码设计师、平面设计师等相关从业人员的实际工作技能。

编著者

设计是有目的的策划，平面设计是这些策划将要采取的形式之一。在平面设计中，设计师需要用视觉元素来传播设想和计划，用文字和图形把信息传达给受众，让人们通过这些视觉元素了解设计师的设计愿望。

设计软件是设计师完成视觉传达的得力助手。在平面类设计软件中，最深入人心的当数Photoshop、Illustrator、InDesign和CorelDRAW软件，它们分工协作，相辅相成。

以商业印刷为目的的商业设计，需要设计师对印刷知识有一定的了解。商业设计印刷流程可以理解为一个"分分合合"的过程：收集客户提供的各种图文素材是"分"；在电脑中完成各种素材的设计组合为"合"；对设计好的文件进行分色输出是"分"，对分色输出的媒介（菲林片、PS版）配上不同的油墨重新组合印刷为"合"。深刻理解这个过程，有助于设计师对商业印刷设计的精确把握。

平面设计软件大致可以分为图像软件（如Photoshop）、图形软件（如Illustrator、CorelDRAW）、排版软件（如InDesign、CorelDRAW）三类。图像软件和图形软件的区别就如同给设计师一个照相机和一支画笔，设计师可以选择将物品拍下来，也可以选择将物体画出来；排版软件区别于其他两类软件的地方是能对文字进行更加高效精确的编辑，对版面的控制也更方便。

本书介绍的Photoshop软件是一款优秀的图像平面设计软件，在实际工作中运用广泛，如调整照片颜色、合成图像等。本书的最大特点就是在保证知识讲解完整的基础上，融入了工作中应该掌握的印刷知识，并以实际案例让读者身临其境地感受平面设计。本书适合作为图文制作设计师的职业技能培训教材，也可以作为职业学校和计算机学校相关专业教学用教材，同时可以作为有志于从事设计工作的自学人员的学习用书。

本书由刘大智编写，参与编写的还有李少勇、于海宝、刘蒙蒙、徐文秀、吕晓梦、孟智青、李茹、赵鹏达、张林、王雄健、李向瑞、张恺、荣立峰、胡恒、王玉、刘峥、张云、贾玉印、张春燕、刘杰、罗冰、陈月娟、陈月霞、刘希林、黄健、黄永生、田冰、徐昊，北方电脑学校的温振宁、黄荣芹、刘德生、宋明、刘景君、张锋、相世强、徐伟伟、王海峰等老师，在此一并表示感谢。

在创作的过程中，由于水平有限，错误在所难免，希望广大读者批评指正。E-mail：bhpbangzhu@163.com。

编著者

CONTENTS 目 录

第 1 章

Chapter 01

使用Photoshop 前的准备工作

本章要点:

在使用 Photoshop CS6 进行商业平面设计制作之前, 先介绍一下 Adobe 公司软件之间的协作关系、Photoshop 在整个设计过程中的重要地位, 以及商业平面设计中的基本概念。

主要内容:

- Photoshop CS6 的安装、启动与退出
- 平面设计硬件配置方案与优化 Photoshop CS6 设置
- Adobe 平面设计软件基本功能
- Photoshop 软件基础知识
- 常用的图形图像处理软件
- 获取数字化图像的途径
- 图像的类型
- 印刷品设计中的基本概念
- Photoshop CS6 的新增功能

1.1 Photoshop CS6的安装、启动与退出

在学习 Photoshop CS6 前，首先要安装 Photoshop CS6 软件。下面介绍在 Microsoft Windows XP 系统中安装、启动与退出 Photoshop CS6 的方法。

1.1.1 运行环境需求

在 Microsoft Windows 系统中运行 Photoshop CS6 的配置要求如下。

- Intel Pentium 6、Intel Centrino、Intel Xeon 或 Intel Core Duo（或兼容）处理器。
- Microsoft Windows XP（带有 Service Pack 2）或 Windows Vista Home Premium / Business / Ultimate / Enterprise（已为 32 位版本进行验证）。
- 512MB 内存（建议使用 1GB）。
- 2.5GB 的可用硬盘空间（在安装过程中需要的其他可用空间）。
- 1024×768 像素分辨率的显示器（带有 16 位视频卡）。
- DVD-ROM 驱动器。

1.1.2 Photoshop CS 6的安装

Photoshop CS6 是专业的设计软件，其安装方法比较标准，具体安装步骤如下。

STEP 01 在相应的文件夹中选择下载后的安装文件，双击安装文件图标，即可初始化该文件，如图 1-1 所示。

STEP 02 初始化完成后接着弹出【安装 / 试用】对话框，在该接口中选择【安装】选项，如图 1-2 所示。

图1-1　初始化安装文件

图1-2　选择【安装】选项

STEP 03 弹出【Adobe 软件许可协议】对话框，单击【接受】按钮，如图 1-3 所示。

STEP 04 弹出【序列号】对话框，在该对话框中填写正确的序列号，单击【下一步】按钮即可，如图 1-4 所示。

STEP 05 系统弹出【选项】对话框,单击【位置】后的【更改】按钮,更改安装路径,设置完成后单击【安装】按钮,如图1-5 所示。

STEP 06 系统将开始复制安装文件,并显示安装进度,如图1-6 所示。

STEP 07 安装完成后会弹出【安装完成】对话框,单击【关闭】按钮即可完成安装,如图1-7 所示。

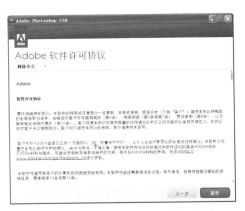

图1-3 【Adobe软件许可协议】对话框

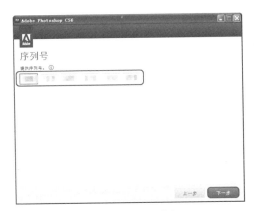

图1-4 输入序列号

图1-5 【选项】对话框

图1-6 安装进度

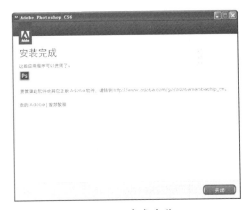

图1-7 完成安装

1.1.3 启动与退出

完成 Photoshop CS6 的安装后,大家是不是就迫不及待地想打开 Photoshop CS6 软件呢?下面介绍如何启动与退出 Photoshop CS6 软件。

1. 启动 Photoshop CS6

若要启动 Photoshop CS6,可以执行下列操作之一。

- 选择【开始】|【程序】|【Adobe Photoshop CS6】菜单命令，即可启动 Photoshop CS6，如图 1-8 所示。
- 直接在桌面上双击■快捷图标。
- 双击与 Photoshop CS6 相关联的文档。

2. 退出 Photoshop CS6

若要退出 Photoshop CS6，可以执行下列操作之一。

- 单击 Photoshop CS6 程序窗口右上角的 $\boxed{×}$ 按钮。
- 选择【文件】|【退出】菜单命令。
- 双击 Photoshop CS6 程序窗口左上角的 **Ps** 图标。
- 按【Alt+F4】组合键。
- 按【Ctrl+Q】组合键。

图 1-8　选择【Adobe Photoshop CS6】命令

1.2　平面设计硬件配置方案与优化Photoshop CS6设置

　　作为一名平面设计师，稳定而高效率的工作环境是非常重要的。下面将讲解平面设计所需的硬件配置方案与如何在 Photoshop 中进行优化设置。

1.2.1　硬件环境配置方案

　　平面设计对于系统的整体性能要求并不高，但是如果配置了高性能的 CPU 以及内存和硬盘，还是能够明显提高整体运行效率，特别是在处理大容量、高精度图片时，效果会更为明显。Photoshop 图像软件运行需要较大内存，1GB 的内存容量会让设计师在执行各种滤镜操作中更加得心应手。在处理十几兆甚至上百兆的图形图像文件时，大容量内存带来的收益很可能比高速 CPU 更多。当然，无论内存有多么大，虚拟内存还是免不了的，此时硬盘的速度也会大大影响系统的整体表现；购买缓存较大、响应时间较短的硬盘是十分必要的。CPU、内存和硬盘是电脑的核心部件，所以建议购买一线厂商的产品。

提示　在使用Photoshop的过程中，软件会在内存中保留大量的临时文件，所以需要较大的内存。通常用于设计的计算机使用1～2GB的内存。

1. 鼠标键盘

　　鼠标键盘推荐使用罗技或微软的产品，因为在平面设计软件中，经常要用鼠标进行精确的范围选取，此时定位能力出色的光电鼠标将发挥其优势。符合人体工程学设计的键盘也可以在长时间的工作中很好地保护手臂不受到损伤，所以选择专业的鼠标和键盘是非常必要的。

2. 显示器

　　在显示器的选择中，LCD 占用空间小，低功耗，低辐射，无闪烁，降低视觉疲劳，是为用户健康着想的首选。唯一要注意的是，LCD 本身存在色彩表现力先天不足的弊病，所以选择色彩真实的显示器是十分必要的。

3. 外设

配备 1 个 U 盘和 1 个移动硬盘，用于复制客户文件。文件较小时使用 U 盘，文件较大时使用移动硬盘。配备 1 台 DVD 刻录机，用于重要文件的备份、刻录制作文件用于出片，以及给客户留存。在设计工作中，打印机也是必备的，如果是多人协作，建议在局域网中配备网络打印机。

4. 网络配置

建议配备 1Mb/s 以上带宽的网络，方便与客户进行网络交流，提高工作效率。如果是局域网，建议只允许 1 台电脑访问互联网，避免大规模的感染病毒，另外一定要定期做文件备份。

1.2.2 在Photoshop中进行优化设置

在使用 Photoshop 进行设计时，Photoshop 会在内存中保留一些设计师的操作步骤。如果设计师对当前的效果不满意，可以退回到之前的步骤。在【历史记录】面板中可以实现这样的操作，如图 1-9 所示。

STEP 01 选择【编辑】|【首选项】|【常规】菜单命令，在弹出的对话框中可以设置保存历史记录的数量，如图 1-10 所示。

图1-9 【历史记录】面板

图1-10 设置保存历史记录的数量

提示 计算机的内存较小时，可以设置小一些的数值，以节省内存空间。

STEP 02 计算机经过长时间的设计工作，会在内存中保留大量的临时文件，导致计算机运行速度变慢。这时，可以选择【编辑】|【清理】菜单命令，将内存中的临时文件删除，如图 1-11 所示。

提示 使用【清理】命令会将命令或操作步骤从内存中永久清除；如果选择【编辑】|【清理】|【历史记录】菜单命令，则会从【历史记录】面板中删除所有历史记录状态。当内存中的信息量太大以至于Photoshop的性能受到明显影响时，可以使用【清理】命令；如果计算机的内存在1GB以上，可以选择【编辑】|【首选项】|【性能】菜单命令，在弹出的对话框中增大Photoshop可占用的内存百分比，如图1-12所示。

图1-11　使用【清理】命令

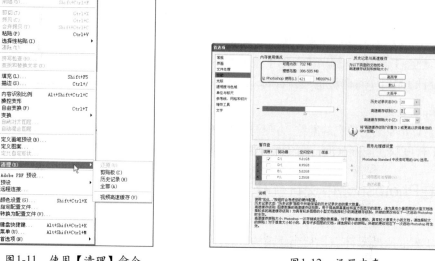

图1-12　设置内存

如果计算机的内存还不够用，Photoshop还可以使用一种专用虚拟内存技术——暂存盘。选择【编辑】|【首选项】|【性能】菜单命令，在打开的对话框中根据自己的需要来设定暂存盘，如图 1-13 所示。设计师可以更改主暂存盘磁盘，并指定在主暂存盘已满时要使用的第二、第三和第四暂存盘磁盘。主暂存盘磁盘应该是最快的硬盘，并且确保它经过了碎片整理和有足够可用的空间。

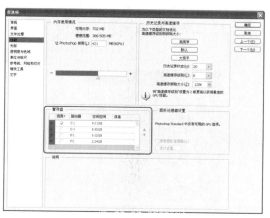

图 1-13　设定暂存盘

以下原则可帮助设计师指定暂存盘。

- 暂存盘不要设定在系统盘。
- 不要将暂存盘设置在要编辑的大型文件所在的驱动器上。
- 暂存盘应位于用于虚拟内存的驱动器以外的其他驱动器上。
- 暂存盘应位于本机硬盘，不应该设置在移动存储设备或者网络上的其他电脑中。
- RAID 磁盘和磁盘阵列非常适合作为专用暂存盘。
- 包含暂存盘所在的分区应定期进行碎片整理。

1.3　Adobe平面设计软件基本功能

Adobe 平面设计软件主要包括 Photoshop、Illustrator、InDesign、Acrobat 等，使用这些软件完成设计工作是设计师的最佳选择。本节主要讲解用 Adobe 软件进行平面印刷品设计的流程和展示 Photoshop 设计功能。

1.3.1　用Adobe软件进行平面印刷品设计的流程

　　Adobe 软件的完美整合为商业平面设计师带来了福音，使设计师可以将更多的时间用于发挥自己的创意。

- Photoshop：用来处理图像，如抠图、图像调整、色彩调整、图像合成等。
- Illustrator：用来绘制矢量图形、单页插画、海报、标准字设计等。
- InDesign：进行文字排版、组合图形图像、创建表格、输出 PDF 等。
- Acrobat：对已生成的 PDF 文件进行检查修改。

提示　文字通常在InDesign中进行处理，Photoshop不宜处理较多或很小的文字，因为在Photoshop中处理的文字会被栅格化，使字体变得模糊。

1.3.2　Photoshop设计功能展示

　　使用 Photoshop 为其他排版、设计软件处理图像是设计师必须具备的技能之一。Photoshop 常被用来进行以下工作：抠图（做选区）、调整图像色彩、修整图中的脏点与瑕疵、多个图像的拼合，以及图书封面与广告灯平面作品的设计等。

1. 抠图

　　抠图是指将原图中的图像从背景中分离用来进一步处理，如将其移动到另外一个背景中进行图像的拼合，如图 1-14 所示。

图1-14　抠图

2. 修整图中的脏点与瑕疵

　　在摄影作品中，尤其是照片中，经常会出现脏点与瑕疵，在 Photoshop 中能轻松地将它们修除。例如，将图 1-15 左图中的小脏点进行修除，效果如图 1-15 右图所示。

3. 色彩调整

　　Photoshop 提供了强大的图像色彩调节工具，对图像的偏色、曝光不足（层次与亮度）都可以进行调整。例如，调整图 1-16 左图的色彩偏差，使其更加真实自然，效果如图 1-16 右图所示。

4. 整页设计

　　利用 Photoshop 可以将多幅图像进行抠选、拼合并形成最终的设计稿，如图 1-17 所示为美容院 POP 宣传海报。

图1-15　修整图中的脏点

图1-16　色彩调整

图1-17　美容院POP宣传海报

1.4　Photoshop软件基础知识

本节主要学习 Photoshop 软件基础知识，包括 Photoshop 的操作界面和 Photoshop 的主菜单。

1.4.1　Photoshop的操作界面

启动 Photoshop CS6，打开一幅图片后的操作界面如图 1-18 所示。

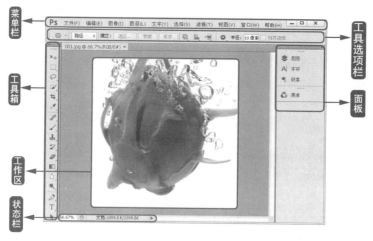

图1-18　操作界面

1. 图像编辑窗口

每打开一张图像，都会弹出一个编辑窗口。除了 Windows 的基本窗口外，在窗口标题栏上还会显示图像的相关信息，如图像的文件名称、显示比例、目前所在图层及所使用的颜色模式等，如图 1-19 所示。

图1-19　图像编辑窗口

2. 工具箱

对于一些常用的基本编辑工具，如选框、移动、切片以及颜色设置等工具，Photoshop 将它们集中在工具箱内，如图 1-20 所示。选这些工具时，只需在要使用的工具上单击即可。

在工具箱的下方有用来设置 Photoshop 工作环境的显示模式按钮，如图 1-21 所示。图 1-22 为 Photoshop 的屏幕显示模式。

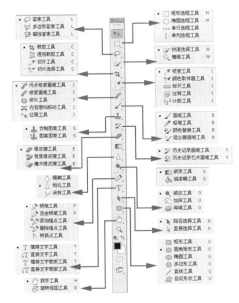

图1-20　工具箱

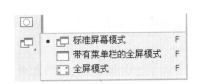

图1-21　显示模式按钮

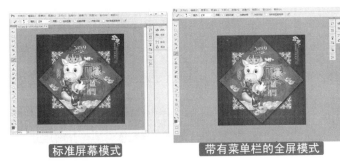

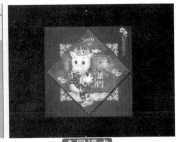

图1-22　屏幕显示模式

将鼠标指针移至某工具图标处稍停片刻，系统将自动显示该工具提示。仔细观察还会发现工具箱中某些工具图标的右下角有一个小三角形符号 ▪，这表示在该工具图标位置上存在一个工具组，其中包括了若干相关工具。要选择工具组中的其他工具，可单击该工具图标并按住鼠标左键不放，直至出现相应子工具的弹出框为止。接着在工具弹出框中单击所需的工具，则该工具将成为这个工具组中的当前工具，并出现在工具箱中，如图1-23所示。

3. 工具选项栏

工具选项栏可以显示与当前所使用的工具相关设置参数，并且可以调整使用工具的相关属性。在工具箱中单击【移动工具】，工具选项栏就会显示出【移动工具】的相关属性，如图1-24所示。

图1-23　工具弹出框　　　　　　　　　　图1-24　工具选项栏

4. 面板

面板是Photoshop中一项很有特色的工具，设计师可利用面板设置参数、选择颜色、编辑图像和显示信息等。每个面板在功能上都是独立的，设计师可以根据需要随时使用。当启动Photoshop后，常用的面板会被分为多个组位于工作界面的右边，设计师可以随时打开、关闭、移动和重新组合它们。

Photoshop共为设计师提供了19个面板，它们被组合放置在6个面板窗口中。打开【窗口】菜单，单击某一前面没有打勾的面板名称，就可以将该面板打开，如图1-25所示。

另外，除了显示在面板中的设置项目外，单击面板右上角的按钮，还会出现下拉菜单。设计师可以通过执行菜单中的命令，对图像做进一步的设置和处理，如图1-26所示。

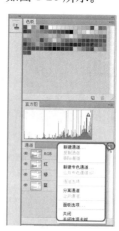

图1-25　选择面板　　　　　　　　　　图1-26　下拉菜单

提示 要想显示或隐藏某个调板，可以选择【窗口】菜单，在其下拉菜单中单击某个调板名称即可。要想隐藏所有调板，只要按【Tab】键就可以了。按【Shift+Tab】快捷键，可以关闭所有面板。隐藏面板后还想显示出来，只要再按一次相应的键就可以恢复原状。

5. 状态栏

状态栏位于窗口最底部，由两个部分组成，如图1-27所示。其中，最左侧区域用于显示图像编辑窗口的显示比例，设计师也可在此窗口中输入数值后按【Enter】键来改变显示比例。右侧区域用于显示图像文件信息，单击其右侧的小三角形符号▶，可以打开如图1-28所示的菜单，选择其中的选项可查看图像的文件信息，各重要选项代表的意义如下。

图1-27 状态栏

- 文档大小：选择此选项，表示显示当前图像的文件大小。其中，左边的数字表示该图像在不含任何图层和通道等数据的情况下的大小，右侧的数字表示当前图像的全部文件大小，其中包括图层和 Photoshop 所特有的数据。
- 文档配置文件：选择此选项后，在状态栏上将显示文档颜色及其他简要信息。
- 文档尺寸：选择此选项后，在状态栏上将显示文档大小，包括宽度和高度值。
- 暂存盘大小：选择此选项后，其中左边的数字表示图像文件所占用的内存空间，右侧数字表示计算机可供 Photoshop 使用的内存。
- 效率：选择此选项后，其中的百分数表示 Photoshop 工作效率。如果该数值经常低于60%，则说明计算机硬件可能已无法满足要求。
- 计时：选择此选项，表示执行上一次操作所花费的时间。
- 当前工具：查看当前选中的工具。
- 32位曝光：显示 32 位曝光图片的相关信息。

在状态栏的图像文件信息区中按住鼠标左键不放的同时按住【Alt】键，可以查看图像的宽度、高度、通道以及分辨率等信息，如图1-29所示。

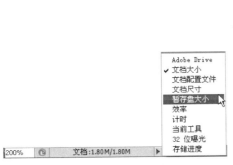

图1-28 下拉菜单

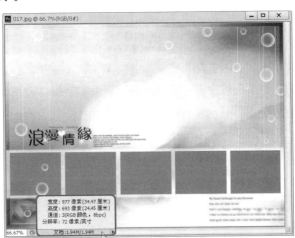

图1-29 查看图像信息

1.4.2　Photoshop的主菜单

在 Photoshop CS6 中可以通过菜单和快捷键两种方式来执行所有命令。

1.【文件】菜单

【文件】菜单下的命令用于对图像文件进行创建、保存、打开、导入、导出、打印等操作，如图 1-30 所示。

- 新建：用于创建一个新的图像文件。可以在弹出的【新建】对话框中设置文件的幅面大小、颜色模式与分辨率等。
- 打开：用于打开一个已存在的图像文件以供查看和编辑。在弹出的【打开】对话框中选择文件所在目录与文件名即可。
- 浏览：执行该命令后，可以打开 Bridge 方便地查看到图像缩略图与文件信息。
- 打开为：用指定的文件格式打开一个图像文件。在 Photoshop 无法确定文件的正确格式的情况下，如在 Mac OS 和 Windows 之间传输文件可能会导致标错文件格式时，此时要指定打开文件所用的正确格式。
- 最近打开文件：用于打开最近曾经打开过的文件，子菜单为最近打开过的文件列表，如图 1-31 所示。

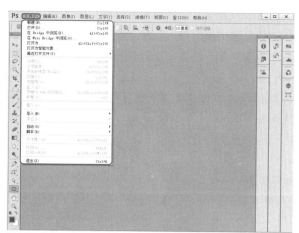

图1-30　【文件】菜单

图 1-31　最近打开文件

- 关闭：执行该命令可以关闭当前图像窗口，即关闭当前打开的图像文件。如果文件被修改，会弹出对话框询问是否保存文件。
- 关闭全部：可用来将打开的多个图像文件全部关闭。
- 关闭并转到 Bridge：可以将当前图像关闭后，转到 Adobe Bridge 软件中查看。
- 存储：可以将当前图像窗口中的图像保存到磁盘上。如果是一个未经存储的新图像，会出现【存储为】对话框，要求输入文件名和文件类型等。如果是编辑一个已经存在的图像文件，存储后修改过的图像会覆盖原图像。
- 存储为：此命令可以用不同的格式和不同的选项存储图像。
- 存储为 Web 所用格式：可以将当前窗口中的图像保存为 Web 网页中使用的图像。对于网络上使用的图片，既要求一定的品质，又要尽可能地减小图片文件的大小。执行【存储为 Web 所用格式】菜单命令，可在弹出的【存储为 Web 所用格式】对话框中选择优化选项并预览经过优化的图片。

- 恢复：因为内存的限制，使用【编辑】|【还原】菜单命令还原操作的能力有限，可用此命令恢复到上次存储的文件版本。
- 置入：将图片放入图像中的一个新图层内。在 Photoshop CS 中，可以置入 PDF 和 EPS 文件。PDF 或 EPS 文件在置入之后，都会被栅格化（即将矢量图像转换为点阵图像）。置入 PDF 文件后，可以通过拖动定界框的手柄或边手柄对图片进行缩放、旋转、倾斜等变换操作。在 Photoshop CS6 中，置入的 PDF 和 EPS 文件也可以以智能对象的形式存在，保持其矢量性。
- 导入：使用该命令可以将外部文件导入到 Photoshop 中。
- 导出：使用该命令可以将 PSD 文件导出为其他格式。
- 自动：此菜单下的命令将任务组合到一个或多个对话框里，从而简化了复杂的任务。【自动】命令可以完成有规律的、重复性的操作，包含如下命令。
  - 批处理：可以对一个文件夹内的所有图像文件执行指定的操作。
  - PDF 演示文稿：用于从多个文档创建一个 PDF 放映幻灯片。
  - 创建快捷批处理：通过设置创建快捷批处理，可以存储用于个别图像或一批图像的【优化】面板设置。用快捷批处理可以将压缩设置应用于拖动到快捷批处理图标上的单个图像或一批图像。
  - 裁切并修齐照片：查找、分离和修齐一次扫描中的一张或多张照片。
  - 联系表 II：在单个图像文件上生成所选文件夹中文件的缩略图预览。
  - Photomerge：将多个重叠图像合并到全景图中。
  - 条件模式更改：根据图像原来的模式将图像的颜色模式更改为指定的模式。
  - 限制图像：将当前图像限制为指定的宽度和高度，但不改变长宽比。
- 脚本：使用自定或新增的内置脚本来自动完成重复性任务从而节省时间，如将图层输出到文件中或将图层复合存储为 Adobe PDF 文件的不同页面。
- 文件简介：用来编辑文件信息。文件信息又被称为元数据，包括关于题目、关键字、类别、资料来源和原稿的条目，以方便文件的搜索。
- 打印：执行该命令，可以设置打印机、打印范围和份数等选项。
- 打印一份：最快捷的打印方式，执行该命令可以在不弹出任何对话框的情况下，采用当前设置打印一份文件。
- 退出：执行该命令可以退出 Photoshop 应用程序。如果对文件进行了修改，系统会提示是否保存文件。

2.【编辑】菜单

Photoshop CS6 中大多数编辑命令都集中在此菜单下，例如对图像进行复原、转移、拷贝、填充等，如图 1-32 所示。

- 还原：【还原】命令用来撤销最后一次做的修改，恢复为上次操作之前的状态。【重做】命令用来重做被撤销的上一次操作，相当于取消【还原】操作。
- 前进一步与后退一步：Photoshop 会将最后的若干个操作记录下来，可以使用【返回】命令撤销上一次操作，将文件恢复到上一次操作之前的状态，也可以通过【前进一步】命令将撤销的操作重做一次。【前进一步】与【后退一步】命令可撤销或重做多步操作。

- 渐隐：如果上一次操作使用了滤镜、绘画工具、抹除工具或颜色调整等功能，【渐隐】命令可用来更改它们的作用效果（不透明度和混合模式）。

- 剪切：选择区域内的图像复制到剪贴板上，同时清除选择区域内的图像。

- 拷贝：将选择区域中的图像复制到剪贴板上，对原选择区域不做任何修改。剪贴板就像一个"临时仓库"，它为【粘贴】命令准备材料。

- 合并拷贝：将选择区域中所有图层的内容复制到剪贴板中，进行粘贴时将各图层合并为一层并粘贴到新图层中。

- 粘贴：将剪贴板中的内容粘贴到当前图像文件中的一个新图层中。

- 清除：将选定区域中的图像清除。

- 拼写检查：用来检查文字图层中的英文拼写错误，同时给出若干修改建议。

- 查找和替换文本：可以通过该命令查找单个字符、一个单词或一组单词。找到要查找的内容后，可以将其替改为其他内容。

图 1-32 【编辑】菜单

- 填充：该命令可以使用前景色或图案对选区或图层进行填充。

- 描边：可以使用该命令在选区、图层周围绘制彩色边框，在【描边】对话框中设置所使用的颜色与边线的宽度。

- 自由变换：执行【自由变换】命令，可对选区、图层或路径连续完成多个变换操作，如缩放、旋转、倾斜、透视等，而不需要选择其他变换命令。

- 变换：使用该菜单下的子菜单命令可对选区、图层或路径完成一种指定的变换操作，如【缩放】命令可对项目进行缩放。在应用变换之前，也可以连续执行几个变换命令。因为每应用一次变换都会使图像弱化，所以执行多个命令后提交变换要比分别应用每个变换更可行。

- 定义画笔预设：执行该命令可以将选区内的图像部分定义成画笔笔尖。经过定义的画笔笔尖将出现在【画笔】面板中，以供绘画或修饰时调用。

- 定义图案：该命令可用来将矩形选择区域内的图像定义为图案，该图案可应用于填充、绘画与修饰。

- 定义自定形状：该命令可用来将选中的路径定义为自定形状，在使用【自定形状工具】的时候就可以调用它。

- 清理：将保存在内存中的数据清除，使计算机操作的速度加快。

- Adobe PDF 预设：【Adobe PDF 预设】是一组影响创建 PDF 处理的设置。这些预设旨在平衡文件大小和品质，具体取决于如何使用 PDF 文件。

- 颜色设置：通过该命令可以在弹出的【颜色设置】对话框中进行色彩管理。由于不同的设备与软件使用不同的色彩空间，色彩管理的目的是使文件中色彩描述数据与现实色彩更加接近，让不同的设备所表示的颜色尽可能一致。

- 指定配置文件：管理输入设备的色彩空间和文档。
- 转换为配置文件：用来转换当前文档的配置文件。
- 键盘快捷键：可以快速选择工具、执行命令。
- 菜单：可以设置菜单命令的键盘快捷键。
- 首选项：该命令下的子菜单命令用于设定 Photoshop 的各种配置，如度量单位、参考线与坐标网格等，为自己定制 Photoshop 的使用环境。

3.【图像】菜单

该菜单中的选项主要用于更改图像的颜色模式、调整图像的色彩数值，如图 1-33 所示。

- 模式：该命令下的菜单项用于转换图像的颜色模式。要根据最终的用途来确定图像的颜色模式，比如说要用于印刷，则采用 CMYK 模式。
- 调整：用来调整图像色彩。
  - 亮度 / 对比度：用来调整图像的亮度和对比度。
  - 色阶：用来手动调整图像整体的明暗层次，即高光、暗调和中间调。
  - 曲线：此命令和【色阶】命令的功能非常相似，它们

图像(I) 图层(L) 文字(Y) 选择(S)	
模式 (M)	▶
调整 (T)	▶
自动色调 (N)	Shift+Ctrl+L
自动对比度 (U)	Alt+Shift+Ctrl+L
自动颜色 (O)	Shift+Ctrl+B
图像大小 (I)...	Alt+Ctrl+I
画布大小 (S)...	Alt+Ctrl+C
图像旋转 (G)	▶
裁剪 (P)	
裁切 (R)...	
显示全部 (V)	
复制 (D)...	
应用图像 (Y)...	
计算 (C)...	
变量 (B)	▶
应用数据组 (L)...	▶
陷印 (T)...	
分析 (A)	▶

图 1-33 【图像】菜单

都是用来调整图像色彩的明暗度以及反差。【色阶】命令是针对整体图像的明暗度进行调整，【曲线】命令则是针对色彩的浓度以及明暗作调整，甚至变换色度。调整曲线时，只要对照图像效果预览，用鼠标拖动曲线即可。
  - 曝光度：用来调整 HDR 图像的色调。
  - 自然饱和度：用来调整图像的饱和度。
  - 色相 / 饱和度：该命令可以对所有通道、单一通道或选取的图像范围作调整。
  - 色彩平衡：执行该命令会弹出【色彩平衡】对话框,在其中可以调整颜色之间的平衡度。
  - 照片滤镜：此命令模仿在相机镜头前面加彩色滤镜，以便调整通过镜头传输的光的色彩平衡和色温，使胶片曝光。此命令还允许选择预设的颜色，以便向图像应用色相调整。使用自定颜色时，还可以打开【拾色器】对话框来指定颜色。
  - 通道混合器：执行【图像】|【调整】|【通道混合器】菜单命令，打开【通道混合器】对话框。在该对话框中的【输出通道】下拉列表框中可以选择指定的通道，与当前处理的图像在通道以及对比上进行合成，从而产生不同的色彩效果。

提示 通道合成的原理其实就是将各通道的信息按指定的浓度复制到某通道中，产生加减的效果。指定的浓度越大，效果越明显。

  - 反相：执行【图像】|【调整】|【反相】菜单命令后，可以将图像中的所有颜色或者选区内的颜色转换为互补色，如红色变为青色、黑色变为白色。连续两次执行【反相】命令，所得到的结果和原先的图像是一模一样的。
  - 色调分离:执行【图像】|【调整】|【色调分离】菜单命令,可以更改图像的色阶数（明亮度的色阶）。只要在【色调分离】对话框的【色阶】编辑框中输入一个数值，就可以将像素以最接近的色阶来显示。色阶数越大，颜色变化越细腻，所得的色调分离越

不明显。反之，色调分离较为明显。

> **提示** 色调分离是将各通道中的色阶分为指定的阶数，如果指定为6阶，则红色、绿色、蓝色通道中各有6个色阶可以使用。

◆ 阈值：可以将彩色或者灰度图像转换为黑白图像效果。执行【图像】|【调整】|【阈值】菜单命令，在打开的【阈值】对话框中可以直接拖动滑块来调整阈值。当拖动滑块向左移动时，图像中的白色成分增多；当拖动滑块向右移动时，则图像的黑色成分增多。当然，也可以直接输入数值进行调整。

◆ 渐变映射：执行【渐变映射】命令会自动根据图像中的灰度数值来填充所选取的渐变色。执行【图像】|【调整】|【渐变映射】菜单命令，打开【渐变映射】对话框。在该对话框中的【灰度映射所用的渐变】下拉列表框中选择需要应用的渐变色，然后单击 确定 按钮，就可以将渐变色应用到图像上。

◆ 可选颜色：用于修改任何主要颜色中的印色数量，但不会改变其他颜色。

◆ 阴影／高光：适用于校正由强逆光而形成剪影的照片，或者由于太接近相机闪光灯而有些发白的焦点。在用其他方式采光的图像中，这种调整也可用于使暗调区域变亮。【阴影／高光】命令不是简单地使图像变亮或变暗，它基于暗调或高光中的周围像素（局部相邻像素）增亮或变暗，该命令允许分别控制暗调和高光，默认设置为修复具有逆光问题的图像。【阴影／高光】命令还有【中间调对比度】滑块、【减少黑色像素】选项和【减少白色像素】选项，它们用来调整图像的整体对比度。

◆ 变化：使用该命令，可以直观地调整图像的色调和明暗度。

◆ 去色：执行此命令，可以将整个图像或者某个选区内的彩色图像转换为灰度图像，但不会改变图像的模式。

◆ 匹配颜色：此命令将一个图像（源图像）的颜色与另一个图像（目标图像）相匹配。当尝试使不同照片中的颜色看上去一致，或者当一个图像中特定元素的颜色（如肤色）必须与另一个图像中某个元素的颜色相匹配时，该命令非常有用。除了匹配两个图像之间的颜色以外，【匹配颜色】命令还可以匹配同一个图像中不同图层之间的颜色。

◆ 替换颜色：在【替换颜色】对话框的缩略图区中单击希望调整的颜色（或单击图像编辑窗口中希望调整的颜色），就可以将图像中所有相近的颜色选中，以便调整其【色相】、【饱和度】和【明度】值。

◆ 色调均化：用于重新分配图像中像素的亮度值。在执行该命令后，可将图像中最亮的像素转换为白色，将最暗的像素转换为黑色，然后使其他颜色平均分配在所有色阶上。

> **提示** 【色调均化】与【自动色阶】的功能类似，但【自动色阶】产生的效果更好。

● 复制：此命令用来创建原图像（包括所有图层、图层蒙版和通道）的一个副本。

● 应用图像：此命令用来将一幅图像（源图像）的图层和通道与另一幅图像（目标图像）的图层和通道进行混合，以产生特殊效果。

● 计算：执行【图像】|【计算】菜单命令，弹出如图1-34所示的【计算】对话框。在此对话框中可以选择计算【源】、计算使用的【混合】方式以及计算结果存储的位置。其中，

计算【源】可以是 Alpha 选区通道，也可以是颜色通道，还可以是图像中所有像素点折算出的灰度值，或者是某个图层中的【不透明】区域。【混合】方式中可以设置透明度的变化，也可以选择一个新的 Alpha 选区以通道的形式出现在【通道】面板中。当然，也可以将这个新的通道存储在一个【新文档】中或是使结果以一个选择区域的形式出现的图像之中。

- 图像大小：执行【图像】|【图像大小】菜单命令，会弹出【图像大小】对话框，如图 1-35 所示。在【像素大小】选项组中可以看到当前图像的【宽度】和【高度】，通常以【像素】为单位。另外一个单位是【百分比】，可输入缩放的比例。【像素大小】选项组右边的链接符号表示锁定长宽比例。若想改变图像的宽高比例，可取消勾选【约束比例】复选框。【像素大小】后面的数字表示当前文件的大小，如果改变了图像的大小，【像素大小】后面会显示改变后的图像大小，并在括号内显示改变前的图像大小。

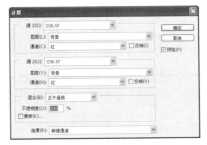

图1-34 【计算】对话框

图1-35 【图像大小】对话框

提示　改变图像大小的快捷键是【Ctrl+Alt+I】。

- 画布大小：此命令用来扩展、裁切图像的周围区域。
- 图像旋转：使用【图像旋转】命令可以旋转或翻转整个图像，包括垂直、水平及任意角度等，如图 1-36 所示。使用时所有的图层与路径都会发生变化。
- 裁剪：【裁剪】命令的使用比较简单，将要保留的图像部分用选区工具选中，然后执行【图像】|【裁剪】菜单命令就可以了。裁剪的结果只能是矩形，如果选中的图像部分是圆形或其他不规则形状，执行此命令后，会根据圆形或其他不规则形状的大小自动创建矩形。
- 裁切：执行【图像】|【裁切】菜单命令，将弹出如图 1-37 所示的【裁切】对话框。在【基于】选项组中，可选择不同的选项裁切图像。

图1-36　图像旋转

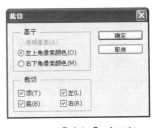

图1-37 【裁切】对话框

- 显示全部：此命令会扩大画布大小而将所有像素信息都显示出来，包括原来在图像可视范围之外的。
- 变量：使用此命令，可以定义模板中间要发生变化的元素。
- 应用数据组：可以将数据组的内容应用于图像。
- 陷印：对于 CMYK 图像，可以调整颜色陷印。陷印是一种叠印技术，它能够避免在印刷时由于稍微没有对齐而使印刷图像出现小的缝隙。

4.【图层】菜单

该菜单下的命令用来对图层进行操作，包括图层的创建、修改与删除，图层的编组、合并及图层样式的设定等，如图 1-38 所示。

- 新建：创建新的图层或图层组，子菜单命令如图 1-39 所示。
- 复制图层：将当前选中的工作图层，复制为另一个新的图层。
- 删除：用来删除选中的工作图层及其链接的图层，也可以用来删除隐藏图层。
- 图层样式：执行【图层】|【图层样式】|【混合选项】菜单命令，将弹出【图层样式】对话框，如图 1-40 所示。

图1-39　子菜单

图1-38　【图层】菜单

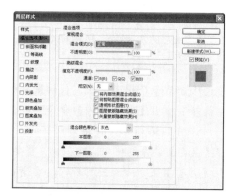

图1-40　【图层样式】对话框

- 新建填充图层：可以填充内容包括纯色、渐变和图案。当设定新的填充图层时，软件会自动随之生成一个图层蒙版。如果当前图像中有一个激活的路径，当生成新的填充图层时，会同时生成图层矢量蒙版，而不是图层蒙版。另外，填充图层可以设定不同的透明度以及不同的图层混合模式。和调整图层一样，可以随时删除填充图层，并不影响图像本身的像素。
- 新建调整图层：对于图像的色彩调整非常有帮助，可在创建的调整图层中进行各种色彩调整，效果与对图像执行色彩调整相同。使用调整图层可以对图像试用颜色和色调调整，而不会修改图像中的像素。颜色或色调更改位于调整图层内，该图层像透明膜一样，下层图像图层可以透过它显示出来。【新调整图层】菜单和【图像】菜单中的【调整】菜单具有一些相同的命令选项，两者能够达到同样的色彩调整效果。但是使用调整图层则更加灵活，因为它与图像像素分离，可以随时修改。

- 图层内容选项：此命令用来编辑新调整图层或新填充图层选项。
- 图层蒙版：包括添加图层蒙版、移去图层蒙版、停用图层蒙版、启用图层蒙版4种蒙版选项。【添加图层蒙版】用来添加图层蒙版，可以使图层蒙版遮蔽整个图层或图层组，或者只遮蔽其中的所选部分。【添加图层蒙版】下有如下选项，决定了受蒙版遮蔽的区域。
  - ◆ 显示全部：创建显示整个图层的蒙版，即蒙版不遮蔽任何区域。
  - ◆ 隐藏全部：创建隐藏整个图层的蒙版。
  - ◆ 显示选区：创建显示选区的蒙版，选区以外的区域被遮蔽。
  - ◆ 隐藏选区：创建隐藏选区的蒙版，选区以外的区域被显示。
  - ◆ 删除：删除图层蒙版。
  - ◆ 应用：将蒙版效果转化为图层内容的一部分，然后删除蒙版。
  - ◆ 启用：可使蒙版缩览图上的红叉消失，恢复蒙版的作用。
- 矢量蒙版：用来添加和删除矢量蒙版。有如下选项，它们决定了受蒙版遮蔽的区域。
  - ◆ 显示全部：默认情况下选择此命令生成的是白色的矢量蒙版，这样图层中的图会全部显示出来。
  - ◆ 隐藏全部：默认情况下选择此命令生成的是黑色的矢量蒙版，图层中的图像会全部被遮挡住。
  - ◆ 当前路径：可将当前选中的路径转化为图层矢量蒙版。通过形状工具创建的形状图层，在【图层】面板中显示为两个缩略图。

提示 矢量蒙版是依赖于分辨率的，可通过钢笔工具或形状工具来创建，并且只能通过与路径有关的操作进行修改和编辑，和图形软件中的绘图方式完全相同。

  - ◆ 停用：停用矢量蒙版时，矢量蒙版不起作用，但并没有被删除。
  - ◆ 启用：启用矢量蒙版时，恢复矢量蒙版的作用。
- 创建剪贴蒙版：使用下层图像的形状来限制上层图像的显示区域。
- 智能对象：这是 CS6 中新增加的新型图层，它基于像素内容或矢量内容，可以对单个对象进行多重复制，当编辑其中一个对象时，所有复制的对象都随之更新。
- 栅格化：在 Photoshop CS6 软件中，通过【图层】| 【栅格化】菜单命令可以将创建的包含矢量数据（如文字图层、形状图层和矢量蒙版等）和生成的数据（如填充图层）的图层转变为图像图层。只有转为图像图层才可以执行各种滤镜的效果，【栅格化】命令的子菜单如图 1-41 所示。
- 新建基于图层的切片：从图层创建切片时，争片区域包含图层中的所有像素数据，如果移动该图层或编辑其内容，切片区域将自动调整以包含新的像素。
- 图层编组：用来创建剪贴组。在剪贴组中，最下面的图层（或基底图层）充当整个组的蒙版，形成裁切组的图层只能是连续的图层。

图 1-41 子菜单

- 取消图层编组：将图层编组取消即取消裁切关系。
- 隐藏图层：隐藏当前正在使用的图层。
- 排列：用来改变图层在【图层】面板中的排列顺序。
- 分布：将3个或更多的链接图层中的内容间隔均匀的分布。
- 锁定组内的所有图层：用来锁定当前组中的所有图层以保护其内容不被意外修改。
- 链接图层：用于链接选择的两个或多个图层以及图层组，处于链接状态的图层可以同时进行移动、应用变化以及创建剪贴蒙版。
- 选择链接图层：如果当前选择了一个连接图层，执行【图层】|【选择链按图层】菜单命令可选择所有与它链接的图层。
- 合并可见图层：用来合并所有可见图层。
- 拼合图像：在拼合图像后，所有可见图层都合并到背景中，因此可大大减小文件大小。拼合图像时将扔掉所有隐藏的图层，并用白色填充剩下的透明区域。通常是在完成对各图层的操作之后才拼合图像。
- 修边：对于图像边缘不平滑，或是带有原背景的黑色或白色杂边所产生的光晕和锯齿，此命令可以轻松地将多余的像素清除，使合成图像的边缘更加平滑与自然。其中包括【移去黑色杂边】、【移去白色杂边】和【去边】选项。

5.【选择】菜单

此菜单栏下的命令涉及对选区的操作，包括选区的制作、修改、存储与载入等，如图1-42所示。

图1-42 【选择】菜单

- 全部：可以选中当前图层画布边界内的全部内容。
- 取消选择：可以取消当前设定的选区。
- 重新选择：重新选择上一步操作选中的选区。
- 反向：此命令是将图像中的选择区域与非选择区域进行转换。
- 所有图层：可以选中当前文件的所有图层。
- 取消选择图层：可以取消对当前图层的选择。
- 色彩范围：此命令是一个利用图像中的颜色变化关系来制作选择区域的命令。它像一个功能更加强大的魔棒工具，除了以颜色差别来确定选取范围外，还综合了选择区域的相加、相减、相似命令，以及根据基准色选择等多项功能。
- 修改：对选区的边缘进行修改，包括4个选项。
  - ◆ 边界：用新选区框住现有的选区。
  - ◆ 平滑：通过在选区边缘上增加或减少像素来改变边缘的光滑程度。
  - ◆ 扩展：按特定数量的像素扩展选区。
  - ◆ 收缩：按特定数量的像素收缩选区。
- 扩大选取：使选区在图像上扩展，将连续的、色彩相近的像素点（即作用于相邻的像素）一起扩充到选区中。
- 选取相似：此命令使选区在图像上扩展，是针对图像中所有颜色相近的像素。此命令在有大面积实色的情况下非常实用。
- 变换选区：自由变换已经设定的选区形状和位置，只对图像的选区进行变换，对图像中的像素点没有影响。

- 载入选区：调出存放在通道中的选区。
- 存储选区：将已设定好的选区存放到通道中以供调用。

6.【滤镜】菜单

滤镜可用来制作各种特殊效果。Photoshop 内置的滤镜按其功能分为 13 项，在后面的章节中会针对常用的滤镜进行讲解。

7.【视图】菜单

此菜单中的选项是用于控制图像在屏幕中的显示状态、数量和方式，并可以隐藏和显示各种辅助性的工具，如标尺、网格、参考线等，如图 1-43 所示。这些操作只影响图像在屏幕中的显示状态，对图像本身没有任何影响。

图 1-43 【视图】菜单

- 校样设置：通过此菜单反选希望模拟的校样配置文件空间，与颜色校样配合使用可以直接在显示器上显示电子校样文档（在屏幕上预览指定设备上重现的颜色）。
- 校样颜色：用来打开或关闭电子校样功能。当打开电子校样功能时，文档标题栏中颜色模式旁边出现当前校样配置文件的名称。
- 色域警告：用来打开或关闭色域警告功能。打开色域警告功能时，会高亮显示位于当前校样配置文件空间色域之外的所有像素。
- 放大：用来放大视图的显示比例，以便于查看和修改细节。
- 缩小：用来缩小视图的显示比例。
- 按屏幕大小缩放：可调整缩放比例和窗口大小，使图像正好填满可使用的屏幕空间。
- 实际像素：将图像按 100% 的显示比例显示。
- 打印尺寸：以近似的尺寸显示图像。
- 屏幕模式：与工具栏上的屏幕显示模式功能一样。
  - ◆ 标准屏幕模式：是默认视图，将显示菜单栏、滚动条和其他屏幕元素。
  - ◆ 带有菜单栏的全屏模式：扩大图像显示范围，但在视图中保留菜单栏。
  - ◆ 全屏模式：可以在屏幕范围内移动图像以查看不同的区域。
- 显示额外内容与显示：参考线、网络、目标路径、选区边缘、切片、图像映射、文本边界、文本基线、文本选区和注释是不打印的额外内容，它们可帮助选择、移动或编辑图像和对象。可以通过选取【视图】|【显示额外内容】菜单命令，显示或隐藏额外内容。可以使用【视图】|【显示】菜单下的选项打开或关闭一个额外内容或额外内容的任意组合，这对图像本身没有影响。
- 标尺：显示或隐藏标尺。
- 对齐与对齐到：对齐有助于精确放置选区边缘、裁切选框、切片、形状和路径,可以使用【对齐】命令启用或停用对齐功能。还可以在启用对齐功能的情况下,使用菜单【视图】|【对齐到】下的命令指定与之对齐的不同元素,如选择【参考线】选项可以与参考线对齐。
- 锁定参考线：可以通过此命令锁定参考线，以免不小心移动它。
- 清除参考线：用来清除参考线。

- 新建参考线：用来新建水平或垂直的参考线。
- 锁定切片：可通过此命令锁定切片，以免不小心移动它。
- 清除切片：清除视图上存在的切片。

8.【窗口】菜单

【窗口】菜单主要用来控制界面对象的显示方式，这些对象包括文档视图窗口、工具箱、工具选项栏、各种面板与状态栏。其中【文件浏览器】、【导航器】、【动画】、【动作】、【段落】、【工具预设】、【画笔】、【历史记录】、【路径】、【色板】、【通道】、【图层】、【图层复合】、【信息】、【颜色】、【样式】、【直方图】与【字符】命令用来显示或隐藏对应的面板，而【工具】、【选项】与【状态栏】命令则用来显示或隐藏工具箱、选项栏与状态栏。

- 排列：使用此菜单下的命令可以对文档视图窗口进行操作。
  - ◆【层叠】或【拼贴】命令用来排列视图窗口。
  - ◆【排列图标】命令用来排列最小化的窗口。
  - ◆ 此外，在打开多个文档窗口的时候，还可以使用与文档名称对应的菜单选项切换视图窗口。
- 工作区：此菜单下的命令用来对工作区进行存储、调节与删除等操作。当退出应用程序时，所有打开的面板和可移动对话框的位置将被存储。
  - ◆【存储工作区】命令可以存储当前工作区版面以供调用。
  - ◆【删除工作区】命令可以删除被存储的某个工作区版面。
  - ◆【复位调板位置】命令可以恢复调板的默认位置。
  - ◆ 此外，在存在多个已存储的工作区版面时，可以使用与工作区名称对应的菜单选项切换工作区。

9.【帮助】菜单

此菜单用来获得多种帮助信息。

- Photoshop 联机帮助：用来获取 Adobe Help Center 的联机帮助文档（快捷键【F1】）。
- 关于 Photoshop 与关于增效工具：用来获取关于 Photoshop 及其外挂插件的版本、版权等信息。
- 系统信息：可以查看 Photoshop 使用系统资源的状况。
- 产品注册：向 Adobe 公司注册所使用的软件，以便获得有关资料和技术支持。
- 更新：可以从 Adobe 的客户支持站点，下载更新内容。
- Photoshop 联机：可以访问 Photoshop 及其他 Adobe 产品的最新教程、快速提示和其他 web 内容，还可以下载 Photoshop 常见问题文档的最新版本。

1.5 常用的图形图像处理软件

在平面设计领域中，较为常用的图形图像处理软件包括 Photoshop、Painter、PhotoImpact、Illustrator、CorelDRAW、Flash、Dreamweaver、Fireworks、PageMaker、InDesign 和 FreeHand 等，其中，Painter 常用在插画等计算机艺术绘画领域；在网页制作上常用的软件为 Flash、Dreamweaver 和 Fireworks；在印刷出版上多使用 PageMaker 和 InDesign。这些软件分属不同的领域，有着各自的特点，它们之间存在着较强的互补性。

1.5.1　PhotoImpact

友立公司的 PhotoImpact 是一款以个人用户多媒体应用为主的图像处理软件，其主要功能为改善相片质量、进行简易的相片处理，并且支持位图图像和向量图的无缝组合，打造 3D 图像效果，以及在网页图像方面的应用。PhotoImpact 内置的各种效果要比 Photoshop 更加方便，各种自带的效果模板只要双击鼠标即可直接应用，相对于 Photoshop 来说，PhotoImpact 的功能简单，更适合初级用户。

1.5.2　Illustrator

Adobe 公司的 Illustrator 是目前使用最为普遍的向量图形绘图软件之一，它在图像处理上也有着强大的功能。Illustrator 与 Photoshop 连接紧密、功能互补，操作接口也极为相似，深受艺术家、插图画家以及广大计算机美术爱好者的青睐。

1.5.3　CorelDRAW

Corel 公司的 CorelDRAW 是一款广为流行的向量图形绘图软件，它也可以处理位图，在向量图形处理领域有着非常重要的地位。

1.5.4　FreeHand

Macromedia 公司的 FreeHand 是一款优秀的向量图形绘图软件，它可以处理向量图形和位图，有着强大的增效功能，可以制作出复杂的图形和标志。在 FreeHand 中，还可以输出动画和网页。

1.5.5　Painter

Corel 公司的 Painter 是最优秀的计算机绘画软件之一，它结合了以 Photoshop 为代表的位图图像软件和以 Illustrator、FreeHand 等为代表的向量图形软件的功能和特点，其惊人的仿真绘画效果和造型效果在业内首屈一指，在图像编辑合成、特效制作、二维绘图等方面均有突出表现。

1.5.6　Flash

Adobe 公司的 Flash 是一款广为流行的网络动画软件，如图 1-44 所示，它提供了跨平台、高质量的动画，其图像体积小，可嵌入字体与影音文件，常用于制作网页动画、网络游戏、多媒体课件及多媒体光盘等。

图1-44　Flash启动界面

1.5.7　Dreamweaver

Adobe 公司的 Dreamweaver 是深受用户欢迎的网页设计和网页编程软件，它提供了网页排版、网站管理工具和网页应用程序自动生成器，可以快速地创建动态网页，在建立交互式网页及网站维护方面提供了完整的功能。

1.5.8　Fireworks

Adobe 公司的 Fireworks 是一款小巧灵活的绘图软件，它可以处理向量图形和位图，常用在网页图像的切割处理上。

1.5.9　PageMaker

Adobe 公司的 PageMaker 在出版领域的应用非常广泛，它适合编辑任何出版物，不过由于其根基和技术早已在 20 世纪 80 年代制定，经过多年的更新提升后，软件架构已经难以容纳更多的新功能，Adobe 公司在 2004 年已经宣布停止开发 PageMaker 的升级版本，为了满足专业出版及高端排版市场的实际需求，Adobe 公司推出了 InDesign。

1.5.10　InDesign

Adobe 公司的 InDesign 参考了印刷出版领域的最新标准，把页面设计提升到了全新层次，它用来生产专业、高质量的出版刊物，包括传单、广告、信签、手册、外包装封套、新闻稿、书籍、PDF 格式的文档和 HTML 网页等，具有强大的制作能力、创作自由度和跨媒体支持的功能。

1.6　获取数字化图像的途径

计算机中的图像是以数字元方式进行记录和存储的，这些由数字信息表述的图像被称为数字化图像，在一般情况下，可以通过以下方式获取数字元化图像。

1. 通过绘图软件获取
使用 Photoshop、Illustrator 和 CoreIDRAW 等绘图软件处理图像时，可获取数字化图像。

2. 通过数字板获取
数字板常用来进行专业的数码艺术创作，从数字板中可以获取手绘风格的数字化图像。

3. 使用扫描仪获取
用户可以使用扫描仪将图片和需要获取的图像信息保存在计算机中。

4. 从数码相机中获取
随着数码相机的普及与性能的提高，使用数码相机获取数字化图像已成为一种时尚。

5. 从屏幕上抓取
从计算机屏幕上获取图像又称为抓图，用户可以使用抓图软件进行抓图，也可以按键盘中的【Print Screen SysRq】键抓取整屏，或按【Alt+Print Screen SysRq】组合键抓取当前的活动窗口。

6. 从光盘中获取

用户可以根据需要在市场上购买各种专业的图片库。

7. 从互联网上下载

互联网上的资源丰富，用户可在网站上购买图片；许多网站也提供了可供免费下载的图片。

8. 从 VCD、DVD 中获取

使用播放软件播放 VCD、DVD 时，将播放器暂停，然后捕捉画面，获取数字化图像。

1.7 图像的类型

本节将主要介绍图像的类型。

1.7.1 向量图和位图

向量图由经过精确定义的直线和曲线组成，这些直线和曲线称为向量。通过移动直线调整其大小或更改其颜色时，不会降低图形的质量。

向量图与分辨率无关，也就是说，可以将它们缩放到任意尺寸，可以按任意分辨率打印，而不会丢失细节或降低清晰度。向量图最适合表现醒目的图形，因为这种图形（例如徽标）在缩放到不同大小时必须保持线条清晰，如图 1-45 所示。

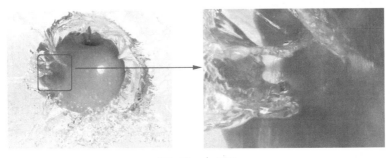

图1-45 向量图

注意　Photoshop主要是用来处理位图图像的，但仍然包含向量信息，如路径。

位图图像在技术上称为栅格图像，它由网格上的点组成，这些点称为像素。在处理位图图像时，编辑的是像素，而不是对象或形状。位图图像是连续色调图像（如照片或数字绘画）最常用的电子媒介，因为它可以表现出阴影和颜色的细微层次。

在屏幕上缩放位图图像时，可能会丢失细节，因为位图图像与分辨率有关，它们包含固定数量的像素，并且为每个像素分配了特定的位置和颜色值。如果在打印位图图像时采用的分辨率过低，位图图像可能会呈锯齿状，因为此时增加了每个像素的大小。

1.7.2 像素与分辨率

像素是构成位图的基本单位，位图图像在高度和宽度方向上的像素总量称为图像的像素大

小，当位图图像放大到一定程度的时候，所看到的一个一个的马赛克就是像素，如图1-46所示。

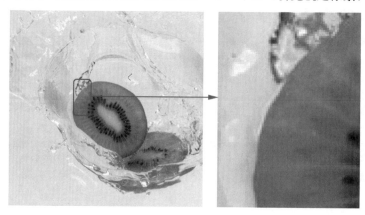

图1-46　像素

分辨率是指单位长度上像素的数目，其单位为像素／英寸（ppi）或像素／厘米，包括显示器分辨率、图像分辨率和印刷分辨率等。

- 显示器分辨率：显示器分辨率取决于显示器的大小及其像素设置。例如，一幅大图像（尺寸为800像素×600像素）在15英寸显示器上显示时几乎会占满整个屏幕；而同样还是这幅图像，在更大的显示器上所占的屏幕空间就会比较小，每个像素看起来则会比较大。

注意 彩色印刷品的分辨率一般设定为300像素/英寸，报纸图像的分辨率一般设定为96像素/英寸，网页图像的分辨率则为72像素/英寸。

- 图像分辨率：图像分辨率由打印在纸上的每英寸像素（像素／英寸）的数量决定。在Photoshop中，可以更改图像的分辨率。打印时，高分辨率的图像比低分辨率的图像包含的像素更多，因此像素点更小。与低分辨率的图像相比，高分辨率的图像可以重现更多的细节和更细微的颜色过渡，因为高分辨率图像中的像素密度更高。无论打印尺寸多大，高质量的图像通常看起来都不错。按不同尺寸打印同一幅低分辨率图像的效果不同，如图1-47所示。

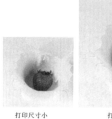

打印尺寸小　　　　　打印尺寸中等　　　　　　打印尺寸大

图1-47　对比效果

提示 视频文件只能以72ppi的分辨率显示，即使图像的分辨率高于72ppi，在视频编辑应用程序中显示图像时，图像质量看起来也不一定非常好。

● 印刷分辨率：印刷分辨率是单位长度上的线数，单位为线/英寸，在实际工作中，150
线/英寸的分辨率即可满足印刷的需要。

1.8 印刷品设计中的基本概念

了解和熟知商业平面设计中的 些基本概念，对设计制作大有裨益。本节将对一些基本
的概念进行简单的介绍，包括原稿、原稿分析、图像分辨率、出血、颜色模式、分色、计量
单位的设定和视图模式的切换等。

1. 原稿

在平面设计中通常将未进行处理的原始素材
称作原稿，包括图形、图像和文字。图像原稿通
常经过 Photoshop 的色彩调整、去污、合成等操
作后，再到其他软件中进行进一步的设计制作。

2. 原稿分析

原稿分析通常在色彩校正过程中，是指在处
理图片之前，首先要对图片进行分析，主要是看
图片的层次是否完整、尺寸是否符合要求、图片
是否清晰，之后再进行相应的调整。在分析过程
中，就主要依靠颜色数值来判断，不能仅仅依靠
眼睛来判断，如图 1-48 所示。

图1-48　颜色数值

3. 图像分辨率

图像分辨率是 Photoshop 中一个非常重要的概念，指的就是每英寸图像含有多少个点或像
素。不同的印刷品对图片分辨率的要求是不同的，表 1-1 列出了一些常见设计作品对分辨率的
要求。

表1-1　不同的商业设计作品对图片分辨率的要求

商业作品	分辨率要求
画册	普通画册的图片分辨率通常是300～350像素/英寸
杂志	高档画册的图片分辨率通常能达到400像素/英寸 彩色杂志的图片分辨率通常是300像素/英寸 时尚类的杂志对图片的要求相对较高，通常是350像素/英寸 黑白杂志的图片分辨率通常是200～250像素/英寸
报纸	报纸的图片分辨率通常在80～150像素/英寸之间
喷绘 网络传播	喷绘写真的图片通常是72像素/英寸 网络传播的图片通常是72像素/英寸或96像素/英寸

执行【图像】|【图像大小】菜单命令，可以查看图像的分辨率，如图1-49所示。

4. 出血

出血是指为了印刷品最后的裁切而在设计的时候预留的尺寸，通常印刷品的裁切边多留 3mm。

> **提示** 下刀的地方留出血，不下刀的地方不留出血。

5. 颜色模式

执行【图像】|【模式】命令，在弹出的子菜单中可以选择多种模式，如图1-50所示。

图1-49 查看图像分辨率

图1-50

在这里主要介绍和印刷关系最为密切的3种颜色模式，这也是在商业平面设计中接触最多的颜色模式：灰度、CMYK 和 RGB。

- 如果图片用于彩色印刷，那么颜色模式一定要转换为 CMYK。
- 如果图片用于喷绘或网络传播，颜色模式要转为 RGB。
- 如果图片用于黑白报纸、杂志，颜色模式要用灰度。

> **提示** 从事设计工作不久的设计师经常容易在制作彩色印刷品时忘记了将图片的颜色模式更改为 CMYK。制作完成后一定要进行检查，将图片更改为CMYK模式。

6. 分色

在印刷中，分色是一个很重要的概念，具体操作如下所示。

STEP 01 在 Photoshop 中打开一幅彩色的 RGB 图像，看到的是一个颜色丰富的画面，如图 1-51 所示。

STEP 02 打 开【通 道】面 板，如 图 1-52 所示。 Photoshop 将这幅图像所有的颜色进行了分色，所有的颜色信息，被分别存放在红、绿、蓝 3 个通道中。也就是说，在这幅图像中，不同比例的红、绿、蓝颜色

图1-51 打开的RGB图像

混合在一起形成了颜色丰富的画面。

03 在 Photoshop 中打开一幅彩色的 CMYK 图像，看到的也是一个颜色丰富的画面，如图 1-53 所示。

04 打开【通道】面板，如图 1-54 所示。Photoshop 将这幅图像所有的颜色进行了分色，分为青色、洋红色、黄色、黑色 4 种颜色。所有的颜色信息被分别存放在青色、洋红色、黄色、黑色 4 个通道中。也就是说，这幅图像是由不同比例的青、洋红、黄、黑颜色混合在一起形成的画面。

图1-52 【通道】面板　　　　图1-53　打开的CMYK图像　　　　图1-54　【通道】面板

在设计制作过程中，分色可以使设计师更加方便地根据自己的需要对图像进行有针对性的色彩调整。
提示

7. 计量单位的设定

在印刷品设计中，正确的计量单位至关重要。错误的尺寸设定可能会导致印刷品的报废，所以一定要在 Photoshop 中使用正确的设置。

01 打开一幅图像，执行【视图】|【标尺】菜单命令，在图像的周围显示标尺，如图 1-55 所示。

02 在标尺上右击，在弹出快捷菜单中显示出了当前标尺所使用的单位。

03 设计师可以根据自己的需要更改标尺的单位，以方便在设计制作过程中查看。在设计印刷品时，通常以毫米为单位，如图 1-56 所示。

图1-55　显示标尺　　　　　　　　　图1-56　标尺单位

8. 视图模式的切换

在完成不同的工作时，需要切换到相应的视图模式来获得最佳的工作环境。视图模式包括窗口模式和全屏模式。

（1）窗口模式：可以在屏幕上以窗口的形式显示多个图片

在色彩调整或者选择图片时，经常将多个图片进行比较，这时就需要使用窗口模式来显示，如图 1-57 所示。

（2）全屏模式：只在屏幕上显示一幅图像

在修污点或抠图时，通常要切换到全屏模式，关掉所有面板，放大视图，使用快捷键操作。此时适合使用全屏模式，如图 1-58 所示。

图1-57　窗口模式

图1-58　全屏模式

提示　在英文输入法状态下，按【Tab】键可以显示／关闭所有的面板和工具，按【F】键可以切换不同的视图模式。

1.9　Photoshop CS6的新增功能

1.9.1　内容感知移动工具

使用【内容感知移动工具】，可在无须复杂图层或慢速精确的选择选区的情况下快速重构图像。扩展模式可对头发、树或建筑等对象进行扩展或收缩，效果令人信服。移动模式支持将对象置于不同的位置中（在背景相似时最有效）。

在工具箱中按住【污点修复画笔工具】不放，然后在弹出框中选择【内容感知移动工具】，在工具选项栏中可以设置【模式】为【移动】或【扩展】，【适应】选项可控制新区域反射现有影像图样的接近程度。

1.9.2　内容感知修补工具

更新的【修补工具】包括【内容识别】选项，可以通过合成邻近内容，完美无缝地取代不要的影像元素。产生的自然外观类似于【内容感知填色】,不过【修补工具】🔘可在绘制填色的区域中选取。

在工具箱中按住【污点修复画笔工具】🖊不放,然后在弹出框中选择【修补工具】🔘,在工具选项栏中可以选择修补模式为【正常】或【内容识别】,【适应】选项可控制修补反射现有影像图样的接近程度。

1.9.3 重新设计的裁剪工具

重新设计的【裁剪工具】🔲提供交互式预视,因此可以更好地检视结果。若要裁切影像,需先在工具箱中选择【裁剪工具】🔲,接着在影像窗口中调整预设裁切边界,或在窗口中拖曳以设定特定的边界。

1.9.4 影片

重新设计过的【时间轴】面板以剪辑为基础,包含可将完成影片修饰为专业等级的切换效果和特效,可轻松变更剪辑持续时间和速度,并可套用动态效果至文字、静态影像和智能型对象。

【视讯群组】可在单个时间轴轨道上,组合多个视讯剪辑和内容(如文字、影像和形状)。个别音轨可轻松编辑和调整。

重新设计的视讯引擎也支持更广泛的读入格式。当准备转存最后视讯时,Photoshop 提供DPX、H.264 和 QuickTime 格式的预设集和选项。

1.9.5 色彩和色调调整

1. 皮肤色调选取范围和脸孔检测

在菜单栏中选择【选择】|【色彩范围】命令,弹出【色彩范围】对话框,在【选择】下拉列表中选择【肤色】选项。若要将产生的选取范围缩小到影像中的脸孔,则勾选【检测人脸】复选框。

仅选取脸孔的另一个方法是:在【色彩范围】对话框的【选择】下拉列表中选择【取样颜色】选项,然后勾选【本地化颜色簇】和【检测人脸】复选框。

2. 改良的自动校正

【色阶】、【曲线】和【亮度/对比】命令提供改良的【自动】选项,一步就能完美增强影像。

1.9.6 3D (仅限 Photoshop Extende)

简化的接口提供版面上场景编辑,以直觉方式建立 3D 图稿。可轻松拖曳阴影至定位、将3D 对象制作成动画、提供 3D 对象素描或卡通的外观,以及其他更多功能。

1.9.7 图层滤镜

在【图层】面板顶端,全新的滤镜选项可协助在复杂的文件中迅速找到关键图层;可依据名称、种类、效果、模式、属性或颜色卷标来显示图层子集。

1.9.8 预设迁移和共享

在菜单栏中选择【编辑】|【预设】|【迁移预设】命令，即可将 Photoshop CS3 和更新版本的预设集、工作区、偏好设定轻松移至 Photoshop CS6。在菜单栏中选择【编辑】|【预设】|【导出/导入预设】命令，则可将自定设定与工作群组中的所有计算机共享。

1.9.9 与Adobe Touch和Photoshop伙伴应用程序的兼容性

运用 Adobe Touch 和 Photoshop 伙伴应用程序（单独出售），可将创意延伸超出 Photoshop CS6 之外。使用 6 种专为平板计算机设计的 Adobe Touch Apps（包括 Photoshop Touch、Adobe Kuler 和 Adobe Debut），可设计、编辑并优雅地呈现作品。接着通过 Adobe Creative Cloud 传输档案，以供未来在 Photoshop CS6 继续调整，或是从任何地点查看、存取和共享档案。也可以从 Adobe 和开发人员社区通过 Photoshop 伙伴应用程序与 Photoshop CS6 直接无线互动。

1.10 习题

一、填空题

（1）通常用于设计的计算机使用的内存是（　　　　　　）。

（2）Adobe 平面设计软件主要包括（　　　　　　）、（　　　　　　）、（　　　　　　）、（　　　　　　）等，用这些软件完成设计工作是设计师的最佳选择。

（3）彩色印刷品的分辨率一般设定为（　　　　　　）像素/英寸，报纸图像的分辨率一般设定为（　　　　　　）像素/英寸，网页图像的分辨率则为（　　　　　　）像素/英寸。

二、问答题

（1）Photoshop 的操作界面主要包括哪些部分？

（2）分辨率是指什么？

第 **2** 章
原稿的获取与基本操作

Chapter
02

本章要点：

　　本章的内容主要涉及 Photoshop CS6 的基本操作和选取功能。

　　对于处理图像，特别是在处理数码照片和广告图片时，经常会用到各种选取图像的方法和对选区的调整等。

　　通过对本章的学习，用户可以学到 Photoshop CS6 中最实用、也是最基本的内容。

主要内容：

- 电子文件获取原稿
- 由非电子邮件获取原稿
- 由其他软件获取原稿
- ES/DF 文件处理方法
- 原稿的初步筛选
- 文件的基本操作
- 使用辅助工具
- 调整图像尺寸
- 图像的修饰

2.1 电子文件获取原稿

电子文件就是指可以直接在电脑上使用的文件格式。在商业平面设计的图像原稿中，电子文件的原稿包括客户提供的电子文件、图库中的图像文件、图片网站上购买的图片或收集的免费图片。

2.1.1 客户提供的电子文件

有些客户要求在设计过程中使用其提供的电子文件，但并不是所有的图片都能符合印刷要求，设计师需要对这些文件进行检查，不符合印刷要求的图片需要和客户进行沟通后更换图片或者对图片进行一些修复处理。

检查电子文件的内容包括分辨率大小、尺寸大小、清晰度、平滑度等。

2.1.2 图库

光盘图库主要有摄影图库与矢量图库两种：摄影图库运用比较广泛，可以用于制作插图、背景等；矢量图库多用于插图。

- 摄影图库种类丰富，包括材质、风景、人物、食物等，风景图库还可以分为自然风景、城市风景、名山大川等。
- 矢量图库包括卡通形象、矢量边框、底纹等，一般在设计中用来丰富版面。

2.2 由非电子文件获取原稿

非电子文件主要包括底片、照片、印刷品等，这类原稿通常需要通过专业的电分转换为电子文件后使用。下面讲解在平面设计中选择非电子文件原稿的方法和技巧。

2.2.1 拍摄

在制作宣传品时，很多客户要求在宣传品上要有他们的公司图片、产品图片，这就需要对实物进行拍摄。

1. 数码拍摄

数码相机无须胶卷并且直接可以获得数字图像。数码相机的图像可以直接使用，而且无须扫描就可以编辑输出，既降低了成本又方便快捷。但如果图像要用于印刷，拍照时就要注意以下一些问题。

- 使用数码相机拍摄时，可以将同样的内容使用不同的设置多拍几份，使图片有一定的选择余地。
- 通常图片的分辨率要300像素/英寸才能达到印刷要求，而大多数数码相机拍摄的图片的分辨率只有72像素/英寸，这样的图片如果用于印刷要缩小尺寸。

提示 印刷常用的分辨率是300像素／英寸，但是不同的印刷品需要设置的分辨率也不同，这个在后面会进行讲解。

图片分辨率应该是300像素／英寸，而不是300像素／厘米。在设置时，要看清后面的单位。

- 数码相片通常有一定的偏色，需要后期进行校正，而且数码相片与传统专业摄影拍的正片相比，图像颗粒较大、层次也不如正片好，所以要求很严格的图像，建议使用传统专业摄影拍的正片。
- 在数码拍摄时，可以带一台笔记本，随时查看拍摄结果，有颜色偏差较大的图片可以随时补拍。

2. 传统拍摄

在商业设计案例中，经常需要设计公司或专业的摄影人员进行拍摄，然后通过专业的电子分色将拍摄的正片转换为电子文件，再到电脑上进行设计制作。摄影图片原稿可以分为 8×10 正片、4×5 正片、120 正片、135 正片、135 负片、洗出来的照片等几种类型。正片和负片的特点见表 2-1。

表2-1　正片和负片的特点及其应用

正片	负片
色彩真实饱和，影像的清晰度、明锐度比较高	色彩、清晰度、明锐度相对于正片较差
曝光宽度比较狭窄，稍不足或是过度都会影响影像质量，所以拍摄反转片要求曝光一定要十分准确，成本也比较高	操作较为简便，对环境要求不高，成本低廉
经常用作专业用途，如用于印刷精美图片	在日常生活中运用较为广泛

提示 彩色胶片可以分成两大类型，即反转片和负片。彩色反转片有时也称为幻灯片（即正片），是一种经过反转冲洗后直接得到彩色透明正像的胶片。正片多用于幻灯片、观片灯箱上直接放映，还可作为原稿用来分色制版印刷。要求颗粒细、反差大、灰雾小，解像力和清晰度都较高。彩色负片主要是供印放彩色照片用的感光片，在拍摄并经过冲洗之后，可获得明暗与被摄体相反、色彩与被摄体互为补色的带有橙色色罩的彩色底片，要求感光度高、宽容度大。

2.2.2　扫描

1. 扫描仪的适用范围

平台扫描仪用于扫描一些绘画线稿、公司 Logo 等比较简单的图案。如果客户对图像质量要求不高，就可以选择平台扫描仪。

滚筒扫描仪通常用来扫描一些要求较高的图像，来保证高档印刷品的质量。

2. 扫描的基础知识

要求较高的原稿需要交给专业的公司，由专业人员用滚筒扫描仪或更专业的电子分色设备获取。虽然扫描的工作是由专业人员完成，但是也需要设计师根据用途与专业人员进行沟通，使原稿符合设计要求。

在扫描之前，设计师应该清楚设计作品的印刷加网线数，以及原稿在使用时的大概尺寸。

技巧 印刷加网线数是指印刷品在水平或垂直方向上每英寸的网线数（lpi），即挂网网线数。不同的纸张印刷加网线数不同，常用纸张印刷加网线数见表2-2。

表2-2 常用纸张印刷加网线数

纸张	印刷加网线数
报纸	80～1201pi
胶版纸	110～150lpi
铜版纸	150～1751pi

设计师还需要了解以下公式的含义：

扫描分辨率＝印刷加网线数 ×2× 放大的倍数

例如，将 8cm×10cm 的正片原稿放大 10 倍使用（80cm×100cm），印刷加网线数为 1501pi，那么扫描分辨率应该为 150（印刷加网线数）×2×10（放大的倍数），即 3000lpi。

3. 设计师如何控制电分的品质和成本

设计师要了解设计作品对图片的要求，才能够控制好电分的成本和品质。

● 了解印刷品图片的分辨率要求。

● 了解扫描图片在印刷品中的大概尺寸。

提示 如果扫描分辨率值过低或不足，将造成输出品质差。但专业扫描的收费标准通常是按照扫描后的文件大小进行收费的，过大的文件会造成不必要的浪费，而且文件过大制作时也会影响工作效率。

2.3 由其他软件获取原稿

Photoshop 经常要处理由其他软件生成的图像原稿，在处理时也有一些需要注意的小技巧。

2.3.1 来自Adobe Illustrator的图像原稿

Adobe Illustrator 是矢量图形绘制软件，设计师可以将 Adobe Illustrator 中绘制的图形导入到 Photoshop 中进行使用，操作方法如下。

01 在 Photoshop 中按【Ctrl+N】组合键，新建一个文件，如图 2-1 所示。

02 选择【文件】|【置入】菜单命令，置入 Illustrator 文件，如图 2-2 所示。

图2-1　新建文件

图2-2　选择命令

STEP 03 在【置入】对话框中，打开随书附带光盘中的【素材 \ 第 2 章 \001.jpg】文件，单击【置入】按钮，如图 2-3 所示。

STEP 04 【001.jpg】文件会以智能对象的方式置入，保持其矢量性。智能对象仍然能够在【001.jpg】文件中进行编辑，如图 2-4 所示。

图2-3　【置入】对话框

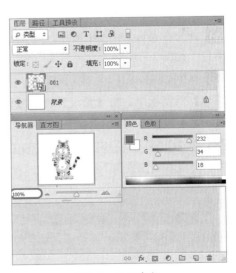

图2-4　设置参数

STEP 05 在菜单栏中选择【图层】|【栅格化】|【智能对象】命令，就可将智能对象转换为普通图层，如图 2-5 所示。

STEP 06 添加的图层如图 2-6 所示。

图2-5　选择命令

图2-6　添加的图层

2.3.2　来自Word的图像原稿

有时客户无法提供原图片，只能提供包含文字和图片的 Word 文档，此时如何处理 Word 文档中的图片以使图片达到最佳效果呢？在实际工作中经常会遇到这样的问题，接下来将通过不同的方法来进行讲解。

1. 复制粘贴法

通过剪贴板复制 Word 文档中的图片。但使用这种方法得到的图片损失非常大，根本无法使用。操作方法如下。

01 首先在 Word 中选择图片，按【Ctrl+C】快捷键复制图片，如图 2-7 所示。

02 在 Photoshop 中按【Ctrl+N】快捷键新建文件。在【新建】对话框中，将【预设】设为【剪贴板】，然后单击【确定】按钮，如图 2-8 所示。

03 按【Ctrl+V】快捷键将剪贴板的图像粘贴到当前文件中，可以看到图像很不清晰，如图 2-9 所示。

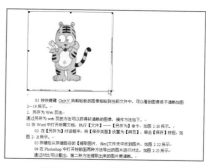

图2-7　在文件中复制图片

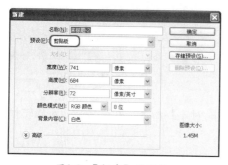

图2-8　【新建】对话框

图2-9　使用快捷键粘贴图片到文件中

2. 另存为 Web 页法

通过另存为 web 页的方法可以获得较清晰的图像，操作方法如下。

STEP 01 首先按【Ctrl+C】快捷键选中所需要的图片，再按【Ctrl+N】快捷键新建一个 Word 文档，最后按【Ctrl+V】快捷键将所需的图片插入到文档中，如图 2-10 所示。

STEP 02 选择【文件】|【另存为】命令，如图 2-11 所示。

图2-10　将图片插入文档

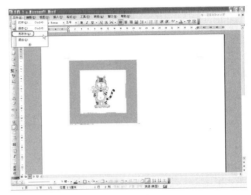

图2-11　选择命令

STEP 03 在【另存为】对话框中，将【保存位置】设置为【桌面】、【文件名】改为【老虎 .htm】、【保存类型】设置为【网页】，单击【保存】按钮，如图 2-12 所示。

STEP 04 在【桌面】上双击【老虎 .files】文件夹，在 Photoshop 中打开按前面两种方法导出的图片并进行对比，如图 2-13 所示。

图2-12　设置保存内容

图2-13　导出的两种格式文件

STEP 05 在 Photoshop 中按【Ctrl+N】快捷键新建文件，在【新建】对话框中，将【预设】设为【剪贴板】，然后单击【确定】按钮，如图 2-14 所示。

STEP 06 按【Ctrl+V】快捷键将剪贴板中的图像粘贴到当前文件中，可以看到图像很不清晰，如图 2-15 所示。

STEP 07 选择【文件】|【打开】菜单命令，在弹出的【打开】对话框【查找范围】中选择【桌面】下的【老虎 .files】文件夹，再选择文件夹中【.png】的格式文件，按【Enter】键确认，如图 2-16 所示。

STEP 08 【.png】的格式文件与新建文件的对比，如图 2-17 所示。

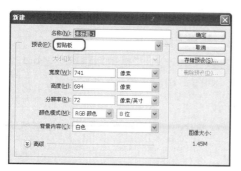

图2-14 【新建】对话框

图2-15 使用快捷键粘贴文件

图2-16 选择格式文件

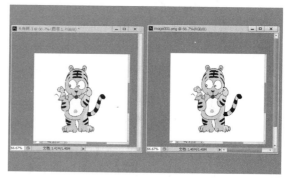

图2-17 文件对比

通过对比可以看出，第二种方法提取出来的图片更清晰。

提示 在制作商业印刷品时，尽量不要使用互联网上的免费图片。只有在没有更好的图片时，才可以从互联网上选择尺寸较大、分辨率较高、图像清晰的免费图片。

2.4 ES/DF文件处理方法

在商业设计中，经常要通过 E-mail 将设计作品发送给客户，以便让客户及时提出修改意见，这就要求将作品转成适合于网络传递的格式，比如 PDF 文件或 JPG 图片。但是一些旧版本的 PageMaker 对 PDF 支持不是很好，这就需要先将 PageMaker 文件转为 EPS 文件，然后再在 Photoshop 中对 EPS 文件进行栅格化存储为一个 JPG 文件，再发送给客户。不过，如果是长期合作的客户，建议设计师为客户的电脑上安装一个 Adobe Reader 软件，并制作 PDF 格式的文件，让客户查看。

在 Photoshop 中打开 EPS 或 PDF 文件时，Photoshop 可以将它们进行栅格化处理，操作步骤如下。

STEP 01 在 Photoshop 中选择【文件】|【打开】菜单命令，在弹出的【打开】对话框中打开随书附带光盘中的【素材 \ 第 2 章 \002.eps】文件，如图 2-18 所示。

STEP 02 单击【打开】按钮，在弹出的【栅格化 EPS 格式】对话框中，可以设置分辨率和尺寸，如图 2-19 所示。

图2-18　【打开】对话框

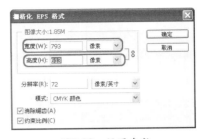

图2-19　设置参数

STEP 03 栅格化后的效果图如图 2-20 所示。

STEP 04 选择【文件】|【存储为】菜单命令,将文件存储为 JPG 格式,单击【保存】按钮将其保存,以便发送给客户查看,如图 2-21 所示。

图2-20　栅格化后的效果图

图2-21　设置格式

2.5 原稿的初步筛选

2.5.1 原稿大小

原稿的大小取决于两个因素:原稿的尺寸和原稿的分辨率,如图 2-22 所示。

图2-22　原稿的尺寸和分辨率

首先要根据印刷品的尺寸确定图片的尺寸，现在以宽 400mm× 高 300mm、分辨率 300 像素／英寸的画册用图为例进行讲解，操作步骤如下。

STEP 01 对图片进行简单的规划。

STEP 02 打开随书附带光盘中的【素材 \ 第 2 章 \003.jpg】文件，如图 2-23 所示。

STEP 03 选择【图像】|【图像大小】菜单命令，在弹出的【图像大小】对话框中，不勾选【重定图像像素】，设置单位为【毫米】，宽度值为【406】，如图 2-24 所示。

图2-23　打开素材文件

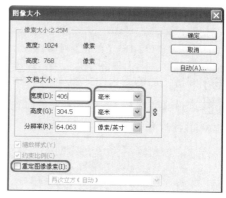

图2-24　设置参数

技巧

①为什么要设置单位为毫米？

因为设计师在沟通过程中讨论纸张、版面的大小时，经常不叙述单位，如"我需要设计一个 400×300"的宣传册。使用毫米为单位符合大多设计从业者的表述习惯。

②成品尺寸的宽度为400毫米，为什么要设置图片的大小为406毫米？

因为如果图片靠近版面的边缘，就需要设置出血尺寸，用来防止在裁切时漏白。

③为什么不勾选"重定图像像素"？

因为不勾选"重定图像像素"，Photoshop就不会破坏图像的像素，只更改图像的尺寸。设计师可以用这种方法判断图片在修改到适合的尺寸后，是否满足印刷分辨率要求。

④如何更改分辨率？

确认更改成需要的宽度、高度后，查看分辨率是否满足印刷要求，如图2-25所示。如果不符合要求，则勾选"约束比例"选项和"重定图像像素"选项，然后将分辨率更改为500像素／英寸，如图2-26所示。

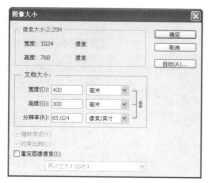

图2-25　查看参数

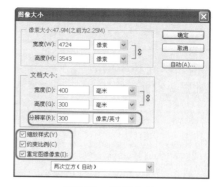

图2-26　设置参数

技巧

①修改图像分辨率的标准是什么?

更改尺寸后,如果分辨率数值大于要求的数值,可以更改为要求的数值。如果分辨率低于要求的数值的话,要么缩小图片分辨率达到300像素/英寸,并重新考虑它在版面中的大小;或者更换图片。

②分辨率设置得高些,印刷出来的效果会不会更好?

如果分辨率设置过低,图片层次表现较差,甚至会出现马赛克。但分辨率设置过高,不仅增加了文件大小,加重了计算机负担,并且印出后会模糊,所以通常分辨率都设置成标准数值,不要差距太大。

2.5.2　原稿的清晰度、平滑度

挑选出适合印刷尺寸和分辨率的图片,接下来就需要筛选掉清晰度、平滑度较差的图片。导致图片清晰度、平滑度较差的原因有以下几种。

- 在拍摄时发生抖动,导致图片模糊。
- 客户用错误的方法更改了图片,如错误地使用【重定图像像素】、【模糊】、【锐化】等命令。

技巧

在Photoshop中可以将图片放大到1600倍观察,那么在什么样的视图比例下查看图片的效果可以作为标准呢?

在尺寸、分辨率都满足的前提下,双击工具箱中的放大镜,然后对图片进行检查即可。

下面对一组图片进行分析,判断它们的清晰度、平滑度是否满足印刷要求。

1. 原稿1

STEP 01 打开随书附带光盘中的【素材 \ 第 2 章 \004.jpg】文件,如图 2-27 所示。

STEP 02 在工具箱中双击【放大镜工具】并对图像中的主体部分进行检查,如图 2-28 所示。

图2-27　打开素材文件

图2-28　进行局部检查

主体部分比较清晰,椅子有些模糊,但是因为椅子不属于主要表现的部分,该原稿可以考虑使用。必要的话,可以将不需要的部分裁切掉。

2. 原稿2

STEP 01 打开随书附带光盘中的【素材 \ 第 2 章 \005.jpg】文件,如图 2-29 所示。

STEP **02** 在工具箱中双击【放大镜工具】并对图像中的局部进行检查，如图 2-30 所示。

图2-29　打开素材文件　　　　　　　　　　图2-30　进行局部检查

　　该原稿清晰度虽然较高，但小兔子的毛发显得过于尖锐，看起来很不舒服，不能使用。分析原因可能是原稿在 Photoshop 中使用了过强的 USM 锐化。

3. 原稿 3

STEP **01** 打开随书附带光盘中的【素材 \ 第 2 章 \006.jpg】文件，如图 2-31 所示。

STEP **02** 在工具箱中双击【放大镜工具】并对图像中的局部进行检查，如图 2-32 所示。

图2-31　打开素材文件　　　　　　　　　　图2-32　进行局部检查

　　该原稿主体部分清晰，没有过于模糊或尖锐的部分，可以使用。

4. 原稿 4

STEP **01** 打开随书附带光盘中的【素材 \ 第 2 章 \007.jpg ～ 008.jpg】文件，如图 2-33 所示。

STEP **02** 直接观察，可能没有很大的差别，在工具箱中双击【放大镜工具】后进行对比观察，如图 2-34 所示。

　　可以看到，左边的图片很清晰，但右边的图片很模糊，无法用于印刷。分析原因是右边的图像有可能被软件强行提高了分辨率。

图2-33　打开素材文件

图2-34　放大后对比图

提示　设计一个好的印刷品，做好原稿的检查很重要，原稿质量控制不好，设计得再出色，也很难达到好的表现效果。

2.6　文件的基本操作

Photoshop CS6 文件的基本操作包括新建、打开及保存文件等。

2.6.1　新建文件

新建文档有两种方法，下面将分别对它们进行介绍。

1. 方法 1

选择【文件】|【新建】菜单命令，打开【新建】对话框，如图 2-35 所示，其中的选项含义如下所示。

- 【名称】文本框：用于填写新建文件的名称，【未标题 -1】是 Photoshop 默认的名称，可以将其改为其他名称。创建文件后，名称会显示在图像窗框的标题栏中；在保存文件时，文件的名称也会自动显示在存储文件对话框的【名称】选项内。
- 【预设】下拉列表框：用于提供预设文件尺寸及自定义尺寸。
- 【宽度】设置框：用于设置新建文件的宽度，默认以像素为单位，也可以选择英寸、厘米、毫米、点、派卡和列为单位，如图 2-36 所示。

- 【高度】设置框：用于设置新建文件的高度，单位同【宽度】单位。
- 【分辨率】设置框：用于设置新建文件的分辨率，默认以像素 / 英寸为单位，也可以在选项右侧的下拉列表中选择分辨率的单位，如图 2-37 所示。
- 【颜色模式】设置框：用于设置新建文件的模式，包括位图、灰度、RGB 颜色、CMYK 颜色和 Lab 颜色等模式，如图 2-38 所示。

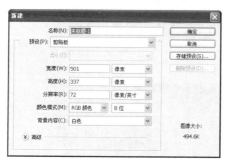

图2-35　【新建】对话框

图2-36　宽度的单位

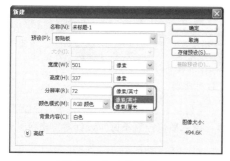

图2-37　分辨率的单位

图2-38　颜色模式的种类

- 【背景内容】下拉列表框：用于选择新建文件的背景内容，包括【白色】、【背景色】和【透明】3 种。【白色】为默认的选项；选择【背景色】时，将使用工具箱中的背景色作为新文档的背景颜色；选择【透明】时，新文档只包含一个透明图层，没有背景图层。

2. 方法 2

使用【Ctrl+N】快捷键，即可弹出【新建】对话框。

2.6.2　打开文件

打开文件的方法有 3 种。

1. 方法 1

01 在菜单栏中选择【文件】|【打开】命令，打开【打开】对话框，如图 2-39 所示。一般情况下，【文件类型】默认为【所有格式】，也可以选择某种特定的文件格式，然后在大量的文件中进行筛选。

02 单击【打开】对话框中的【查看】菜单按钮，可以选择以缩略图的形式来显示图像，如图 2-40 所示。

03 选中要打开的图片，然后单击【打开】按钮或者直接双击图像即可打开图像。

在对话框的下部可以对要打开的图片进行预览，【文件大小】为文件的大小。

图2-39　【打开】对话框

图2-40　在【打开】对话框中查看图像

提示

按住【Ctrl】键单击需要打开的文件，可以打开多个不相邻的文件；按住【Shift】键单击需要打开的文件，可以打开多个相邻的文件。

2. 方法2

使用【Ctrl+O】快捷键也可以打开【打开】对话框。

3. 方法3

在工作区域内双击，也可打开【打开】对话框。

4. 方法4

通过快捷方式打开文件，在没有运行 Photoshop 时，将一个图像文件拖至桌面上的 ⬛ 上，可以运行 Photoshop 软件并打开该文件。

2.6.3　保存文件

1. 方法1

选择【文件】|【存储】菜单命令，即可打开【存储为】对话框，如图 2-41 所示。可以按照原有的格式存储正在处理的文件。对于正在编辑的文件应该随时存储，以免出现意外而丢失。

2. 方法2

选择【文件】|【存储为】菜单命令，打开【存储为】对话框进行保存。对于新建的文件或已经存储过的文件，可以使用【存储为】命令将文件另外存储为某种特定的格式。

图2-41　【存储为】对话框

- 【存储选项】选项组：用于对各种要素进行存储前的取舍。

- 【作为副本】复选框：勾选此项，可将所编辑的文件存储成文件的副本，并且不影响原有的文件。

- 【Alpha 通道】复选框：当文件中存在 Alpha 通道时，可以选择存储 Alpha 通道（勾选此项）

或不存储 Alpha 通道（撤选此项）。要查看图像是否存在 Alpha 通道，可选择【窗口】|【通道】菜单命令，打开【通道】面板，然后在其中查看即可。

- 【图层】复选框：当文件中存在多图层时，可以保持各图层独立进行存储（勾选此项）或将所有图层合并为同一图层进行存储（撤选此项）。要查看图像是否存在多图层，可选择【窗口】|【图层】菜单命令，打开【图层】面板，然后在其中查看即可。
- 【注释】复选框：当文件中存在注释时，可以通过此选项将其存储或忽略。
- 【专色】复选框：当图像中存在专色通道时，可以通过此选项将其存储或忽略。专色通道同样可以在【通道】面板中查看。
- 【颜色】选项组：用于为存储的文件配置颜色信息。
- 【缩览图】复选框：用于为存储的文件创建缩览图。该选项为灰色，表明系统自动地为其创建缩览图。
- 【使用小写扩展名】复选框：勾选此项，则用小写字母创建文件的扩展名。

3. 方法 3

使用【Ctrl+S】组合键也可以打开【存储为】对话框。

2.6.4 使用导航器查看

选择【窗口】|【导航器】菜单命令，可以实现对局部图像的查看。在【导航器】面板的缩略窗口中，使用抓手工具可以改变图像的局部区域。

单击【导航器】面板中的 ═ 缩小按钮可以缩小图像，单击 ═ 放大按钮可以放大图像。也可以在左下角的文本框中直接输入缩放的数值。

注意 利用【导航器】面板对图像进行缩放的范围为10%~3200%。

STEP 01 打开随书附带光盘中的【素材 \ 第 2 章 \009.jpg】文件。如图 2-42 所示。

STEP 02 执行【窗口】|【导航器】菜单命令，即可弹出【导航器】面板，如图 2-43 所示。

图2-42 打开素材文件

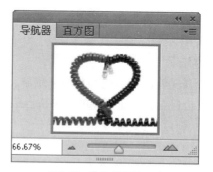
图2-43 【导航器】面板

2.6.5 使用缩放工具查看

利用缩放工具也可以实现对图像的缩放查看，使用缩放工具拖动出想要放大的区域即可对局部区域进行放大。也可以利用快捷键来实现，例如：使用【Ctrl++】组合键可以以画布为中心放大图像；使用【Ctrl+-】组合键可以以画布为中心缩小图像；使用【Ctrl+0】组合键，可以最大化显示图像，即图像窗口充满整个工作区域。最大化显示图像效果如图2-44所示。

打开随书附带光盘中的【素材\第2章\010.jpg】文件，在工具箱中单击 按钮，即可实现对素材的缩放，如图2-45所示。

图2-44 最大化后的效果图

图2-45 打开素材文件

2.6.6 使用抓手工具查看

当图像被放大只能够显示局部图像的时候，如果需要查看图像中的某一个部分，则可使用抓手工具。在使用【抓手工具】以外的工具时，按【空格】键拖动鼠标可以将所要显示的部分图像在图像窗口中显示出来，也可以通过拖动水平和垂直滚动条来查看图像。使用【抓手工具】查看部分图像的效果如图2-46所示。

以下是一个关于使用抓手工具查看图像的练习。

图2-46 使用【抓手工具】查看

STEP 01 打开随书附带光盘中的【素材\第2章\011.jpg】文件，在工具箱中双击 工具将图像放大，如图2-47所示。

STEP 02 在工具箱中选择 工具，拖动图像查看，如图2-48所示。

图2-47 打开素材文件

图2-48 使用【抓手工具】查看

2.7 使用辅助工具

辅助工具的主要作用是辅助操作，可以利用辅助工具提高操作的精确程度，提高工作的效率。在 Photoshop 中，可以利用标尺、网格和参考线等工具来完成辅助操作。

2.7.1 使用标尺

利用标尺可以精确地定位图像中的某一点以及创建参考线。

选择【视图】|【标尺】菜单命令或按【Ctrl+R】组合键，打开图像标尺后的效果如图 2-49 所示。

标尺会出现在当前窗口的顶部和左侧，标尺内的虚线可显示出当前鼠标移动时的位置。更改标尺原点（左上角标尺上的 0.0 标志）可以从图像上的特定点开始度量。在左上角按住鼠标左键拖动到特定的位置然后释放鼠标，即可改变原点的位置，如图 2-50 所示。

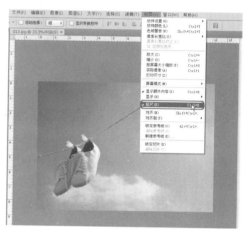

图2-49 选择命令

注意 如果要恢复原点的位置，只需在左上角处双击鼠标即可。标尺原点还决定网格的原点，网格的原点位置会随着标尺的原点位置而改变。

默认情况下标尺的单位是厘米，如果要改变标尺的单位，可以在标志位置单击右键，弹出快捷菜单，如图 2-51 所示。然后选择相应的单位即可。

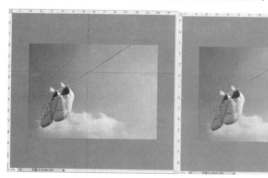

图2-50 改变标尺位置

图2-51 下拉列表

2.7.2 使用网格

网格对于对称地布置图像很有用。在菜单栏中选择【视图】|【显示】|【网格】命令或按【Ctrl+'】快捷键，网格在默认的情况下显示为不打印出来的线条，但也可以显示为点。使用网

格可以查看和跟踪图像扭曲的情况。

以直线方式显示的网格效果如图2-52所示；以网点方式显示的网格效果如图2-53所示；以虚线方式显示的网格效果如图2-54所示。

选择【编辑】|【首选项】|【参考线、网格、切片和计数】菜单命令，打开【首选项】对话框，如图 2-55 所示。在打开的对话框中设定网格的大小和颜色，也可以存储一幅图像中的网格，然后将其应用到其他的图像中。

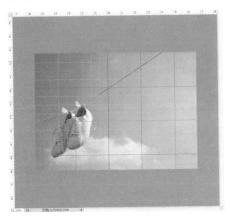

图2-52 直线方式网格

图2-53 网点方式网格

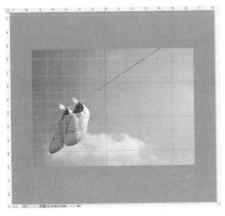

图2-54 虚线方式网格

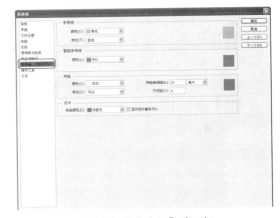

图2-55 【首选项】对话框

在菜单栏中选择【视图】|【对齐到】|【网格】命令，然后拖动选区、选区边框和工具，如果拖动的距离小于 8 个屏幕（不是图像）像素，那么它们将与网格对齐。

2.7.3 使用参考线

参考线是浮在整个图像上但不打印出来的线条。可以移动或删除参考线；也可以锁定参考线，以免不小心移动了它。

在菜单栏中选择【视图】|【显示】|【参考线】命令后的效果如图 2-56 所示。

提示　按【Ctrl+；】快捷键也可以将参考线显示出来。

创建参考线的方法如下。

STEP 01 从标尺处直接拖动出参考线，按住【Shift】键并拖动参考线可以使参考线对齐标尺。

STEP 02 如果要精确地创建参考线，在菜单栏中选择【视图】|【新建参考线】命令，打开【新建参考线】对话框，如图2-57所示。然后输入相应的【水平】和【垂直】参考线数值。

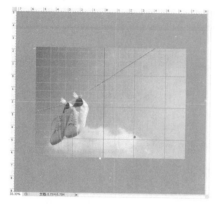

图2-56　选择命令后的效果图

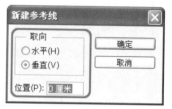

图2-57　【新建参考线】对话框

也可以将图像放大到最大程度，然后直接从标尺位置拖动出参考线。

删除参考线的方法如下。

STEP 01 使用移动工具将参考线拖动到标尺位置，可以一次删除一条参考线，如图2-58所示。

STEP 02 在菜单栏中选择【视图】|【清除参考线】命令，可以一次将图像窗口中的所有参考线全部删除，如图2-59所示。

锁定参考线的方法如下：为了避免在操作过程中移动参考线，可在菜单栏中选择【视图】|【锁定参考线】命令将参考线锁定。

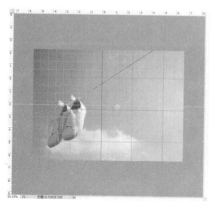

图2-58　清除一条参考线

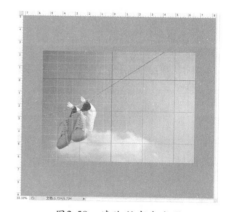

图2-59　清除所有参考线

2.8　调整图像尺寸

扫描或导入图像以后，还需要调整其大小，使图像能够满足实际操作的需要。

2.8.1 调整图像大小

在 Photoshop 中，使用【图像大小】对话框来调整图像的像素大小、打印尺寸和分辨率；而在 Image Ready 中，则只能调整图像的像素大小。

选择【图像】|【图像大小】菜单命令，打开【图像大小】对话框，如图 2-60 所示。

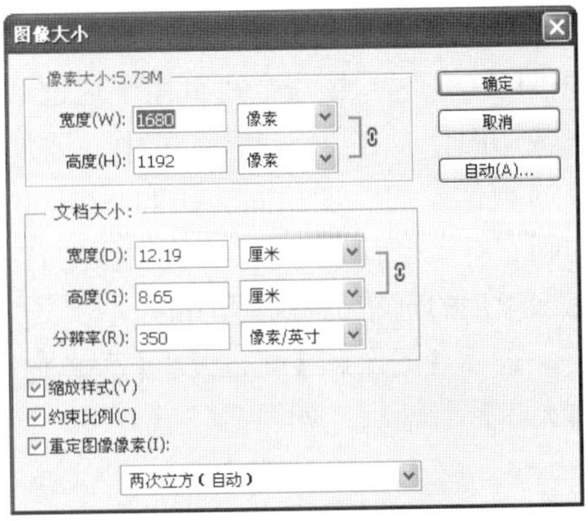

- 【像素大小】选项组：在此区域中输入【宽度】值和【高度】值。如果要输入当前尺寸的百分比值，应选取【百分比】作为度量单位。图像的新文件大小会出现在【图像大小】对话框的顶部，而旧文件大小则在括号内显示。

图2-60 【图像大小】对话框

- 【缩放样式】复选框：如果图像带有应用了样式的图层，则可选择【缩放样式】复选框，在调整大小后的图像中，图层样式的效果也被缩放。只有选中了【约束比例】复选框，才能使用此复选框。
- 【约束比例】复选框：如果要保持当前的像素宽度和像素高度的比例，则应选择【约束比例】复选框。更改高度时，该选项将自动更新宽度，相反也是如此。
- 【重定图像像素】复选框：在其下面的下拉列表框中包括【邻近（保留硬边缘）】、【两次线性】、【两次立方（自动）】、【两次立方较平滑（适用于扩大）】和【两次立方较锐利（适用于缩小）】5 个选项。

注意　在调整图像的大小时，位图数据和矢量数据会产生不同的结果。位图数据与分辨率有关，因此更改位图图像的像素大小可能导致图像品质和锐化程度损失；相反，矢量数据与分辨率无关，调整其大小不会降低图像边缘的清晰度。

调整图像大小的操作如下。

STEP 01 打开随书附带光盘中的【素材 \ 第 2 章 \012.jpg】文件，如图 2-61 所示。

STEP 02 在菜单栏中选择【图像】|【图像大小】命令，设置图像的大小后的效果如图 2-62 所示。

图2-61　打开素材文件

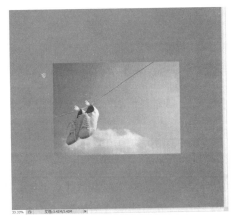

图2-62　设置后的效果图

2.8.2 调整画布大小

使用【画布大小】命令可添加或移去现有图像周围的工作区，该命令还可用于通过减小画布区域来裁切图像。在 Image Ready 中，添加的画布与背景的颜色或透明度相同。在 Photoshop 中，所添加的画布有多个背景选项。如果图像的背景是透明的，那么添加的画布也将是透明的。

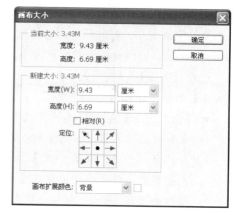

图2-63 【画布大小】对话框

选择【图像】|【画布大小】菜单命令，打开【画布大小】对话框，如图 2-63 所示。

- 在【宽度】和【高度】文本框中输入想要的画布尺寸，从【宽度】和【高度】文本框后边的下拉列表框中选择所需的度量单位。

- 选中【相对】复选框，然后在【宽度】和【高度】文本框内输入希望画布大小增加或减少的数量（输入负数将减小画布大小）。

- 对于【定位】来说，单击某个方块可以指示现有图像在新画布上的位置。

- 从【画布扩展颜色】下拉列表框中选取一个选项。
  - ◆【前景】：选择此选项则用当前的前景颜色填充新画布。
  - ◆【背景】：选择此选项则用当前的背景颜色填充新画布。
  - ◆【白色】、【黑色】或【灰色】：选择这 3 项之一则用所选颜色填充新画布。
  - ◆【其他】：选择此选项则使用拾色器选择新画布颜色。

画布调整前后的对比效果如图 2-64 所示。

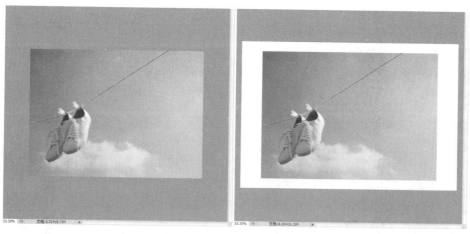

图2-64 调整前后对比效果图

调整画布大小的具体操作如下。

STEP 01 打开随书附带光盘中的【素材 \ 第 2 章 \013.jpg】文件，如图 2-65 所示。

STEP 02 在菜单栏中选择【图像】|【画布大小】命令，将其【宽度】设为 37、【高度】设为 28，如图 2-66 所示。

图2-65　打开素材文件

图2-66　设置后的效果图

注意　如果图像中不包含背景图层，那么【画布扩展颜色】下拉列表框则不可用。

2.8.3　调整图像方向

选择【图像】|【图像旋转】菜单命令，如图2-67所示，可以将图像旋转90°或者180°等。如果想对图像进行任意角度的调整，可以通过选择【任意角度】命令来完成，其步骤如下。

01 图像在水平方向上略微倾斜，需要调整，如图2-68所示。

图2-67　选择命令

图2-68　调整素材

02 在工具箱中右击 按钮，在弹出的列表中选择【标尺工具】，使用其在图像中寻找直边的对象，沿着直边的水平方向拖出度量线，如图2-69所示。

03 选择【图像】|【图像旋转】|【任意角度】菜单命令，弹出【旋转画布】对话框，使用默认参数，单击【确定】按钮，如图2-70所示。

04 在工具箱中右击 按钮，在弹出的列表中选择【裁剪工具】对图像进行裁剪，最终效果如图2-71所示。

05 打开随书附带光盘中的【素材\第2章\014.jpg】文件，如图2-72所示。

图2-69 使用【标尺工具】

图2-70 【旋转画布】对话框

图2-71 裁剪后的效果图

图2-72 打开素材文件

STEP 06 在菜单栏中选择【图像】|【图像旋转】|【任意角度】命令，在弹出的【旋转画布】对话框中将角度设为90、逆时针，如图 2-73 所示。

STEP 07 输入旋转角度，即可旋转图像，如图 2-74 所示。

图2-73 设置参数

图2-74 旋转后的效果图

2.9 图像的修饰

2.9.1 图像的移动与裁剪

在 Photoshop 中经常要对图片中的图像进行移动、裁剪等处理，下面就来了解如何使用移动、裁剪工具。

1. 移动工具

通过【移动工具】 ▶╋ 可以来移动没有锁定的图层图片、选区，以显示所需要显示的部分。下面让我们通过实际的操作来学习一下移动工具的使用。

01 打开随书附带光盘中的【素材 \ 第 2 章 \015.jpg】和【016.tif】文件，如图 2-75、图 2-76 所示。

图2-75　打开素材文件1

图2-76　打开素材文件2

02 选择工具箱中的 ▶╋ 工具，在【图层】面板中选择【016.tif】文件，如图 2-77 所示。

03 按住鼠标左键将【016.tif】拖至【015.jpg】文件中，在合适的位置上释放鼠标并调整其位置即可，如图 2-78 所示。

图2-77　选择图层

图2-78　拖动后的效果图

提示　选取 工具，每按一下键盘中的上、下、左、右方向键，图像就会移动一个像素的距离；按住【Shift】键的同时再按方向键，图像每次会移动10个像素的距离。

2. 裁剪工具

通过【裁剪工具】 可以保留图像中需要的部分，剪去不需要的内容。接下来学习一下该工具的使用方法。

01 打开随书附带光盘中的【素材 \ 第 2 章 \017.jpg】文件，如图 2-79 所示。

02 在工具箱中右击 按钮，在弹出的列表中选择【裁剪工具】，如图 2-80 所示。

图2-79　打开素材文件

图2-80　选择工具

03 拖动图像的 4 个边并在合适的位置上释放鼠标，如图 2-81 所示。

04 按【Enter】键确认，即可对素材图形进行裁剪，如图 2-82 所示。

图2-81　调整手柄

图2-82　裁剪后的效果图

如有必要，可以调整裁切选框。如果要将裁切选框移动到其他位置，则可将鼠标指针放在裁切选框内并拖动。如果要缩放选框，则可拖移手柄。

如果要约束比例，则可在拖动手柄时按住【Shift】键。如果要旋转选框，则可将指针放在裁切选框外（指针变为弯曲的箭头形状）并拖动。

如果要移动选框旋转时所围绕的中心点，则可拖动位于裁切选框中心的圆。还可以在拖动鼠标时按住【空格】键进行移动。

2.9.2　画笔工具

选择画笔工具，用前景色绘制线条，可以产生类似于传统毛笔的效果。选择该工具后，在画面单击并拖动鼠标，即可绘制线条。下面通过实际的操作来学习一下该工具的使用。

01 打开随书附带光盘中的【素材\第2章\018.jpg】文件，如图2-83所示。

02 在工具箱中右击🖌️按钮，在弹出的列表中选择【画笔工具】，然后在工具箱中设置前景色的RGB值设置为200、84、3，如图2-84所示。

图2-83　打开素材文件

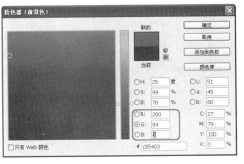
图2-84　设置参数

03 在工具选项栏中单击📁按钮，打开【画笔预设】面板，在列表框中选择【散布枫叶】画笔，在【大小】文本框中输入【90像素】，按【Enter】键确认，如图2-85所示。

04 设置完成后，在工作区中用鼠标进行绘制，效果如图2-86所示。

图2-85　选择画笔

图2-86　绘制后的效果图

提示　在使用画笔的过程中，按住【Shift】键可以绘制水平、垂直或者以45°为增量角的直线。如果在确定起点后按住【Shift】键单击画布中的任意一点，则两点之间以直线相连接。

2.9.3　图像修复工具

图像修复工具主要用于对图片中不协调的部分进行修复，下面就来学习一下图像修复工具。

1. 污点修复画笔工具

污点修复画笔工具可以快速移去照片中的污点和其他不理想的部分。污点修复画笔的工作方式与修复画笔类似，都是使用图像或图案中的样本像素进行绘画，但污点修复画笔不要求用户指定样本点，它将自动从所修饰区域的周围取样。下面来练习一下该工具的使用。

01 打开随书附带光盘中的【素材 \ 第 2 章 \019.jpg】文件，如图 2-87 所示。

02 在工具箱中右击 🖉 按钮，在弹出的列表中选择【污点修复画笔工具】，如图 2-88 所示。

03 按住鼠标左键在不需要的部分涂抹，效果如图 2-89 所示。

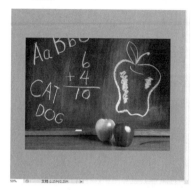

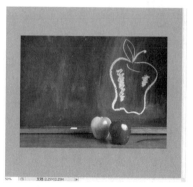

图2-87　打开素材文件　　　　图2-88　选择工具　　　　图2-89　涂抹后的效果图

2. 修复画笔工具

修复画笔工具可用于校正瑕疵，使它们消失在周围的图像环境中。与仿制图章工具一样，修复画笔工具可以利用图像或图案中的样本像素来绘画，但是修复画笔工具可将样本像素的纹理、光照、透明度和阴影等与源像素进行匹配，从而使修复后的像素不留痕迹地融入图像的其余部分。

下面通过实例来学习一下该工具的使用。

01 打开随书附带光盘中的【素材 \ 第 2 章 \020.jpg】文件，如图 2-90 所示。

02 在工具箱中右击 🖉 按钮，在弹出的列表中选择【修复画笔工具】，如图 2-91 所示。

03 在工作区中按住【Alt】键进行取样，并连续单击对文字部分进行修复，修复后的效果如图 2-92 所示。

图2-90　打开素材文件　　　　图2-91　选择工具　　　　图2-92　修复后的效果图

3. 修补工具

修补工具可以说是对修复画笔工具的一个补充。修复画笔工具使用画笔来进行图像的修复，而修补工具则是通过选区来进行图像修复。与修复画笔工具一样，修补工具会将样本像素的纹理、光照和阴影等与源像素进行匹配，还可以使用修补工具来仿制图像的隔离区域。

下来通过实际的操作步骤来熟悉一下该工具的使用。

注意 利用修补工具修复图像时，创建的选区与方法和工具无关，只要有选区即可。无论是用仿制图章工具、修复画笔工具，还是修补工具，修复图像的边缘时，都应该结合选区完成操作。

STEP 01 打开随书附带光盘中的【素材＼第2章＼021.jpg】文件，如图2-93所示。

STEP 02 在工具箱中右击 按钮，在弹出的列表中选择【修补工具】，如图2-94所示。

STEP 03 使用修补工具对素材中的图片对文字进行选取，然后向右移动选区，在合适的位置上释放鼠标，按【Ctrl+D】组合键取消选区即可，如图2-95所示。

图2-93　打开素材文件

图2-94　选择工具

图2-95　修补后的效果图

4. 红眼工具

红眼工具可移去用闪光灯拍摄的人物照片中的红眼，也可以移去用闪光灯拍摄的动物照片中的白色或绿色反光。红眼是由于相机闪光灯在主体视网膜上反光引起的。在光线暗淡的房间里照相时，由于主体的虹膜张开得很宽，因此将会更加频繁地看到红眼。为了避免红眼，应使用相机的红眼消除功能，或者最好使用远离相机镜头位置的独立闪光装置。下面来学习一下该工具的使用方法。

STEP 01 打开随书附带光盘中的【素材＼第2章＼022.jpg】文件，如图2-96所示。

STEP 02 在工具箱中右击 按钮，在弹出的列表中选择【红眼工具】，如图2-97所示。

STEP 03 使用【红眼工具】在素材图形中单击动物的眼睛，系统将自动修复素材图形中动物的眼睛，如图2-98所示。

图2-96　打开素材文件

图2-97　选择工具

图2-98　使用后的效果图

2.9.4 仿制图章工具

【仿制图章工具】■可以从图像中拷贝信息，然后应用到其他区域或者其他图像中，该工具常用于复制对象或去除图像中的缺陷。下面通过实际的操作来熟悉一下该工具的使用。

01 打开随书附带光盘中的【素材\第2章\023.jpg】文件，如图2-99所示。

02 在工具箱中右击■按钮，在弹出的列表中选择【仿制图章工具】，如图2-100所示。

图2-99　打开素材文件

图2-100　选择工具

03 在工具选项栏中单击■按钮，在列表框中选择一个柔边画笔，并在【硬度】和【大小】文本框中分别输入50，按【Enter】键确认，如图2-101所示。

04 按住【Alt】键单击图像进行取样，然后在空白处拖动鼠标进行涂抹，完成后的效果如图2-102所示。

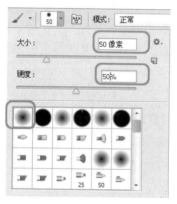

图2-101　设置参数

图2-102　涂抹后的效果

2.9.5 历史记录画笔工具

历史记录画笔工具可以将图像恢复到编辑过程中的某一状态，或者将部分图像恢复为原样，该工具需要配合【历史记录】面板一同使用。接下来通过实例来学习一下这个工具的使用方法。

01 打开随书附带光盘中的【素材\第2章\024.jpg】文件，在工具箱中右击■按钮，在弹出的列表中选择【污点修复画笔工具】，对图像进行涂抹，如图2-103所示。

STEP 02 释放鼠标后，即可对素材图形进行修复，效果如图2-104所示。

图2-103　涂抹过程

图2-104　修复后的效果

STEP 03 在工具箱中右击 ⬚ 按钮，在弹出的列表中选择【历史记录画笔工具】，并在工具选项栏中的【大小】文本框中输入30，在【硬度】文本框中输入50，按【Enter】键确认，如图2-105所示。

STEP 04 设置完成后，在修复的位置处进行涂抹，即可恢复素材图形原样，如图2-106所示。

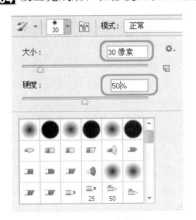

图2-105　设置参数

图2-106　涂抹后的效果图

2.9.6　橡皮擦工具组

橡皮擦工具会更改图像中的像素，如果直接在背景上使用，就相当于使用画笔用背景色在背景上做画。

1.橡皮擦工具

橡皮擦工具可以将不喜欢的位置进行擦除，橡皮擦工具的颜色取决于背景色的RGB值，如果在普通图层上使用，则会将像素抹成透明效果。下面来学习一下该工具的使用方法。

STEP 01 打开随书附带光盘中的【素材 \ 第 2 章 \025.jpg】文件，如图2-107所示。

STEP 02 在工具箱中右击 ⬚ 按钮，在弹出的列表中选择【橡皮擦工具】，如图2-108所示。

图2-107 打开素材文件

图2-108 选择工具

03 在工具选项栏中单击 按钮，将【大小】设为50，然后在工具箱中将背景色的RGB值设为255、255、255、如图2-109所示。

04 在素材中进行涂抹，完成后的效果如图2-110所示。

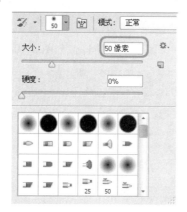

图2-109 设置参数

图2-110 涂抹后的效果图

2. 背景橡皮擦工具

背景橡皮擦工具是一种可以擦除指定颜色的擦除器，这个指定颜色叫做标本色，表示背景色。所以使用背景橡皮擦工具可以进行选择性的擦除。

背景橡皮擦工具的擦除功能非常灵活，在一些情况下可以达到事半功倍的效果。

背景橡皮擦工具的选项栏如图2-111所示，其中包括【画笔】选项、【限制】下拉列表、【容差】设置框、【保护前景色】复选框以及【取样】设置等。

图2-111 【背景橡皮擦工具】选项栏

- 【画笔】选项：用于选择形状。
- 【取样】设置：用于选择选取标本色的方式，有以下3种方式。
  - ◆【连续】：单击此按钮，擦除时会自动选择所擦除的颜色为标本色，此按钮用于抹去不同颜色的相邻范围。在擦除一种颜色时，背景色橡皮擦工具不能超过这种颜色与其他颜色的边界而完全进入另一种颜色，因为这时已不再满足相邻范围这个条件。当背景色橡皮擦工具完全进入另一种颜色时，标本色即随之变为当前颜色，也就是说，现在所在颜色的相邻范围为可擦除的范围。

- ◆【一次】：单击此按钮，擦除时首先在要擦除的颜色上单击以选定标本色，这时标本色已固定，然后就可以在图像上擦除与标本色相同的颜色范围了。每次单击选定标本色，只能做一次连续的擦除；如果想继续擦除，则必须重新单击选定标本色。
- ◆【背景色板】：单击此按钮，也就是在擦除之前选定好背景色（即选定好标本色），然后就可以擦除与背景色相同的色彩范围了。
- ●【限制】下拉列表：用于选择背景色橡皮擦工具的擦除界限，包括以下 3 个选项。
- ◆【不连续】：在选定的色彩范围内，可以多次重复擦除。
- ◆【连续】：在选定的色彩范围内，只可以进行一次擦除，也就是说必须在选定的标本色内连续擦除。
- ◆【查找边界】：在擦除时，保持边界的锐度。
- ●【容差】设置框：可以输入数值或者拖动滑块来调节容差。数值越低，擦除的范围越接近标本色。大的容差会把其他颜色擦成半透明的效果。
- ●【保护前景色】复选框：用于保护前景色，使之不会被擦除。

在 Photoshop 中，是不支持背景层有透明部分的，而背景色橡皮擦工具则可直接在背景层上擦除。擦除后，Photoshop 会自动地把背景层转换为一般层。

3. 魔术橡皮擦工具

与橡皮擦工具不同的，是魔术橡皮擦可以在同一位置、同一 RGB 值的位置上单击鼠标将其擦除，下面来学习该工具的使用方法。

STEP 01 打开随书附带光盘中的【素材 \ 第 2 章 \026.jpg】文件，如图 2-112 所示。

STEP 02 在工具箱中右击 🖊️ 按钮，在弹出的列表中选择【魔术橡皮擦工具】选项，并在图像中的空白处单击鼠标左键，如图 2-113 所示。

图2-112　打开素材文件

图2-113　效果图

2.9.7　图像像素处理工具

图像像素处理工具包括模糊工具、锐化工具和涂抹工具，它们可以对图像中像素的细节进行处理。下面就来分别学习一下模糊工具与涂抹工具的使用方法。

1. 模糊工具

【模糊工具】⬤可以柔化图像的边缘，减少图像中的细节。下面通过实例来学习该工具的使用方法。

STEP 01 打开随书附带光盘中的【素材 \ 第 2 章 \027.jpg】文件，如图 2-114 所示。

STEP 02 在工具箱中右击⬤按钮，在弹出的列表中选择【模糊工具】，拖动鼠标涂抹图像中的鹰，涂抹后的效果如图 2-115 所示。

图2-114　打开素材文件　　　　　　　　图2-115　涂抹后的效果

在使用【模糊工具】⬤时，如果反复涂抹同一区域，会使该区域变得更加模糊。模糊工具适合处理小范围内的图像，如果要对整幅图像进行处理，应使用【模糊】滤镜。

2. 涂抹工具

涂抹工具可以模拟手指拖过湿油漆时呈现的效果，工具选项栏中除【手指绘画】选项外，其他选项都与模糊和锐化工具相同。下面学习一下该工具的使用。

STEP 01 打开随书附带光盘中的【素材 \ 第 2 章 \028.jpg】文件，如图 2-116 所示。

STEP 02 在工具箱中右击⬤按钮，在弹出的列表中选择【涂抹工具】，如图 2-117 所示。

图2-116　打开素材文件　　　　　　　　图2-117　选择工具

STEP 03 在工具选项栏中单击⬚按钮，在文本框中将【大小】设置为 50，按【Enter】键确认，如图 2-118 所示。

STEP **04** 在素材图形中对水中的房子进行涂抹，完成后的效果如图 2-119 所示。

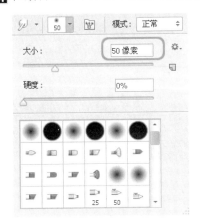

图2-118　设置参数

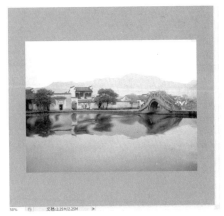

图2-119　涂抹后的效果

2.9.8　加深和减淡工具

加深工具和减淡工具是用于修饰图像的工具，它们基于调节照片特定区域曝光度的传统摄影技术来改变图像的曝光度，使图像变暗或变亮。选择这两个工具后，在画面涂抹即可进行加深和减淡的处理，在某个区域上方涂抹的次数越多，该区域就会变得更暗或更亮。下面通过实际的操作来对比一下这两个工具的不同。

STEP **01** 打开随书附带光盘中的【素材\第 2 章\029.jpg】文件，如图 2-120 所示。

STEP **02** 在工具箱中右击 🔍 按钮，在弹出的列表中选择【减淡工具】，在工具选项栏中单击 ⚫ 按钮，将文本框中的【大小】设置为【95 像素】，【硬度】设置为 100%，按【Enter】键确认，如图 2-121 所示。

图2-120　打开素材文件

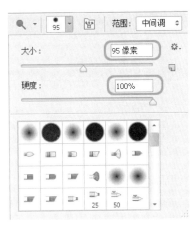

图2-121　设置参数

STEP **03** 在工作区中对素材图形进行涂抹，完成后的效果如图 2-122 所示。

STEP **04** 在工具箱中右击 🔍 按钮，在弹出的列表中选择【加深工具】，在工作区中对素材图形进行涂抹，完成后的效果如图 2-123 所示。

图2-122　减淡后的效果　　　　　　　　　图2-123　加深后的效果

2.9.9　渐变工具

　　填充工具通常主要用于对图像中选区颜色的填充与替换。下面就学习一下填充工具中的渐变工具使用。

　　渐变是一种颜色向另一种颜色实现的过渡，以形成一种柔和的或者特殊规律的色彩区域，即一种渐变的过渡效果。下面学习一下渐变工具的使用。

　　01 按【Ctrl+N】组合键打开【新建】对话框，设置【宽度】、【高度】分别为【531 像素】、【450 像素】，【分辨率】为【72 像素 / 英寸】，【背景内容】选择【白色】，单击【确定】按钮，如图 2-124 所示。

　　02 在工具箱中右击 按钮，在工具选项栏中单击【渐变】按钮右侧的 按钮，在弹出的【渐变编辑器】中选择【色谱】渐变色彩，然后在空白文件中用鼠标在图像上单击起点，拖动后释放鼠标为终点，效果如图 2-125 所示。

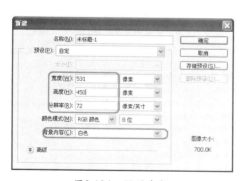

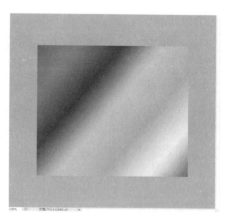

图2-124　设置参数　　　　　　　　　　　图2-125　填充后的效果

2.9.10　拓展练习——数码照片的后期润饰

　　本例将介绍数码照片后期润饰效果的制作。该效果制作比较简单，主要是在新建图层上填充渐变颜色，并设置新图层的混合模式，制作前后的对比效果如图 2-126 所示。

STEP 01 打开随书附带光盘中的【素材＼第 2 章＼030.jpg】文件，如图 2-127 所示。

STEP 02 在菜单栏中选择【图像】|【自动颜色】命令，如图 2-128 所示。

图2-126　后期润饰效果　　　　图2-127　打开素材文件　　　　图2-128　选择命令

STEP 03 单击【图层】面板底端的 按钮，新建一个空白图层，如图 2-129 所示。

STEP 04 在工具箱中右击 按钮，在弹出的列表中选择【渐变工具】，然后在工具选项栏中单击 按钮，在弹出的【渐变编辑器】对话框中选择【色谱】渐变色，单击【确定】按钮，如图 2-130 所示，然后选择【反向】复选框。

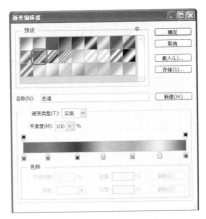

图2-129　新建图层　　　　　　　　　图2-130　设置渐变色

STEP 05 在新图层上从左上角向右下角填充渐变颜色，如图 2-131 所示。

STEP 06 执行菜单栏中的【滤镜】|【模糊】|【高斯模糊】命令，在弹出的对话框中将【半径】设置为【100 像素】，单击【确定】按钮，如图 2-132 所示。

STEP 07 执行完高斯模糊后的效果如图 2-133 所示。

STEP 08 在【图层】面板中将【图层 1】的【混合模式】设置为【柔光】，如图 2-134 所示。效果如图 2-127 所示。

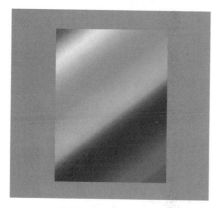

图2-131　填充渐变色

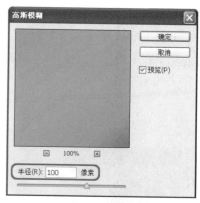

图2-132　设置【高斯模糊】参数

图2-133　高斯模糊后的效果

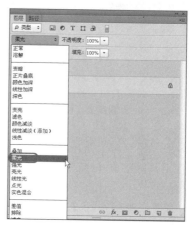

图2-134　设置图层的混合模式

技巧　制作后期润饰效果不一定是填充渐变色，使用画笔工具填充自己喜欢的颜色，然后设置【高斯模糊】和【混合模式】等，同样也能做出较好的效果，用户可以尝试并进行练习。

2.9.11　图像的变换

在 Photoshop 中会经常遇到要对图像进行变换，这就需要对图像的变换命令很熟悉。图像变换分为变换对象命令与自由变换对象命令。下面就来学习一下它们的使用方法。

1. 变换对象

当对图像移动后，往往都需要对移动的图像进行修改与方向的变换。下面就来学习一下变换对象的使用方法。

STEP 01 打开随书附带光盘中的【素材\第 2 章\031.jpg】文件，如图 2-135 所示。

STEP 02 在菜单栏中选择【图像】|【图像旋转】|【90度（逆时针）】选项，如图 2-136 所示。

图2-135　打开素材文件

STEP 03 执行操作后，即可旋转素材图形，如图 2-137 所示。

图2-136 选择命令

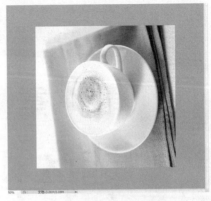

图2-137 旋转后的效果

2. 自由变换对象

自由变换对象命令和变换对象命令的用法基本一致，但是自由变换对象命令需要图层为普图图层的时候才可以使用。下面来实际操作一下。

STEP 01 打开随书附带光盘中的【素材\第 2 章\032.jpg】文件，如图 2-138 所示。

STEP 02 在【图层】面板中双击【背景】图层，随后会弹出【新建图层】对话框，如图 2-139 所示。

STEP 03 单击【确定】按钮。按【Ctrl+T】组合键，打开【自由变换】定界框，将鼠标移至图形中定界框的边界点上，当光标变为 ↻ 时，按住鼠标并进行拖动，即可进行旋转，如图 2-140 所示。

图2-138 打开素材文件

图2-139 【新建图层】对话框

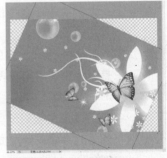

图2-140 旋转后的效果

2.10 习题

一、填空题

(1) 检查电子文件的内容包括（　　　）、（　　　）、（　　　）、（　　　）等。

(2) 光盘图库主要有（　　　）与（　　　）两种。

二、问答题

(1) 原稿的大小取决于哪几个因素?

(2) 导致图片清晰度、平滑度、较差的原因有哪些?

Chapter
03

第 3 章

选区和路径的
创建与编辑

本章要点：

Photoshop 不仅是一个强大的图像编辑软件，而且它还有强大的选区和路径绘制功能。

Photoshop 中的选区和路径主要用来精确选择图像、精确绘制图形，是工作中使用比较多的一种方法。创建选区和路径的工具主要有钢笔工具、形状工具等。

本章主要对选区和路径的创建、编辑及相关面板进行介绍。作为一个优秀的平面设计人员，必须掌握这些内容。

主要内容：

- 使用选择工具创建选区
- 使用【色彩范围】命令创建选区
- 调整选区
- 路径概述
- 创建路径
- 编辑路径
- 使用路径面板

3.1 使用选择工具创建选区

本节介绍工具箱中常用的选取工具的使用方法。

3.1.1 矩形选框工具

矩形选框工具主要用于选取矩形的图像，在 Photoshop CS6 中是比较常用的工具。它仅限于选取规则的矩形，不能选取其他形状。

1. 矩形选框工具的基本操作

从选区的左上角到右下角拖动鼠标可创建矩形选区，如图 3-1 所示。在拖动鼠标的同时按住【Ctrl】键可移动选区，如图 3-2 所示。在拖动鼠标的同时按住【Ctrl+Alt】组合键则可复制选区，如图 3-3 所示。

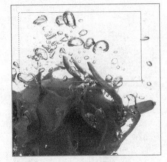

图3-1 创建矩形

图3-2 按住【Ctrl】键
移动选区

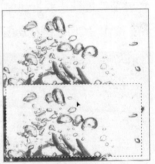

图3-3 按【Ctrl+Alt】组合键
复制选区

提示 在创建选区的过程中，按住【空格】键可以拖动选区使其位置改变，松开【空格】键可继续创建选区。

通常情况下，按下鼠标的那一点为选区的左上角，松开鼠标的那一点为选区的右下角，如图 3-4 所示。

按住【Alt】键后再拖动，按下鼠标的那一点为选区的中心点，松开鼠标的那一点为选区的右下角，如图 3-5 所示。按住【Shift】键拖动鼠标可选择正方形（要先松开鼠标左键再松开【Shift】键），如图 3-6 所示。按住【Shift+Alt】组合键拖动鼠标则以第一点为中心画出正方形，如图 3-7 所示。

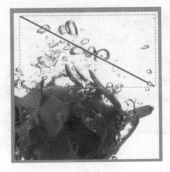

图3-4 绘制矩形

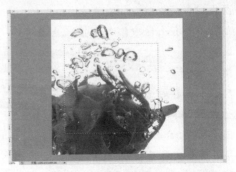

图3-5 按住【Alt】键绘制矩形

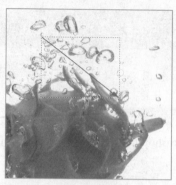

图3-6 按住【Shift】键绘制正方形

图3-7 按【Shift+Alt】组合键绘制正方形

使用矩形选框工具的方法如下。

STEP 01 打开随书附带光盘中的【素材 \ 第 3 章 \002.jpg】文件，使用工具箱中的【矩形选框工具】 对图像进行选取，如图 3-8 所示。

STEP 02 按住【Ctrl】键拖动所选图像，如图 3-9 所示。

图3-8 矩形选框图

图3-9 拖动图像

2. 矩形选框工具参数设置

在使用矩形选框工具时，可对选区的加减、羽化、样式和调整边缘进行设置，其工具选项栏如图 3-10 所示。

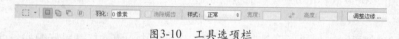

图3-10 工具选项栏

（1）选区的加减

- ：创建新选区（快捷键为 M），如图 3-11 所示。

- ：在现有选区中添加选区（在已有选区的基础上按住【Shift】键），如图 3-12 所示。

- ：在现有的选区中减去选区（在已有选区的基础上按住【Alt】键），如图 3-13 所示。

- ：选择与原有交叉的区域（在已有选区的基础上按住【Shift+Alt】组合

图3-11 创建新选区

键），如图 3-14 所示。

图3-12　添加选区

图3-13　减去选区

图3-14　交叉选区

（2）【羽化】参数设置

羽化参数为 0 的效果如图 3-15 所示；羽化参数为 10 的效果如图 3-16 所示；羽化参数为 30 的效果如图 3-17 所示。

（3）【样式】参数设置

正常状态下可以随意框选矩形，如图 3-18 所示。

图3-15　羽化参数为0的效果

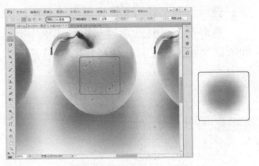
图3-16　羽化参数为10的效果

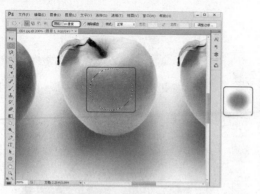

图3-17　羽化参数为30的效果

图3-18　随意框选矩形

- 选择【固定比例】选项，可以设置高度与宽度的比例，即输入长宽比的值。在固定长宽比的状态下使用矩形工具如图 3-19 所示。
- 选择【固定大小】选项，可以指定高度和宽度值，即输入整数像素值，如图 3-20 所示。创建 1 英寸选区所需的像素数取决于图像的分辨率。

（4）【调整边缘】参数设置

建立好矩形选区后，单击【调整边缘】按钮，打开【调整边缘】对话框，如图 3-21 所示。对选框进行调整，可以修改【半径】、【对比度】、【平滑】、【羽化】和【收缩／扩展】等参数。

图3-19　选择【固定比例】样式

图3-20　选择【固定大小】样式

图3-21　【调整边缘】
对话框

3.1.2　椭圆选框工具

椭圆选框工具用于选择圆形的图像，而且只能选取圆或者椭圆，其工具如图 3-22 所示。

椭圆选框工具选项栏与矩形选框工具选项栏的参数设置基本一致，这里主要介绍它们之间的不同之处。其工具选项栏如图 3-23 所示。

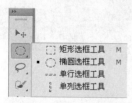

图3-22　椭圆选框工具

图3-23　椭圆选框工具选项栏

图 3-24 为勾选【消除锯齿】复选框，使用 工具进行选择，然后将选择的区域复制到新的文档中，并将其放大至 1500% 显示的效果，可见边缘通过渐变柔化了。

图 3-25 为取消【消除锯齿】复选框的勾选，使用 工具进行选择，然后将选择的区域复制到新的文档中，并将其放大至 1500% 显示的效果，在图中可以看出边缘生硬。

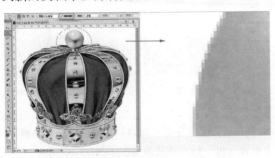
图3-24　勾选【消除锯齿】复选框效果

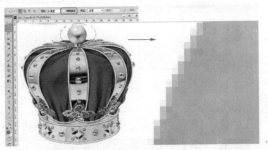
图3-25　取消【消除锯齿】复选框勾选的效果

提示　在系统默认的状态下，【消除锯齿】选项自动处于开启状态。另外，出现锯齿也不一定是件坏事，例如现在流行的像素艺术要的就是锯齿效果。

3.1.3　单行选框工具/单列选框工具

单行选框工具 和单列选框工具 是两个比较特殊的选框工具，它们只能创建高度为 1 像素的行或宽度为 1 像素的列。这两个工具通常用来制作网格，在选择对象时很少用到。

在使用这两个工具时，只需在画面单击即可创建选区，在放开鼠标前拖动鼠标，则可以移动选区。下面通过实例来了解单行选框工具和单列选框工具

STEP 01 打开随书附带光盘中的【素材 \ 第 3 章 \006.jpg】文件，在工具箱中选择【单行选框工具】，然后在文档中单击鼠标左键，如图 3-26 所示。

STEP 02 在工具箱中选择【单列选框工具】，然后在文档中单击鼠标左键，如图 3-27 所示。

图3-26　单行选框工具

图3-27　单列选框工具

3.1.4　套索工具

使用套索工具可以方便、随意地手绘选择区域，因此，创建的选区具有很强的随意性，无法用它来准确地选择对象，但它们可以用来处理蒙版，或者选择大面积区域内的漏选对象。

选择套索工具 后，按住鼠标左键拖动即可绘制选区，最后将光标移至起点处放开鼠标即

可封闭选区，如图 3-28、图 3-29 所示。如果没有移动到起点处就放开鼠标，则 Photoshop 会在起点与终点处连接一条直线来封闭选区，如图 3-30、图 3-31 所示。

图3-28　绘制选区　　　图3-29　绘制选区后的效果　　　图3-30　绘制选区　　　图3-31　绘制选区后的效果

提示 在使用套索工具创建选区时，按住【Alt】键然后释放鼠标左键，此时可切换为多边形套索工具，移动鼠标至其他区域单击可绘制直线；松开【Alt】键可恢复为套索工具。

打开随书附带光盘中的【素材 \ 第 3 章 \008.jpg】文件，在工具箱中选择【套索工具】，在文件中绘制选区，如图 3-32 所示。

图3-32　绘制选区

3.1.5　多边形套索工具

多边形套索工具 ⊻ 可以创建由直线连接的选区，它适合选择边缘为直线的对象。选择该工具后，在对象边缘的各个拐角处单击，Photoshop 会将单击点连接起来成为选区，如图 3-33 所示，图 3-34 标记了单击点的位置。如果按住【Shift】键，则能够锁定水平、垂直或以 45°角为增量进行绘制。

图3-33　使用 ⊻ 工具进行选择　　　　　　图3-34　单击点的位置

如果在操作时绘制的直线不够准确，如图 3-35 所示，可以按【Delete】键将最近绘制的直线段删除，如图 3-36 所示。连续按【Delete】键可依次向前删除，如图 3-37 所示。如果要删除所有直线段，可以按住【Delete】键不放或者按【Esc】键。如果要封闭选区，可将光标移至起点处单击，也可以在任意位置双击，Photoshop 会在双击点与起点之间用直线连接来封闭选区。

图3-35 绘制的不准确直线

图3-36 按【Delete】键删除

图3-37 按两次【Delete】键

多边形套索工具使用方法如下。

STEP 01 打开随书附带光盘中的【素材\第3章\010.jpg】文件，在工具箱选择【多边形套索工具】，然后在文件中绘制选区，如图 3-38 所示。

STEP 02 在绘制选区时，若出现失误，可以按键盘中的【Delete】键将将最近绘制的线段删除，如图 3-39 所示。连续按 Delete 键可依次向前删除。

图3-38 使用多边形套索工具

图3-39 按【Delete】键删除

3.1.6 磁性套索工具

磁性套索工具可以智能地自动选取，特别适用于快速选择与背景对比强烈而且边缘复杂的对象。

1. 磁性套索工具的基本操作

选择【磁性套索工具】，在图像上单击以确定第一个紧固点。如果想取消使用磁性套索工具，可按【Esc】键返回。将鼠标指针沿着要选择的图像的边缘慢慢地移动，紧固点会自动吸附到色彩差异的边缘，如图 3-40 所示。

需要选择的图像如果与边缘的其他色彩接近，自动吸附会出现偏差，这时可单击鼠标以手动添加一个紧固点。如果要抹除刚绘制的线段和紧固点，则可按【Delete】键，连续按【Delete】键可以倒序依次删除紧固点。

若要临时切换到其他的套索工具上，可以启动套索工具，然后按住【Alt】键并拖动鼠标进行拖移即可，如图 3-41 所示。要切换至【多边形套索工具】，可按住【Alt】键并单击鼠标进行选择，如图 3-42 所示。

拖移鼠标使线条至起点，鼠标指针会变为 🖐 形状，然后单击则可闭合选框。假如线条还未至起点而要闭合选框，那么双击鼠标或按【Enter】键即可。若要用直线段闭合边框，则可按住【Alt】键并双击鼠标。

图3-40　使用 🔲 工具进行选择　　　图3-41　切换到 🔲 工具进行选择　　　图3-42　切换到 🔲 工具进行选择

2. 磁性套索工具基本参数设置

磁性套索工具 🔲 的前几个参数与矩形选框工具的参数基本相似，这里就不再介绍了，下面主要介绍磁性套索工具特有的参数设置，其工具选项栏如图 3-43 所示。

图3-43　磁性套索工具选项栏

- 宽度：检测从指针开始指定距离以内的边缘。若要更改套索光标以指定套索宽度，首先应选中套索工具，按键盘上的【Caps Lock】键，套索光标即可更改为圆状，圆状大小可通过更改工具选项栏中【宽度】的参数来进行更改。
- 对比度：要指定使用套索工具时线条吸附图像边缘的灵敏度，可在【对比度】文本框中输入 10% 到 100% 之间的值。较高的数值检测要选择的图像与其周围颜色对比鲜明的边缘，对比度为 100% 时的效果如图 3-44 所示；较低的数值则检测要选择的图像与其周围颜色对比不鲜明的边缘，边对比度为 10% 时的效果如图 3-45 所示。

图3-44　对比度为100%时的效果　　　　图3-45　对比度为10%时的效果

提示　在边缘精确定义的图像上，可以试用更大的宽度和更高的边对比度，然后大致地跟踪边缘；在边缘较柔和的图像上，可尝试使用较小的宽度和较低的边对比度，然后更精确地跟踪边缘。

- 频率：若要指定套索以什么频率设置紧固点，可在【频率】文本框中输入 0~100 之间的数值。使用较高的数值可以使选择的区域更细腻，但编辑起来会很费时。【频率】参数为 10 的效果如图 3-46 所示，【频率】参数为 100 的效果如图 3-47 所示。

图3-46　频率参数为10　　　　　　　　图3-47　频率参数为100

- 钢笔压力 ✎：如果使用的是钢笔绘图板，可以勾选或不勾选【钢笔压力】选项。若勾选了该选项，则会增大钢笔压力而使边缘宽度减小。

使用磁性套索工具的方法如下。

STEP 01 打开随书附带光盘中的【素材 \ 第 3 章 \013.jpg】文件，如图 3-48 所示。

STEP 02 在工具栏中单击【磁性套索工具】 ，然后执行命令，其效果如图 3-49 所示。

图3-48　打开素材图片　　　　　　　　图3-49　使用磁性套索工具

3.1.7　魔棒工具

　　魔棒工具可以自动地选择颜色一致的区域，不必跟踪其轮廓，特别适用于选择颜色相近的区域。

注意　　不能在位图模式的图像中使用魔棒工具。

1. 魔棒工具的基本操作

选择魔棒工具，在图像中单击想要选取的颜色，即可选取相近颜色的区域，如图 3-50 所示。

2. 魔棒工具基本参数设置

使用魔棒工具时，要对魔棒工具基本参数进行设置，其工具选项栏如图 3-51 所示。

（1）选区的加减

可参考矩形选框工具参数设置。

（2）容差

【容差】文本框可以设置色彩范围，输入值的范围为 0 ~ 255，单位为像素。输入较高的值可以选择更宽的色彩范围。【容差】参数为 10 的效果如图 3-52 所示；【容差】参数为 50 的效果如图 3-53 所示；【容差】参数为 100 的效果如图 3-54 所示。

（3）消除锯齿

图3-50　使用 🔍 工具进行选择

图3-51　工具选项栏

若要使所选图像的边缘平滑，可选择【消除锯齿】选项，参数设置可参考椭圆选框工具参数设置。

图3-52　【容差】参数为10

图3-53　【容差】参数为50

图3-54　【容差】参数为100

（4）连续

【连续】复选框用于选择相邻的区域。选择【连续】选项，只能选择具有相同颜色的相邻区域，如图 3-55 所示；不勾选【连续】选项，则可使具有相同颜色的所有区域图像都被选中，如图 3-56 所示。

图3-55　选择【连续】选项

图3-56　不选【连续】选项

3.1.8 快速选择工具

有了快速选择工具就可以更加方便、快捷地进行选取操作了。

快速选择工具的基本操作如下：选择【快速选择工具】 ，设置合适的画笔大小，在图像中单击想要选取的颜色，如图3-57所示，即可选取相近颜色的区域，如果需要继续加选，单击 按钮后继续单击或者双击进行选取即可，如图3-58所示。

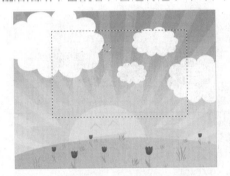

图3-57 使用 工具进行选择   图3-58 继续加选

01 打开随书附带光盘中的【素材 \ 第 3 章 \015.jpg】文件，如图3-59所示。

02 在工具栏中执行快速选择工具，对图像进行选取，如图3-60所示。

图3-59 打开素材图片   图3-60 使用快速选择工具

3.2 使用【色彩范围】命令创建选区

使用【色彩范围】命令可以对图像中的现有选区或整个图像内需要的颜色或颜色子集进行选择。

3.2.1 【色彩范围】命令的基本操作

01 打开任意素材图片，然后选择【选择】|【色彩范围】菜单命令。

02 弹出【色彩范围】对话框，从中选择【图像】或【选择范围】选项，再用鼠标单击图像或预览区选取想要的颜色，然后单击【确定】按钮即可，如图 3-61 所示。如果想要退出选择，则可单击【取消】按钮。

这样，在图像中就建立了与选择的色彩相近的图像选区，如图 3-62 所示。

图3-61　选择色彩范围

图3-62　选择后的效果

3.2.2 【色彩范围】命令的基本参数

1.【选择范围】、【图像】

这里介绍【色彩范围】对话框中的【选择范围】单选按钮和【图像】单选按钮，了解【色彩范围】命令的灰度图像与色彩图像。

选择【图像】单选按钮，对话框显示的是正常的图像，如图 3-63 所示。选择【选择范围】单选按钮，图像就会呈黑白显示，如图 3-64 所示。透白的部分为选择的区域，越白的部分所含的色素越饱和，越黑的部分所含的色素越稀少。

2.【选择】

【色彩范围】对话框中的【选择】下拉列表框中有 11 种选项，其中【取样颜色】工具将在下面的内容中讲解，这里介绍其他选项的作用。例如选取【红色】选项，那么整个图像中含有红色的区域将被选中，其他选项同理。【色彩范围】对话框中的【选择】下拉列表框的设置如图 3-65 所示。

图3-63　选择【图像】选项

图3-64　选择【选择范围】选项

图3-65　【选择】下拉列表框

3.【取样颜色】

使用【取样颜色】工具单击要选择的颜色，即可在图像中选取含有此种颜色的区域。取样颜色工具有 3 种：、　、　。

4.【颜色容差】

使用【颜色容差】滑块或输入 0~200 之间的数值，可以调整颜色范围。若要减少选中的颜色范围，则应减少输入值。使用【颜色容差】选项可以部分地选择图像，它是通过输入值控制颜色包含在选区中程度而达到这一效果的。

5.【选区预览】

使用【选区预览】下拉列表框中的选项可以预览图像的效果，这有助于在图像选择的过程中没有达到理想的效果时可以及时地进行修正。【选区预览】下拉列表框中的【无】选项表示没有预览。使用【选区预览】下拉列表框可以预览图像的不同效果。

● 灰度：按选区在灰度通道中的外观显示选区，如图 3-66 所示。
● 黑色杂边：在黑色背景上用彩色显示选区，如图 3-67 所示。

图3-66　选区预览为【灰度】　　　　　图3-67　选区预览为【黑色杂边】

● 白色杂边：在白色背景上用彩色显示选区，如图 3-68 所示。
● 快速蒙版：使用当前的快速蒙版设置显示选区，如图 3-69 所示。

图3-68　选区预览为【白色杂边】　　　　图3-69　选区预览为【快速蒙版】

6.【反相】

选择【反相】复选框，可以把已经选好的范围反转。

7.【载入】/【存储】

单击【存储】按钮，可以对当前的设置进行存储，可以将其存储为一个 .AXT 的文件。
单击【载入】按钮，打开【载入】对话框，选择打开 .AXT 文件，可以重新使用设置。

3.3　调整选区

在建立选区之后,还需要对选区进行修改。可以通过添加或删除像素（使用【Delete】键）或者改变选区范围的方法来修改选区，在【选择】菜单中包含有调整选区的命令。

本节介绍在【选择】菜单下的 11 个调整选区命令。

3.3.1　【全选】和【取消选择】命令

执行菜单栏中的【选择】|【全选】命令或按【Ctrl+A】组合键，可以选择当前图层上的全部图像，如图 3-70 所示。

执行菜单栏中的【选择】|【取消选择】命令或按【Ctrl+D】组合键，可以取消对当前图层上的图像的选择，如图 3-71 所示。

图3-70　全选图像

图3-71　取消选择

命令操作方式如下。

01 打开随书附带光盘中的【素材 \ 第 3 章 \018.jpg】文件，如图 3-72 所示。

02 在菜单栏中执行【选择】|【全部】命令，如图 3-73 所示。

图3-72　打开素材图片

图3-73　执行全选命令

3.3.2　【重新选择】和【反向】命令

选择重新选择命令，可以重新选择已取消的选项，如图 3-74 所示。

选择【选择】|【反向】菜单命令，可以选择图像中除选中区域以外的所有区域。

如果需要选择纯背景中的图像，可以先使用魔棒工具选择背景，然后反选选区即可选中图像，如图3-75所示。

图3-74　重新选择图像

图3-75　反选对象

命令操作方式如下。

STEP 01 打开随书附带光盘中的【素材\第3章\020.jpg】文件，如图3-76所示。

STEP 02 在菜单栏中执行【选择】|【重新选择】命令，如图3-77所示。

图3-76　打开素材图片

图3-77　执行【选择】|【重新选择】菜单命令

3.3.3 【修改】命令

使用【选择】|【修改】菜单命令可以对当前选区进行修改，以增加或减少现有选区的范围。

1.【边界】命令

使用【边界】命令可以使当前选区的边缘产生一个边框。

STEP 01 使用矩形选框工具在图像中建立一个矩形边框选区，如图3-78所示。

STEP 02 选择【选择】|【修改】|【边界】菜单命令，弹出【边界选区】对话框。在【宽度】文本框中输入【10像素】，然后单击【确定】按钮，如图3-79所示。设置完边界后的效果如图3-80所示。

STEP 03 确定选区处于选择状态，为选区填充黄色，按

图3-78　创建选区

【Ctrl+D】组合键取消选区选择，如图 3-81 所示，即可制作出一个选区边框。

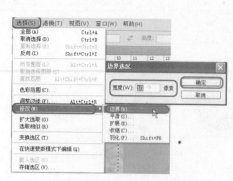
图3-79 设置边界参数

图3-80 设置完边界后的效果

图3-81 填充颜色

2.【平滑】命令

使用【平滑】命令可以使尖锐的边缘变得平滑。

STEP 01 使用 工具在图像中绘制选区，如图 3-82 所示。

STEP 02 执行菜单栏中的【选择】|【修改】|【平滑】命令，在弹出的【平滑选区】对话框中将【取样半径】参数设置为 20 像素，设置完成后单击【确定】按钮，如图 3-83 所示。

STEP 03 设置完平滑选区后即可看到图像的边缘变得平滑了许多，如图 3-84 所示。

图3-82 绘制选区

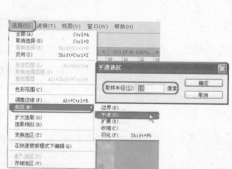
图3-83 设置参数

图3-84 设置完平滑选区后的效果

3.【扩展】命令

使用【扩展】命令可以对已有的选区进行扩展，下面继续使用上面的例子进行讲解。

确定选区处于选择状态，选择【选择】|【修改】|【扩展】菜单命令，弹出【扩展选区】对话框。在【扩展量】文本框中输入【25 像素】，然后单击【确定】按钮，如图 3-85 所示。即可看到图像的边缘得到了扩展，如图 3-86 所示。

4.【收缩】命令

使用【收缩】命令可以使选区收缩，下面继续使用上面的图像进行讲解。

选择【选择】|【修改】|【收缩】菜单命令，弹出【收缩选区】对话框。在【收缩量】文本框中输入【25 像素】，然后单击【确定】按钮，如图 3-87 所示。即可看到图像恢复到了开始时

的平滑状态，如图 3-88 所示。

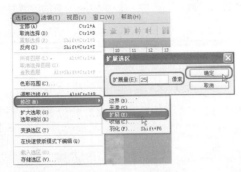

图3-85　设置扩展参数　　　　　　　　　　图3-86　设置完扩展后的效果

5.【羽化】命令

选择【羽化】命令，可以通过羽化使硬边缘变得平滑。

选择椭圆工具，在图像中建立一个椭圆形选区，如图 3-89 所示。

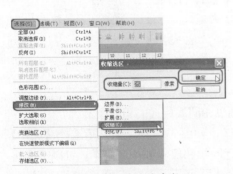

图3-87　设置收缩参数　　　　图3-88　设置完收缩后的效果　　　图3-89　绘制选区

选择【选择】|【修改】|【羽化】菜单命令或按【Shift+F6】组合键，弹出【羽化选区】对话框。在【羽化半径】文本框中输入数值，其范围是 0.2 ～ 250，然后单击【确定】按钮。

选择【选择】|【反选】命令对选区进行反选，然后按【Delete】键将选区中的内容删除，如图 3-90 所示是在不同的【羽化半径】下图像显示的不同效果。

图3-90　不同羽化半径下的效果

> **注意**
>
> 如果选区小而【羽化半径】过大，小选区则可能变得非常模糊，以至于看不到其显示，因此不可选，系统会出现"任何像素都不大于50%选择，选区边将不可见。"的提示，此时应减小【羽化半径】或增大选区大小，或者单击【确定】按钮，接受蒙版当前的设置并创建看不到边缘的选区。

命令操作方法如下。

01 打开随书附带光盘中的【素材\第 3 章\022.jpg】文件，如图 3-91 所示。

02 用矩形选框工具选定选区后，在菜单栏中执行【选择】|【修改】命令，对图像进行边界、扩展、平滑、收缩、羽化的修改，如图 3-92 所示。

图3-91　打开素材图片

图3-92　【修改】命令

3.3.4 【扩大选区】命令

使用【扩大选区】命令可以选择所有的和现有选区颜色相同或相近的相邻像素。

选择 ⬭ 工具，在绿色区域中用鼠标拖动出一小块选区，如图 3-93 所示。然后选择【选择】|【扩大选区】菜单命令，即可看到与矩形选框内颜色相近的相邻像素都被选中了。可以多次执行此命令，直至选择了合适的范围为止。最终效果如图 3-94 所示。

图3-93　绘制选区

图3-94　多次执行扩大选取命令

命令操作方法如下。

01 打开随书附带光盘中的【素材\第 3 章\024.jpg】文件，如图 3-95 所示。

02 在图像中使用矩形选框工具选取一处，然后在菜单栏中多次执行【选择】|【扩大选区】命令，效果如图 3-96 所示。

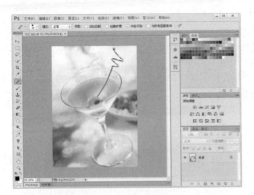
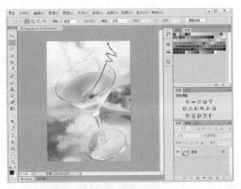

图3-95　打开素材图片　　　　　　　　图3-96　多次执行扩大选区命令

3.3.5 【选取相似】命令

使用【选取相似】命令可以选择整个图像中与现有选区颜色相邻或相近的所有像素，而不只是相邻的像素。

仍然使用上面的图形，选择【选择】|【选取相似】菜单命令，包含于整个图像中的与当前选区颜色相邻或相近的所有像素就都会被选中，如图 3-97 所示。

图3-97　执行【选取相似】命令

命令操作方法如下。

01 打开随书附带光盘中的【素材 \ 第 3 章 \025.jpg】文件，如图 3-98 所示。

02 使用矩形选框工具在图像上选定选区,然后在菜单栏中执行【选择】|【选取相似】命令,如图 3-99 所示。

图3-98　打开素材图片　　　　　　　　图3-99　执行【选取相似】命令

3.3.6 【变换选区】命令

使用【变换选区】命令可以对选区的范围进行变换。

选择【选择】|【变换选区】菜单命令，或者在选区内单击鼠标右键，从弹出的快捷菜单中选择【变换选区】命令，其具体用法与【自由变换】命令相同，其工具选项栏如图 3-100 所示。

图3-100 【变换选区】的工具选项栏

3.3.7 【存储选区】命令

使用【存储选区】命令可以将制作好的选区存储到 Alpha 通道中，以方便下一次的操作。

使用 ⬭ 工具选择蝴蝶对象，如图 3-101 所示。执行菜单栏中的【选择】|【存储选区】命令，打开【存储选区】对话框。在【名称】文本框中输入【蝴蝶】，然后单击【确定】按钮。此时，在【通道】面板中就可以看到新建立的一个名为【蝴蝶】的通道，如图 3-102 所示。

如果在【存储选区】对话框的【通道】下拉列表框中选择【新建】选项，那么就会出现一个新建的【蝴蝶】通道的文件，如图 3-103 所示。

图3-101 绘制选区

图3-102 存储选区

图3-103 新建通道

命令操作方法如下。

STEP 01 打开随书附带光盘中的【素材 \ 第 3 章 \026.jpg】文件，如图 3-104 所示。

STEP 02 在素材图片中使用椭圆选框工具建立新选区，然后在菜单栏中执行【选择】|【储存选取】命令，将名称命为【杯子】，在通道中点击【杯子】通道，此时就会出现新增通道，如图 3-105 所示。

图3-104 打开素材图片

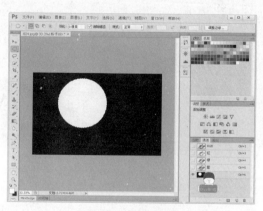

图3-105 新增通道

3.3.8 【载入选区】命令

存储好选区以后，就可以根据需要随时载入保存好的选区了。

当需要载入存储好的选区时，可以选择【选择】|【载入选区】菜单命令，打开【载入选区】对话框，此时在【通道】下拉列表框中会出现已经存储好的通道的名称【蝴蝶】，然后单击【确定】按钮即可，如图3-106所示。如果想选择相反的选区，则可选择【反相】复选框。

图3-106　载入选区

3.3.9 移动选区

使用选区工具从选项栏中选择新选区，然后将鼠标指针放在选区内，光标会变为 形状，这表示可以移动选区边框，移动的过程中光标会变为 形状，如图3-107所示。

图3-107　移动选区时光标的形状

移动选区边框可选择图像的不同区域；也可以将选区边框移动到画布边界之外，然后再移动回图像中；还可以将选区边框移动到另一个图像窗口中，如图3-108所示。

图3-108　将选区移到另一个图像窗口中

3.4 路径概述

　　路径是由线条及其包围的区域组成的矢量轮廓，它包括有起点和终点的开放式路径（如图 3-109 所示）和没有起点和终点的闭合式路径（如图 3-110 所示）两种，此外它还是选择图像和精确绘制图像的重要媒介。

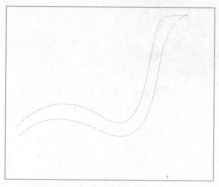

图3-109　开放式路径

图3-110　闭合式路径

3.4.1　路径的特点

　　路径是不包含像素的矢量对象，与图像是分开的，并且不会被打印出来，因而也更易于重新选择、修改和移动，而且放大后不影响图像效果。下面通过实例来了解路径的特点。

01 打开随书附带光盘中的【素材＼第 3 章＼028.jpg】文件，如图 3-111 所示。

02 在工具箱中选择【自定形状工具】，如图 3-112 所示。

03 在工具选项栏中将【工具模式】设为【路径】，在【形状】下拉列表中选择一种形状，如图 3-113 所示。

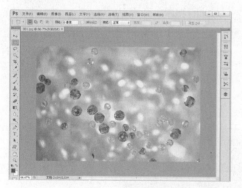

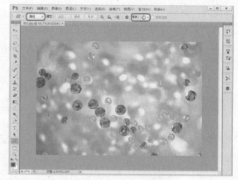

　　　图3-111 打开素材文件　　　　图3-112 选择工具　　　　图3-113　设置工具

04 将设置好的路径创建在文件中，如图 3-114 所示。

05 在工具箱中选择缩放工具 🔍，在文件中单击左键，即可放大此图像，放大后的路径效果如图 3-115 所示。

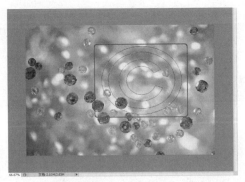

图3-114　创建路径

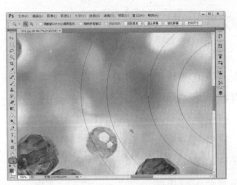

图3-115　放大后的路径效果

3.4.2　路径的组成

路径由一个或多个曲线段或直线段、控制点、锚点和方向线等构成，如图 3-116 所示。

注意

锚点被选中时为一个实心的方点，不被选中时是一个空心的方点。控制点在任何时候都是实心的方点，而且比锚点小。

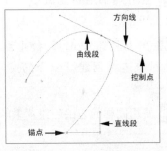

图3-116　路径的构成

3.4.3　路径中的基本概念

锚点又称为定位点，它的两端会连接直线或曲线。根据控制柄和路径的关系，可分为几种不同性质的锚点。平滑点连接可以形成平滑的曲线，如图 3-117 所示。角点连接形成直线或是转角曲线，如图 3-118 所示。

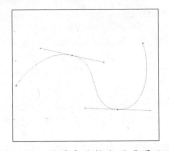

图3-117　平滑点连接成的平滑曲线

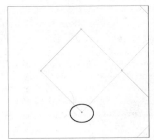
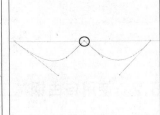

图3-118　角点连接成的直线、转角曲线

3.5　创建路径

使用 ✐、✐、▢、▢、◯、▢、╱和 ✐ 等工具都可以创建路径，不过前提是在工具选项栏中选中【路径】选项。

3.5.1 使用钢笔工具

【钢笔工具】 ⬧ 是创建路径的最主要的工具，它不仅可以用来选取图像，而且可以绘制卡通漫画。作为一个优秀的设计师，应该熟练地使用钢笔工具。

选择【钢笔工具】 ⬧ （或按【P】键），开始绘制之前光标会呈 ⬧ 形状显示，若大小写锁定键被按下则为 ⬧ 形状。

现在从最基本的曲线绘制开始，讲解一些路径绘制的技巧。

01 打开随书附带光盘中的【素材\第 3 章 \029.jpg】文件，如图 3-119 所示。

图3-119　打开素材文件

02 在工具箱中选择【钢笔工具】
⬧ ，沿对象边缘创建第一个描点，然后再创建第二个描点并向上拖曳方向线，如图 3-120 所示。

03 使用同样的方法创建苹果的边缘描点，描点完成后的效果如图 3-121 所示。

图3-120　创建描点

图3-121　钢笔描边效果

3.5.2 使用自由钢笔工具

使用【自由钢笔工具】 ⬧ ，可以绘制比较随意的图形，它的使用与套索工具相似，沿图像的边缘按住鼠标左键并拖动出路径即可，如图 3-122 所示。

下面来做一个关于自由钢笔工具的练习。

01 首先打开随书附带光盘中的【素材\第 3 章 \031.jpg】文件，如图 3-123 所示。

02 在工具箱中将钢笔工具改为自由钢笔工具，如图 3-124 所示。

03 在工具选项栏中勾选【磁性的】复选框，沿图像边缘拖动鼠标，Photoshop 会自动找反差较大的边缘，并自动创建描点，这样可得到图像路径，如图 3-125 所示。

图3-122　使用自由钢笔工具绘制图形

图3-123　打开素材文件

图3-124　选择工具

图3-125　自由钢笔工具选取效果

3.6 编辑路径

编辑路径的工具有 🔖、🔖、🔖、🔖、🔖 等，使用它们可以对路径做任意的编辑，如选择、添加及删除锚点，改变锚点性质，选择、复制、删除，以及移动路径等操作。

3.6.1 使用路径选择工具

使用【路径选择工具】🔖可以选择整个路径，也可以移动路径。如果按【Ctrl+T】组合键，则被选择的路径会显示出定界框，如图 3-126 所示，拖动定界框上的控制点可以对路径进行变换操作。

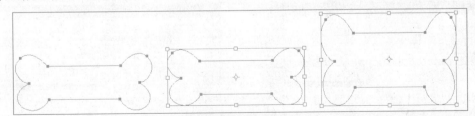

图3-126　调整定界框

下面通过实例来学习路径选择工具的使用方法。

STEP 01 首先打开随书附带光盘中的【素材 \ 第 3 章 \032.jpg】文件，如图 3-127 所示。

STEP 02 来用钢笔工具进行描边，如图 3-128 所示。

图3-127　打开素材文件

图3-128　钢笔描边

STEP 03 在工具箱中选择【路径选择工具】 ▶，然后选择创建完的路径，如图 3-129 所示。

STEP 04 为了实现对路径的精确移动，可用光标配合【Shift】键每次移动 10 个像素。若再按住【Alt】键，则每相距 10 个像素复制一次，其复制后的效果如图 3-130 所示。

图3-129　选择路径

图3-130　复制路径

3.6.2　使用直接选择工具

【直接选择工具】 ▶主要是用来选择锚点和方向点的。被选中的锚点显示为实心方形，没有选中的锚点显示为空心的方形。

在路径外单击则可隐藏锚点，如图 3-131 所示。在锚点上单击可以选择这个锚点，并且可以在锚点两侧出现控制柄，如图 3-132 所示。

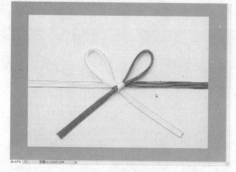

图3-131　在路径外单击

图3-132　在锚点上单击

下面通过实例来进一步了解使用直接选择工具的方法。

01 打开随书附带光盘中的【素材\第3章\034.jpg】文件，如图3-133所示。

02 使用钢笔工具沿着树叶边缘进行描边，如图3-134所示。

图3-133　打开素材文件　　　　　　　　　图3-134　钢笔描边

03 在工具箱中选择直接选择工具，然后在按住【Shift】键的同时，将光标同时选中刚刚创建的路径，如图3-135所示。

04 也可以通过框选来选择多个锚点，如图3-136所示。

图3-135　选择路径　　　　　　　　　　图3-136　框选锚点

05 选择后的锚点如图3-137所示。

锚点被选中后，可将光标放置在锚点上，通过拖动鼠标来移动锚点。当方向线出现时，可以用直接选择工具移动控制点的位置并改变方向线的长短来影响路径的形状，改变方向线的状态会影响路径的形状，如图3-138所示。这时按住【Alt】键可暂时切换为路径选择工具。

图3-137　选择后的锚点　　　　　　　　　图3-138　移动控制点

3.6.3 添加或删除锚点

使用 工具在路径上单击可以添加锚点，使用 工具在锚点上单击可以删除锚点；也可以在钢笔工具状态下，在工具选项栏中选中【自动添加／删除】复选框，如图 3-139 所示，此时在路径上单击即可添加锚点，在锚点上单击即可删除锚点。

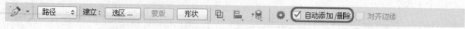

图3-139　勾选【自动添加/删除】复选框

3.6.4 改变锚点性质

使用【转换点工具】可以使锚点在角点、平滑点和转角之间进行转换。

1. 角点转换成平滑点

STEP 01 首先打开随书附带光盘中的【素材 \ 第 3 章 \035.jpg】文件，如图 3-140 所示。

STEP 02 选择工具箱中的钢笔工具，在素材中创建一个路径，如图 3-141 所示。

图3-140　打开素材文件

图3-141　创建路径

STEP 03 路径创建完成后，在工具箱中选择【转换点工具】，如图 3-142 所示。

STEP 04 使用【转换点工具】在锚点上单击并分别拖动控制柄，即可转换成平滑点，如图 3-143 所示。

2. 平滑点转换成角点

参考上述的方法，使用【转换点工具】直接对锚点单击即可，如图 3-144 所示。

图3-142　选择工具　　　　图3-143　转换锚点

图3-144　转换成叫角点

3.6.5 删除路径

选中路径后按【Delete】键，或者右
击在弹出的快捷菜单中选择【删除路径】
命令即可，如图 3-145 所示。

图3-145 删除路径

3.6.6 使用【自由变换路径】命令

STEP 01 打开随书附带光盘中的【素材\第 3 章\037.jpg】文件，如图 3-146 所示。

STEP 02 在工具箱中选择钢笔工具，在文件中创建一条路径，如图 3-147 所示。

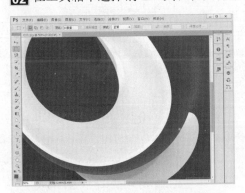

图3-146 打开素材文件

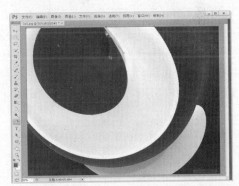

图3-147 创建路径

STEP 03 在工具箱中选择直接选择工具，然后在路径中单击锚点，即可对锚点进行编辑，如图 3-148 所示。

STEP 04 当锚点被选择后，按【Ctrl+T】组合键，可以使用自由变换路径命令对路径进行缩放及旋转等操作，如图 3-149 所示。

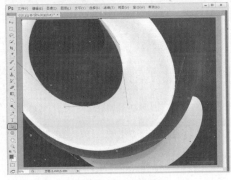

图3-148 选择锚点

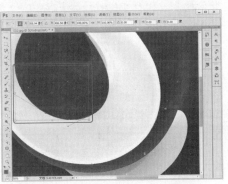

图3-149 使用【自由变换】命令

> **注意** 在钢笔工具状态下，使用快捷键对路径编辑时要先按快捷键，然后再进行操作；操作完毕后，要先松开鼠标左键再松开快捷键，这样才不会发生误操作。

在实际工作中，对路径的编辑一般都是通过快捷键完成的。在钢笔工具状态下，按【Ctrl】键可以切换为 ▶.工具，按【Alt】键可以切换为 ▶.工具。在没按任何快捷键的情况下，在锚点上单击，可以删除锚点，在路径上单击可以添加锚点。在钢笔工具状态下，绘制过程中按住【Alt】键单击锚点，可以使控制柄断开，在后边可以绘制直线，如图 3-150 所示；拖动控制柄可以使控制柄断开，然后可以对锚点两侧的路径段单独操作。

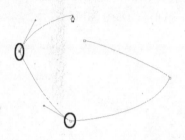

图3-150　按【Alt】键断开控制柄

3.7　使用【路径】面板

使用【路径】面板可以对路径快速、方便地进行管理。【路径】面板可以说是集编辑路径和渲染路径于一身，在这个面板中，可以完成从路径到选区和从自由选区到路径的转换，还可以对路径施加一些效果，使路径看起来不那么单调。从【窗口】菜单中打开的【路径】面板如图 3-151 所示。

图3-151　【路径】面板

3.7.1　填充路径

01 打开随书附带光盘中的【素材 \ 第 3 章 \038.jpg】文件，如图 3-152 所示。

02 在工具箱中选择钢笔工具，在纸盒上创建一条路径，如图 3-153 所示。

图3-152　打开素材文件

图3-153　创建路径

STEP
03 在【路径】面板上单击 ● 按钮,即可用前景色对路径进行填充,将路径填充为【蓝色】,如图 3-154 所示。

STEP
04 如果在按住【Alt】键的同时单击 ● 按钮,则可弹出【填充路径】对话框,如图 3-155 所示。

图3-154 填充前景色

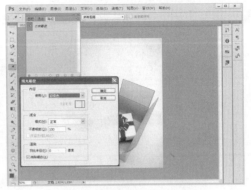

图3-155 【填充路径】对话框

3.7.2 描边路径

STEP
01 打开随书附带光盘中的【素材 \ 第 3 章 \039.jpg】文件,如图 3-156 所示。

STEP
02 在工具箱中选择钢笔工具,然后在文件中创建路径,如图 3-157 所示。

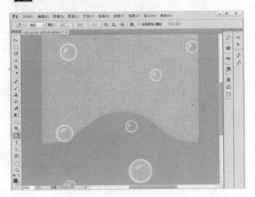

图3-156 打开素材文件

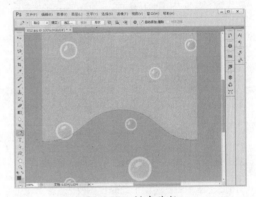

图3-157 创建路径

STEP
03 在文件中选择刚刚创建的路径,在【路径】面板上单击 ○ 按钮,可以实现对路径的描边,颜色为红色,如图 3-158 所示。

描边情况与画笔的设置有关。要对描边进行控制,最好先对画笔进行设置,如图 3-159 所示。如果在按住【Alt】键的同时单击【用画笔描边路径】按钮,则可弹出【描边路径】对话框,如图 3-160 所示。

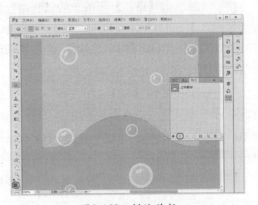

图3-158 描边路径

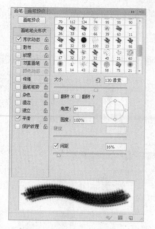

图3-159　设置画笔

图3-160　【描边路径】对话框

3.7.3　路径和选区的转换

单击 ○ 按钮，可以将路径转换为选区，操作如下所示。

01 打开随书附带光盘中的【素材\第 3 章\040.jpg】文件，如图 3-161 所示。

02 在工具箱中选择钢笔工具，对素材中的花创建路径，如图 3-162 所示。

图3-161　打开素材文件

图3-162　创建路径

03 这时单击【路径】面板上的【将路径作为选区载入】按钮 ○ ，可以将路径转换为选区进行操作（也可以按【Ctrl+Enter】组合键来完成这一操作），如图 3-163 所示。

04 如果在按住【Alt】键的同时单击 ○ 按钮，则可弹出【建立选区】对话框，如图 3-164 所示。通过该对话框可以设置【羽化半径】等选项，如图 3-165 所示。

05 单击 ◇ 按钮，可以将当前的选区转换为路径，如图 3-166 所示。

图3-163　将路径转换为选区

图3-164 【建立选区】 图3-165 【建立工作路径】对话框 图3-166 将选区转换为路径
对话框

3.7.4 拓展练习——绘制羽毛

本例介绍绘制羽毛的方法。通过使用【钢笔工具】 ✐ 绘制出羽毛形状和羽毛梗形状的路径，然后将路径转换为选区，并为其填充颜色，最后使用【涂抹工具】 ✐ 进一步完善羽毛形状，效果如图 3-167 所示。

图3-167 羽毛效果

STEP 01 在菜单栏中选择【文件】|【新建】命令，在弹出的对话框中将【宽度】、【高度】和【分辨率】分别设置为【40 厘米】、【18 厘米】、【72 像素/英寸】，如图 3-168 所示。

STEP 02 单击【确定】按钮，即可创建一个空白文档，在工具箱中选择【钢笔工具】 ✐，在工具选项栏中将【工具模式】设置为【路径】，然后在文档中绘制羽毛形状的路径，如图3-169 所示。

提示

可以使用【转换点工具】 ⅄ 对羽毛的形状进行调整，使羽毛形状圆滑。

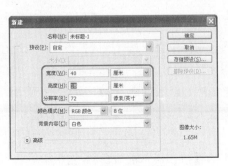

图3-168 新建文档

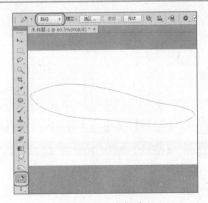

图3-169 绘制路径

STEP 03 在【路径】面板中双击【工作路径】图层，弹出【存储路径】对话框，在该对话框中将【名称】设置为【路径1】，单击【确定】按钮，如图 3-170 所示。

STEP 04 按【D】键恢复默认前景色和背景色，按【Alt+Delete】组合键将文档填充为黑色，如图 3-171 所示。

STEP 05 在【图层】面板中单击【创建新图层】按钮 ，新建【图层1】，如图 3-172 所示。

图3-170　存储路径

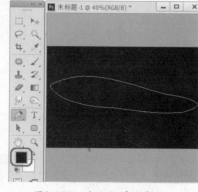

图3-171　为文档填充颜色

图3-172　新建图层

STEP 06 按【Ctrl+Enter】组合键将路径转换为选区，如图 3-173 所示。

STEP 07 确定背景色为白色，按【Ctrl+Delete】组合键将选区填充为白色，然后按【Ctrl+D】组合键取消选区的选择，如图 3-174 所示。

STEP 08 在【路径】面板中单击【创建新路径】按钮 ，创建新的路径层，如图 3-175 所示。

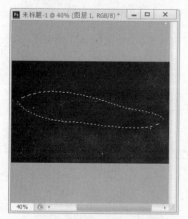

图3-173　将路径转换为选区

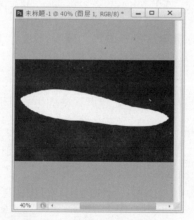

图3-174　将选区填充为白色

图3-175　创建新路径层

STEP 09 在工具箱中选择【钢笔工具】 ，在工具选项栏中将工具【模式】设置为【路径】，然后在文档中绘制羽毛梗形状的路径，如图 3-176 所示。

STEP 10 在【图层】面板中单击【创建新图层】按钮 ，新建【图层2】，如图 3-177 所示。

STEP 11 在【路径】面板中单击【将路径作为选区载入】按钮 ，将【路径2】载入选区，如图 3-178 所示。

STEP 12 在工具箱中单击【前景色】图标，在弹出的【拾色器（前景色）】对话框中将 RGB 值设置为 172、172、172，如图 3-179 所示。

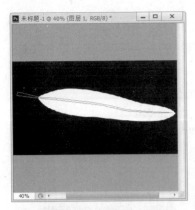

图3-176　绘制路径

图3-177　新建图层

图3-178　将路径载入选区

13 单击【确定】按钮，然后按【Alt+Delete】组合键为选区填充前景色，并按【Ctrl+D】组合键取消选区的选择，如图 3-180 所示。

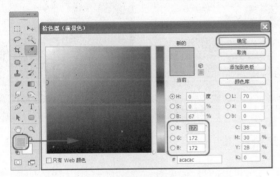

图3-179　设置前景色

图3-180　为选区填充前景色

14 在工具箱中选择【套索工具】，在工具选项栏中单击【添加到选区】按钮，然后在文档中创建多个选区，如图 3-181 所示。

15 在【图层】面板中选择【图层 1】，确定选区处于选择状态，按【Delete】键将选区中的【图层 1】删除，然后按【Ctrl+D】组合键取消选区的选择，如图 3-182 所示。

16 在工具箱中单击【涂抹工具】，然后在工具选项栏中单击【切换画笔面板】按钮，在弹出的面板中设置一个画笔，并将【强度】设置为 50%，如图 3-183 所示。

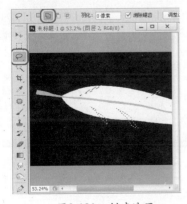

图3-181　创建选区

图3-182　删除选区中的内容

图3-183　设置涂抹工具的画笔

STEP **17** 在文档中涂抹出羽毛的形状，如图 3-184 所示。

提示　　**在涂抹羽毛时，可以适当调整一下画笔的大小。**

STEP **18** 在【图层】面板中新建【图层 3】，在工具箱中选择【画笔工具】 ，在工具选项栏中设置【画笔】为圆形硬边，然后在场景中绘制出白色的绒毛，如图 3-185 所示。

STEP **19** 使用【涂抹工具】 ，在工具选项栏中设置一个合适的【画笔】笔触，并在场景中涂抹绒毛，效果如图 3-186 所示。

图3-184　涂抹羽毛

图3-185　绘制绒毛

图3-186　涂抹绒毛的基本形状

STEP **20** 在【图层】面板中新建【图层 4】，并将其拖曳至【图层 2】的上方，然后使用【画笔工具】 在梗部区域绘制出白色的区域，使用【涂抹工具】 涂抹白色区域形成白色的羽毛，如图 3-187 所示。

STEP **21** 在【图层】面板中选择【图层 2】，在工具箱中选择【加深工具】 ，在工具选项栏中将【画笔】设置为【21 柔边】，将【范围】设置为【中间调】，将【曝光度】设置为【11%】，然后在文档中涂抹羽毛梗使其产生立体感，如图 3-188 所示。

STEP **22** 确定【图层 2】处于选择状态，在菜单栏中选择【图像】|【调整】|【色相 / 饱和度】命令，如图 3-189 所示。

图3-187　涂抹羽毛的效果

图3-188　涂抹羽毛梗

图3-189　选择【色相/饱和度】命令

23 在弹出的【色相／饱和度】对话框中勾选【着色】复选框,将【色相】设置为43、将【饱和度】设置为19、将【明度】设置为52,如图3-190所示。

24 单击【确定】按钮,为羽毛梗设置颜色后的效果如图3-191所示。

25 在【图层】面板中选择【图层1】~【图层4】,然后单击【链接图层】按钮 ,将图层链接在一起,如图3-192所示。

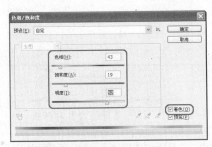

图3-190　设置羽毛梗的【色相/饱和度】　　图3-191　为羽毛梗设置颜色后的效果　　图3-192　链接图层

26 将链接的图层拖曳到【创建新图层】按钮 上,复制图层,并按【Ctrl+E】组合键将复制的图层合并为一个,然后在场景中调整其位置、大小和角度,如图3-193所示。

27 使用上面的方法复制多个图层,并对复制的图层进行调整,如图3-194所示。

图3-193　复制并调整图层　　　　　　　　图3-194　复制图层

28 选择【背景】图层,在工具箱中选择【渐变工具】 ,然后设置蓝色到白色的渐变,并在文档中垂直的拖曳出填充渐变线,如图3-195所示。

29 至此,羽毛就绘制完成了,在菜单栏中选择【文件】|【存储】命令,如图3-196所示。

30 弹出【存储为】对话框,在该对话框中选择一个存储路径,并将【格式】设置为【Photoshop(*.PSD;*.PDD)】,然后单击【保存】按钮,如图3-197所示。

31 在【图层】面板中单击右上角的 按钮,在弹出的下拉菜单中选择【拼合图像】命令,如图3-198所示。

32 即可将所有的图层合并在一起,如图3-199所示。

33 在菜单栏中选择【文件】|【存储为】命令，在弹出的【存储为】对话框中选择一个存储路径，并将【格式】设置为【TIFF（*.TIF；*.TIFF）】，然后单击【保存】按钮，如图 3-200 所示。

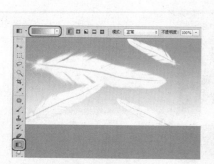

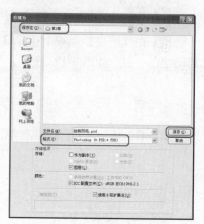

图3-195　设置渐变背景　　　图3-196　选择【存储】命令　　　图3-197　【存储为】对话框

图3-198　选择【拼合图像】命令　　　图3-199　合并图层　　　图3-200　存储效果

3.8　习题

一、填空题

（1）在使用矩形选框工具时，可对选区的（　　）、（　　）、（　　）和（　　）进行设置。

（2）路径由一个或多个（　　）或（　　）、（　　）、（　　）和（　　）等构成。

（3）在使用套索工具创建选区时，按住【Alt】键然后释放鼠标左键，此时可切换为（　　），松开【Alt】键可恢复为套索工具。

二、问答题

简要说明怎样设置【调整边缘】参数。

图层的应用与处理

本章要点：

　　图层就像是含有文字或图像等元素的胶片，一张张按顺序叠放在一起，组合起来形成页面的最终效果。

　　通过简单地调整各个图层之前的关系，能够实现更加丰富和复杂的视觉效果。

主要内容：

- 认识图层
- 图层的基本操作
- 图层组的应用
- 图层样式
- 应用图层混合模式

4.1 认识图层

在 Photoshop 中，图层是最重要的功能之一，控制着对象的不透明度和混合模式，另外，通过图层还可以管理复杂的对象，提高工作效率。

图层就好像是一张张堆叠在一起的透明醋酸纸，用户要做的就是在这几张透明纸上分别作画，再将这些纸按一定次序叠放在一起，使它们共同组成一幅完整的图像，如图 4-1 所示。

图4-1　图层原理

4.1.1　图层的特性

图层的出现使平面设计进入了另一个世界，那些复杂的图像一下子变得简单清晰起来。通常认为 Photoshop 中的图层有 3 种特性：透明性、独立性和叠加性。

1. 透明性

图层就好像是一层一层的透明玻璃，在没有绘制色彩的部位通过上一层可以看到下一层中的内容。

如图 4-2 所示，可以看到即使【图层 0】上面有【图层 1】，但是透过【图层 1】仍然可以看到【图层 0】中的内容，这说明【图层 1】具备了图层的透明性。

2. 独立性

为了灵活地操作一幅作品中的任何一部分的内容，在 Photoshop 中可以将作品中的每一部分放到一个图层中。图层与图层之间是相互独立的，在对其中的一个图层进行操作时，其他图层不会受到干扰。

图4-2　透明性

图层调整前后对比效果如图 4-3 所示，可以看到当改变其中一个对象的时候，其他的对象保持原状，这说明图层相互之间保持一定的独立性。

3. 叠加性

图层之间的叠加关系指当上一个图层中有图像信息时，它会掩盖下一个图层中的图像信息，如图 4-4 所示。

图4-3　独立性

图4-4　叠加性

4.1.2　图层的分类

在 Photoshop 中通常将图层分为以下 6 类。

1. 普通图层

在 Photoshop 中，普通图层显示为灰色方格的层，如图 4-5 所示。不填充像素的区域是透明的，有像素的区域会遮挡下面图层中的内容，如图 4-6 所示。

图4-5　普通图层

图4-6　承载图像的图层

注意

> 普通图层的透明显示方式还可以用其他颜色表示。

选择【编辑】|【首选项】|【透明度与色域】菜单命令，打开【首选项】对话框，可以在【透明区域设置】选项组中设置普通图层的【网格大小】、【网格颜色】，如图 4-7 所示。设置【网格大小】为【大】，设置【网格颜色】为【蓝】，效果如图 4-8 所示。

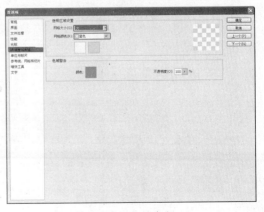

图4-7　设置参数

2. 文字图层

文字图层是一种特殊的图层，用于承载文字信息。它在【图层】面板中的缩览图与普通图层不同，如图 4-9 所示。选中文字图层并右击鼠标，在弹出的快捷菜单中选择【栅格化文字】命令，可将其转换为普通图层，使其具备普通图层的特性，如图 4-10 所示。

图4-8　设置后的效果图

图4-9　文字图层

图4-10　选择命令

注意　文字图层在被栅格化以前不能使用编辑工具对其进行操作。

3. 背景图层

一个文件只有一个背景图层，它处在所有图层的下方，如同房屋建筑时的地基。背景图层会随着文件的新建而自动生成，其不透明度不可更改、不可添加图层蒙版、不可使用图层样式，如图 4-11 所示。

技巧　直接在背景图层上双击，在弹出的【新建图层】对话框中对图层命名或使用默认命名，如图4-12所示，单击【确定】按钮，可以快速地将背景图层转换为普通图层。

图4-11　背景图层

图4-12　【新建图层】对话框

如果要将一个普通的图层转换为背景图层，可以选择该图层，选择【图层】|【新建】|【背景图层】菜单命令，可以在普通图层和背景图层之间相互转换，如图4-13所示。

4. 形状图层

形状是矢量对象，与分辨率无关，如图4-14所示。在形状模式下，使用形状工具或钢笔工具可以自动地创建形状图层。

5. 蒙版图层

蒙版图层是一种特殊的图层，它依附于除背景图层以外的图层存在，决定着图层上像素的显示与隐藏，如图4-15所示。

图4-13　选择命令

6. 调整图层

调整图层可以实现对图像色彩的调整,而不实际影响色彩信息对图像的影响,当其被删除后,图像仍恢复为原始状态，如图4-16所示。

图4-14　形状图层　　　　　　图4-15　蒙版图层　　　　　　图4-16　调整图层

4.2　图层的基本操作

4.2.1 【图层】面板

在菜单栏中选择【窗口】|【图层】命令或按【F7】键，可以显示或隐藏【图层】面板，如图4-17所示。其中的选项功能如下。

- 新建:单击【图层】面板底部的 🔲 按钮,可以在当前图层之上新建普通图层,如图4-18所示。或者选择【图层】|【新建】|【图层】菜单命令,打开【新建图层】对话框,如图4-19所示,在对话框中设置选项后,单击【确定】按钮可以创建一个新的图层。

注意　按住【Alt】键后单击 🔲 按钮,同样可以弹出【新建图层】对话框,也可以使用【Ctrl+Shift+N】组合键打开【新建图层】对话框。

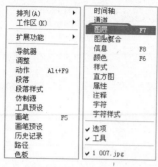

图4-17　选择命令　　　　图4-18　新建图层　　　　图4-19　【新建图层】对话框

技巧　按住【Ctrl】键单击 按钮，可以在当前图层的下面新建一个图层，如图4-20所示。

- ：用来设置当前图层中的图像与下面图层混合时使用的混合模式。
- 不透明度：设置当前图层的不透明度。0% 表示当前图层完全透明。如图 4-21 所示不透明度为 48%；数值越大，图层就越不透明，100% 时下面图层的内容将完全被当前图层遮挡，如图 4-22 所示。

图4-20　按住【Ctrl】键创建图层　　图4-21　不透明度为48%　　　图4-22　不透明度为100%

- 删除：单击 按钮可以删除当前选中的图层或图层组。或者首先选中要删除的图层或组，在菜单栏中选择【图层】|【删除】下的【图层】或【组】命令，随后会弹出删除图层对话框或删除组对话框，如图 4-23、图 4-24 所示。

图4-23　删除图层对话框　　　　　　图4-24　删除组对话框

技巧　在【图层】面板中，选择要删除的【图层】或【组】并右击鼠标，在弹出的快捷菜单中选择【删除图层】或【删除组】命令，也可以将其删除。

- 复制：拖动要复制的图层到 按钮上，可以实现图层的复制，如图 4-25 所示。在使用

工具的状态下，按住【Alt】键拖动图像可以实现图层的复制，如图4-26所示。在无选区的情况下，选择【图层】|【新建】|【通过拷贝的图层】命令可以实现图像原位置的复制，如图4-27所示。

图4-25　拖动图层到　按钮

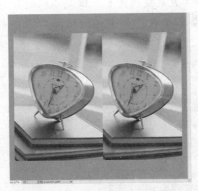

图4-26　使用【移动工具】复制

图4-27　无选区时选择此命令

技巧　按住【Alt】键后单击　按钮，可以只显示该图层，其他图层则被全部隐藏。再次进行同样的操作，又可以将图层全部显示出来。

在有选区的情况下，选择【图层】|【新建】|【通过拷贝的图层】菜单命令可以将选区内的图像复制并生成新的图层，如图4-28所示。

- 显示与隐藏：单击图层左侧的　按钮，可以将该图层上的像素信息隐藏起来；再次单击　按钮，又可以将该图层上的像素信息显示出来。
- 链接图层：选中要链接的两个或更多个图层或组，单击　按钮，可以其链接，如图4-29所示。与同时选定的多个图层不同，链接的图层将保持关联，直至用户取消它们的链接为止。用户可以从链接的图层移动、应用变换以及创建剪贴蒙版。
- 填充：用于设置当前图层的填充百分比，如图4-30所示。

图4-28　有选区时选择此命令

图4-29　链接多个图层

图4-30　图层填充百分比

- 锁定透明像素：单击【图层】面板上部的囝按钮，可以锁定图层中的透明区域，此时在没有像素的区域内不能进行任何操作。

- 锁定图像像素：单击【图层】面板上部的✐按钮，可以锁定图层中的像素区域，此时在该图层内有像素信息的区域不能进行编辑，如图 4-31 所示，但是可以进行位置移动操作。

- 锁定位置：单击【图层】面板上部的✛按钮，可以锁定图层中像素区域的位置，此时该图层上的像素信息的位置就被锁定了，但是可以进行其他的编辑操作。

- 锁定全部：单击【图层】面板上部的🔒按钮，图像中的所有编辑操作将被禁止，如图 4-32 所示。

图4-31　锁定图像像素　　　　　　　　　图4-32　锁定全部

- 启用锁定：当 锁定:囝✐✛🔒 按钮为反白状态时，表示锁定功能被启用。

- 解除锁定：当 锁定:囝✐✛🔒 按钮处于正常状态时，表示锁定功能被解除。

- 锁定所有链接图层：为了确保图层的属性不变，可以锁定所有的链接图层，先选择所有的链接图层，然后选择【图层】|【锁定图层】命令，弹出【锁定图层】对话框，如图 4-33 所示。链接多个图层后，如果在该对话框中勾选【全部】复选框，【图层】面板中的图层名称右边会出现一把实心锁，如图 4-34 左图所示。如果在该对话框中勾选除【全部】复选框外的其他复选框，【图层】面板中的图层名称右边将会出现一把空心锁，如图 4-34 右图所示。

图4-33　【锁定图层】对话框　　　　　　　图4-34　锁定所有链接的图层

- 缩览图：它是对图层上图像的一个缩小显示。可以单击【图层】面板右上角的按钮，选择菜单中的【面板选项】命令，如图 4-35 所示，弹出【图层面板选项】对话框，然后对其大小进行设定，如图 4-36 所示。

技巧 　按住【Ctrl】键单击缩览窗口，可以载入该图层像素区域的选区。

● 名称：在新建图层时，系统会按照图层1、图层2……的顺序自动生成名称，双击名称
　可以更改图层名称。

图4-35　按钮菜单

图4-36　【图层面板选项】对话框

4.2.2　当前图层的确定

在 Photoshop 中，深颜色显示的图层为当前图层，大多数操作都是针对当前图层进行的，因此对当前图层的确定十分重要。

确定当前图层的方法有以下两种。

● 当前图层的确定，可以直接单击【图层】板中的缩览图进行选择，如图4-37所示。

● 当图层之间存在着上下叠加关系时，可以在图像工作区的叠加区域单击右键，然后在弹出的快捷菜单中选择需要的图层，如图4-38所示。

图4-37　选择当前图层

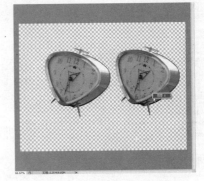

图4-38　在图像中选择图层

4.2.3　图层上下位置关系的确定

改变图层的排列顺序就是改变图层像素之间的叠加次序，这可以通过直接拖动图层的方位来实现，如图4-39所示，左图为移动前的效果，右图为移动后的效果。

也可以通过选择【图层】|【排列】菜单命令来完成图层的重新排列。Photoshop 提供了 5 种排列方式，如图 4-40 所示。

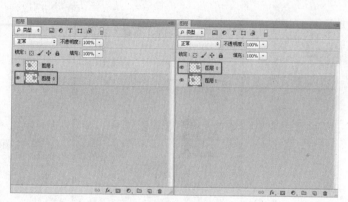

图4-39　改变图层位置　　　　　　　　　　　　　图4-40　选择命令

- 置为顶层：将当前图层移动到最上层。快捷键为【Shift+Ctrl+]】。
- 前移一层：将当前图层往上移一层。快捷键为【Ctrl+]】。
- 后移一层：将当前图层往下移一层。快捷键为【Ctrl+ [】。
- 置为底层：将当前图层移动到最底层。快捷键为【Shift+Ctrl+ [】。
- 反向：将选中的图层顺序反转。

4.2.4　图层的对齐与分布

在【图层】面板中选择多个图层（包括链接后的多图层）后，可以选择【图层】|【对齐】子菜单中的命令将它们对齐，如图 4-41 所示。

- 顶边：基于所选图层中最顶端的像素对齐其他图层，如图 4-42 所示。

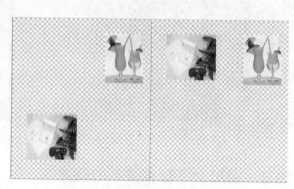

图4-41　选择命令　　　　　　　　　　　　　　　图4-42　顶边对齐

- 垂直居中：基于所选图层中垂直中心的像素对齐其他图层，如图 4-43 所示。

- 底边：基于所选图层中最底端的像素对齐其他图层，如图 4-44 所示。

图4-43　垂直居中对齐　　　　　　　　　　图4-44　底边对齐

- 左边：基于所选图层中最左侧的像素对齐其他图层，如图 4-45 所示。
- 水平居中：基于所选图层中水平中心的像素对齐其他图层，如图 4-46 所示。
- 右边：基于所选图层中最右侧的像素对齐其他图层，如图 4-47 所示。

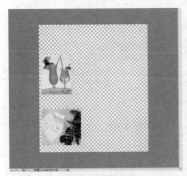

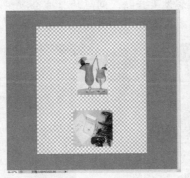

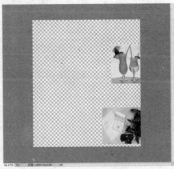

图4-45　左边对齐　　　　　图4-46　水平居中对齐　　　　　图4-47　右边对齐

注意　　Photoshop只能参照不透明度大于50%的像素来对齐链接的图层。

　　【图层】|【分布】子菜单中的命令用于均匀分布所选图层，在选择了 3 个或更多的图层时，这些命令才可以使用，如图 4-48、图 4-49 所示。

图4-48　选择多个图层　　　　　　　　　　图4-49　选择命令

- 顶边：从每个图层的顶端像素开始，间隔均匀地分布图层，如图 4-50 所示。
- 垂直居中：从每个图层的垂直中心像素开始，间隔均匀地分布图层，如图 4-51 所示。

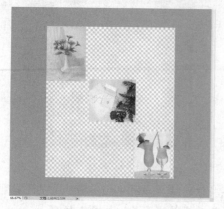 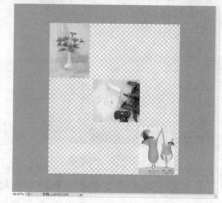

图4-50　顶边对齐　　　　　　　　　　　图4-51　垂直居中

- 底边：从每个图层的底端像素开始，间隔均匀地分布图层，如图 4-52 所示。
- 左边：从每个图层的左端像素开始，间隔均匀地分布图层，如图 4-53 所示。

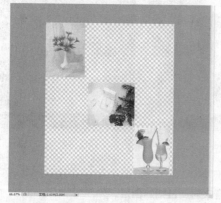 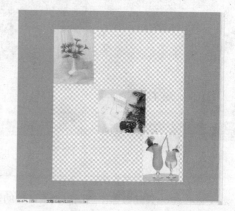

图4-52　底边对齐　　　　　　　　　　　图4-53　左边对齐

- 水平居中：从每个图层的水平中心开始，间隔均匀地分布图层，如图 4-54 所示。
- 右边：从每个图层的右端像素开始，间隔均匀地分布图层，如图 4-55 所示。

 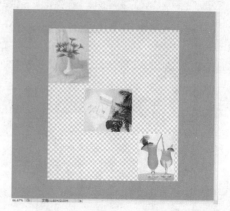

图4-54　水平居中对齐　　　　　　　　　图4-55　右边对齐

分布操作不像对齐操作那样很容易观察每个选项的效果。

关于【对齐】和【分布】命令，也可以通过按钮来完成。首先要保证图层处于选中状态，当前工具为移动工具，这时在工具选项栏中就会出现相应的按钮。

4.2.5 图层的合并与拼合

合并图层即是将多个有联系的图层合并为一个图层，以便于进行整体操作。首先选择需要合并的多个图层，然后选择【图层】|【合并图层】菜单命令即可，如图4-56所示。也可以通过【Ctrl+E】组合键来完成。

- 向下合并：在没有选择多个图层的状态下，可以将当前图层与其下面的图层合并为一个图层，如图4-57所示。也可以通过【Ctrl+E】组合键来完成。
- 合并可见图层：将所有的显示图层合并到背景图层中，隐藏图层被保留，如图4-58所示。也可以通过【Ctrl++Shfit+E】组合键来完成。
- 拼合图像：可以将图像中的所有可见图层都合并到背景图层中，隐藏图层则被删除，这样可以大大地降低文件的大小，如图4-59所示。

图4-56 合并图层

图4-57 向下合并图层

图4-58 合并可见图层

图4-59 拼合图像

4.2.6 图层的编组

【图层编组】命令用来创建图层组。如果当前选择了多个图层，选择【图层】|【图层编组】菜单命令（也可以使用【Ctrl+G】组合键）将选择的图层编为一个图层组，如图4-60所示。

如果当前文件中创建了图层编组，选择【图层】|【取消图层编组】菜单命令可以取消选择的图层组的编组，如图4-61所示。

提示 选择该组，单击鼠标右键，在弹出的快捷菜单中选择【取消图层编组】命令，也可取消图层编组。

图4-60　选择【图层编组】命令　　　　　图4-61　选择【取消图层编组】命令

4.2.7　盖印图层

盖印图层是一种特殊的图层合并方法，它可以将多个图层的内容合并到一个图层中，同时还保持原图层的完整性，若想要得到某些图层的合并效果，盖印图层是最佳的解决方法。合并图层可以减少图层的数量，而盖印图层往往会增加图层的数量。

1. 向下盖印图层

如果当前选择了一个图层，按【Ctrl+Alt+E】组合键后，可将该图层中的图像盖印到下面图层中，原图层的内容保持不变，如图 4-62 所示。

2. 盖印多个图层

如果选择了多个图层，按【Ctrl+Alt+E】组合键后，Photoshop 会创建一个包含合并内容的新图层，该图层将位于所有参与盖印

图4-62　向下盖印图层

图层的最上面，而原图层的内容保持不变，如果选择的图层中包含背景图层，则图像将盖印至【背景】图层中，如图 4-63 所示。

提示　在对多个图层进行盖印时，这些图层也可以是不连续的。

3. 盖印所有可见图层

按【Ctrl+Alt+Shift+E】组合键，可以将所有可见图层盖印至一个新建的图层中，新图层将位于所选图层的上面，原图层内容保持不变，如图 4-64 所示。

提示　在对多个图层进行盖印时，这些图层也可以是不连续的。在盖印两个图层时，新图层的名称会显示【合并】两个字；而盖印可见图层所得到的图层是不会显示这两个字的；另外，隐藏的图层不能进行盖印操作。

图4-63　盖印多个图层

图4-64　盖印所有可见图层

4.2.8　填充图层

填充图层将影响位于它下面的所有图层，在创建的时候会自带一个图层蒙版。如果图像中存在着选区或者路径，则会根据选区来创建显示选区的图层蒙版，或者根据路径来创建图层剪贴蒙版。与普通图层一样，填充图层具有图层混合模式和不透明度，也可以进行重排、删除、隐藏和复制等操作。

填充图层包括纯色、渐变、图案填充图层等3类。选择【图层】|【新建填充图层】命令，可以弹出其子菜单，如图4-65所示。

01 打开随书附带光盘中【素材 \ 第4章 \014.jpg】文件，如图4-66所示。

图4-65　选择命令

图4-66　打开素材

02 选择【图层】|【新建填充图层】|【渐变】菜单命令，弹出【新建图层】对话框，将【不透明度】调整为50%，然后单击【确定】按钮，如图4-67所示。

03 弹出【渐变填充】对话框，选择渐变类型，单击【确定】按钮，如图4-68所示。

图4-67　设置参数　　　　　　　　　　　图4-68　填充渐变色

4.2.9　调整图层

　　应用调整图层可以改变下层图像的色调和影调。

　　与【色彩调整】命令不同的是：调整图层不会永久性地改变原图像的像素信息。

　　在【图层】面板中单击 ● 按钮，然后选择【曲线】命令，应用【调整】面板进行调整，如图4-69所示。前后效果对比如图4-70所示。

图4-69　【曲线】面板　　　　　　　　图4-70　调整后的效果

　　在调整的过程中，所有的修改都发生在调整图层中，其相当于【色彩调整】命令与蒙版相结合，可以实现对图像局部色彩的调整，并随时可以进行更改。

　　与填充图层相同，创建的调整图层可以具有混合模式和不透明度，也可进行重排、删除、隐藏和复制等操作。

4.2.10　转换为【智能对象】

　　非破坏性编辑是指在不破坏图像数据的基础上对其进行的编辑。在Photoshop中，使用调整图层、填充图层、中性色图层、图层蒙版、矢量蒙版、剪贴蒙版、智能对象、智能滤镜、混合模式和图层样式等方法编辑图像都属于非破坏性的编辑，这些操作方式都有一个共同的特点，就是能够修改或者撤销，即可以随时将图像恢复为原来的状态。

　　在【图层】面板中可以转换一个或多个图层来创建智能对象，此外还可以在Photoshop中粘贴或放置来自Illustrator的数据。智能对象使用户能够灵活地在Photoshop中以非破坏性方式缩放、旋转图层和将图层变形。

用魔棒工具选取一个图像后执行【复制】|【粘贴】菜单命令，如图 4-71 所示，单击【图层】面板右侧的▼≣按钮，从下拉菜单中选择【转换为智能对象】命令即可，如图 4-72 所示。

图4-71　选择命令

图4-72　转换为智能对象

智能对象将源数据存储在 Photoshop 文档内部后，用户就可以在图像中处理该数据的复合。当用户想要修改文档时，Photoshop 将基于源数据重新渲染复合数据。

智能对象实际上是一个嵌入在另一个文件中的文件。当用户依据一个或多个选定图层创建一个智能对象时，实际上是在创建一个嵌入在原始文件中的新文件。

智能对象非常有用，因为它们允许用户执行以下操作。

- 执行非破坏性变换，如可以根据需要按任意比例缩放图层，而不会丢失原始图像数据。
- 保留 Photoshop 不会以本地方式处理的数据，如 Illustrator 中的复杂矢量图片，Photoshop 会自动将文件转换为它可识别的内容。
- 编辑一个图层即可更新智能对象的多个实例。

4.3　图层组的应用

在 Photoshop 中，一个复杂的图像需要几十或几百个图层组成，如图 4-73 所示。如此多的图层，在操作时是一件非常麻烦的事。如果使用图层组来组织和管理图层，如图 4-74 所示，就可以使【图层】面板中的图层结构更加清晰、合理。

图4-73　图像由多个图层组成

图4-74　图层组

使用图层组可以很容易地将图层作为一组进行移动、应用属性和蒙版，以及减少【图层】面板中的混乱，甚至可以将现有的链接图层转换为图层组，还可以实现图层组的嵌套。图层组也具有混合模式和不透明度，可以进行重排、删除、隐藏和复制等操作。

4.3.1　创建图层组

在【图层】面板中，单击底部的 □ 按钮，可以创建一个空的图层组，如图 4-75 所示。如果选择【图层】|【新建】|【组】菜单命令，则会弹出【新建组】对话框，在对话框中输入图层组的名称，也可以为它选择【颜色】和【模式】，设置【不透明度】，然后单击【确定】按钮，如图 4-76 所示，即可按照设置的选项创建一个图层组。

图4-75　创建图层组　　　　　　图4-76　【新建组】对话框

4.3.2　图层组的嵌套

按住【Ctrl】键单击 □ 按钮可以实现图层组的嵌套，嵌套结构的图层组最多可以达到 10 级，如图 4-77 所示。

图4-77　创建图层组的嵌套

4.3.3　将图层移入或移出图层组

创建图层组后，将一个或多个图层拖入图层组内，可将其添加到图层组中，如图 4-78 所示。也可以将图层移出图层组外，如图 4-79 所示。

图4-78　移入图层组　　　　　　　　　图4-79　移出图层组

4.4　图层样式

　　图层样式实际上就是多种效果的组合，Photoshop CS6中提供多种图像效果，如阴影、发光、浮雕和颜色叠加等，利用这些效果可以方便快捷地改变图像的外观。将效果应用于图层的同时，也创建了相应的图层样式，在【图层新式】对话框中可以对创建的图层样式进行修改、保存和删除等编辑操作。

　　在Photoshop中，对图层样式进行管理是通过【图层样式】对话框来完成的。
- 可以通过【图层】|【图层样式】菜单命令添加各种样式，如图4-80所示。
- 可以单击【图层】面板下方的 *fx* 按钮来添加样式，如图4-81所示。
- 双击一个图层，也可以打开【图层样式】对话框。

　　图4-80　选择命令　　　　　　　　　图4-81　在【图层】面板中选择

　　在【图层样式】对话框的左侧列出了10种效果，如图4-82所示，效果名称前面的复选框有☑标记，表示在图层中添加了该效果。单击一个效果的名称，可以选中该效果，对话框的右侧会显示与之对应的选项，如图 4-83 所示。如果只单击效果名称前面的复选框，则可以应用该效果，但不会显示效果的选项，如图 4-84 所示。

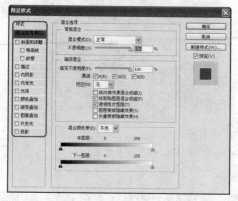

图4-82 【图层样式】的10种效果

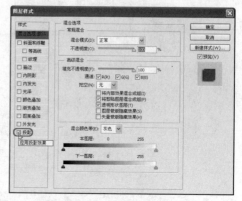

图4-83 投影效果

逐一尝试各具选项的功能后就会发现，所有样式的选项参数窗口都有许多的相似之处。

- 混合模式：与图层【混合模式】相同。
- 不透明度：可以输入数值或拖动滑块设置图层效果的不透明度。
- 通道：在 3 个复选框中，可以选择参加高级混合的 R、G、B 通道中的任何一个或者多个；也可以一个都不选，但是一般得不到理想的效果。至于通道的详细概念，会在后面的【通道】面板中加以阐述。
- 挖空：控制投影在半透明图层中的可视性或闭合。应用这个选项可以控制图层色调的深浅，如图 4-85 所示。

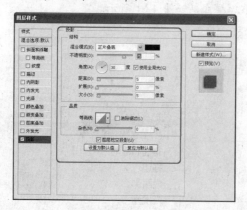

图4-84 显示该效果

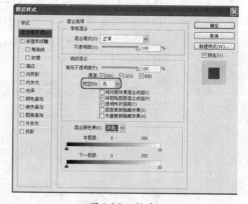

图4-85 挖空

注意　当使用【挖空】的时候，在默认的情况下会从该图层挖到背景图层。如果没有背景图层，则以透明的形式显示。

- 将内部效果混合成组：选中这个复选框，可将本次操作作用到图层的内部效果，然后合并到一个组中。这样在下次使用的时候，出现在窗口的默认参数即为现在的参数。
- 将剪贴图层混合成组：将剪贴的图层合并到同一个组中。

- 透明形状图层：可以限制样式或挖空效果的范围。
- 图层蒙版隐藏效果：用来定义图层效果在图层蒙版中的应用范围。
- 矢量蒙版隐藏效果：用来定义图层效果在矢量蒙版中的应用范围。
- 混合颜色带：用来控制当前图层与它下面的图层混合时，在混合结果中显示哪些像素。

此时可以发现，【本图层】和【下一个图层】颜色条两边是由两个小三角形做成的，它们是用来调整该图层色彩深浅的。如果直接用鼠标拖动的话，则只能将整个三角形拖动，没有办法缓慢变化图层的颜色深浅。如果按住【Alt】键后拖动鼠标，则可拖动右侧的小三角，从而达到缓慢变化图层颜色深浅的目的。使用同样的方法可以对其他的 3 个三角形进行调整。

4.4.1　投影

投影效果可以为图层内容添加投影，使其产生立体感。如图 4-86 所示为原来的图，打开【图层样式】对话框设置投影参数，效果如图 4-87 所示。

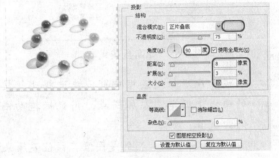

图4-86　原图　　　　　　　　　　图4-87　设置参数

首先看对话框的上半部分。

- 混合模式：用来设置投影与下面图层的混合模式，默认为【正片叠底】。
- 投影颜色：单击【混合模式】右侧的色块，可以在打开的【选择阴影颜色】对话框中设置投影的颜色。
- 不透明度：拖动滑块或输入数值，可以设置投影的不透明度，该值越高，投影越深。
- 角度：确定效果应用于图层时所采用的光照角度，可以在文本框中输入数值，也可以拖动圆形的指针来进行调整，指针的方向为光源的方向。
- 使用全局光：选中该复选框，所产生的光源作用于同一个图像中的所有图层。取消选中该复选框，产生的光源只作用于当前编辑的图层。
- 距离：控制阴影离图层中图像的距离，值越高，投影越远。也可以将光标放在场景文件的投影上（鼠标为 ▶ 形状），单击并拖动鼠标直接调整摄影的距离和角度。
- 扩展 / 大小：【扩展】用来设置投影的扩展范围，受【大小】选项的影响。【大小】用来设置投影的模糊范围，值越高模糊范围越广，值越小投影越清晰。
- 等高线：应用这个选项可以使图像产生立体的效果。单击其下拉按钮会弹出等高线列表，从中可以根据图像选择适当的模式。
- 消除锯齿：选中该复选框，在用固定的选区做一些变化时，可以使变化的效果不至于显得很突然，可使效果过渡变得柔和。
- 杂色：用来在投影中添加杂色，该值较高时，投影将显示为点状。

● 用图层挖空投影：用来控制半透明图层中投影的可见性。

如果觉得这里的模式太少的话，则可单击右上角的 ✿ 按钮，打开如图 4-88 所示的菜单。

下面介绍一下如何新建一个等高线和等高线的一些基本操作。

双击等高线图标，可以弹出【等高线编辑器】对话框，如图 4-89 所示。

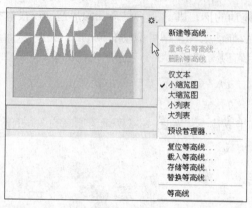

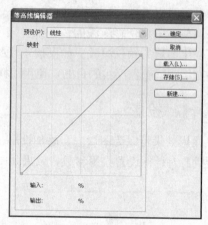

图4-88 等高线模式　　　　　　　　　　　图4-89 【等高线编辑器】对话框

● 预设：在下拉列表框中可以先选择比较接近用户需要的等高线，然后在【映射】中的曲线上面单击添加锚点，用鼠标拖动锚点会得到一条曲线，其默认的模式是平滑的曲线。

● 输入/输出：输入指的是图像在该位置原来的色彩相对数值；输出指的是通过这条等高线处理后，得到的图像在该处的色彩相对数值。

完成对曲线的制作以后，单击【新建】按钮，弹出【等高线名称】对话框，如图 4-90 所示。

如果觉得现在这条等高线的效果比较好，可单击【存储】按钮对等高线进行保存，在弹出的【存储】对话框中命名保存就可以了，如图 4-91 所示。载入等高线的操作和保存类似。

图4-90 【等高线名称】对话框　　　　　　图4-91 等高线【存储】对话框

4.4.2　内阴影

应用【内阴影】选项可以围绕图层内容的边缘添加内阴影效果，使图层呈凹陷的外观效果。如图 4-92 所示为设置内阴影参数，如图 4-93 所示为添加内阴影后的效果。

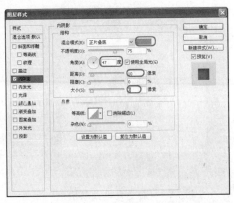

图4-92 设置【内阴影】参数

图4-93 设置后的效果图

与【投影】相比，【内阴影】样式下半部分参数的设置在【投影】样式中都涉及了，而上半部分则稍有不同。

从图中可以看出，这个部分只是将原来的【扩展】改为了现在的【阻塞】，这是一个和扩展相似的功能，但它是扩展的逆运算。扩展是将阴影向图像或选区的外面扩展，而阻塞则是向图像或选区的里边扩展，得到的效果图极为类似，在精确制作时可能会用到。如果将这两个选项都选中并分别对它们进行参数设定，则会得到一个比较奇特的效果。

4.4.3 外发光

【外发光】选项可以围绕图层内容的边缘创建外部发光效果。如图 4-94 所示为外发光参数，如图 4-95 所示为添加外发光的效果。

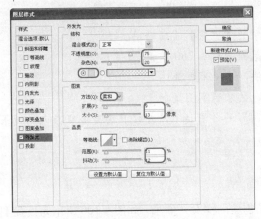

图4-94 设置【外发光】参数

图4-95 设置后的效果图

- 混合模式 / 不透明度：前者用来设置发光效果与下面图层的混合方式；后者用来设置发光效果的不透明度，该值越低，发光效果越弱。
- 杂色：可以在发光效果中添加随机的杂色，使光晕呈现颗粒感。
- 发光颜色：色块和颜色条都是用来设置发光颜色的。如果要创建单色发光，可以单击色块，设置发光颜色，如图 4-96 所示为单色发光效果；如果要创建渐变发光，可以单击右侧的颜色条，如图 4-97 所示为渐变发光效果。

图4-96　单色发光效果图

图4-97　渐变发光效果图

- 方法：即边缘元素的模型，有【柔和】和【精确】两种。柔和的边缘变化比较清晰，如图 4-98 所示；而精确的边缘变化则比较模糊，如图 4-99 所示。

图4-98　柔和效果图

图4-99　精确效果图

- 扩展：即边缘向外边扩展，与【阴影】中的【扩展】选项的用法类似。
- 大小：用于控制阴影面积的大小。变化范围是 0 ～ 250 像素。
- 等高线：在前面已经介绍了它的使用方法，这里不再赘述。
- 范围：等高线运用的范围，其数值越大，效果越不明显。
- 抖动：控制光的渐变，数值越大，图层阴影的效果越不清楚，且会变成有杂色的效果；数值越小，就会越接近清楚的阴影效果。

4.4.4　内发光

应用【内发光】选项可以围绕图层内容的边缘创建内部发光效果。如图 4-100 所示为设置【内发光】参数，如图 4-101 所示为设置后的效果。

注意　在印刷的过程中，关于样式的应用要尽量少使用。

【内发光】的选项和【外发光】的选项几乎一样。只是【外发光】选项中的【扩展】选项变成了【内发光】中的【阻塞】。【外发光】得到的阴影是在图层的边缘，在图层之间看不到效果的影响。而【内发光】得到的效果只在图层内部，即得到的阴影只出现在图层的不透明区域。

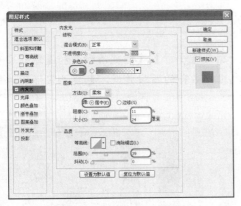

图4-100　设置【内发光】参数

图4-101　设置后的效果图

4.4.5　斜面和浮雕

应用【斜面和浮雕】选项可以为图层内容添加暗调和高光效果，使图层内容呈现凸起的浮雕效果，如图 4-102 所示为设置【斜面和浮雕】参数，如图 4-103 所示为设置后的效果。

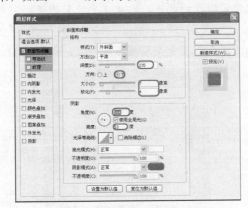

图4-102　设置【斜面和浮雕】参数

图4-103　设置后的效果图

- 样式：在此下拉列表中共有 5 个模式。
  - ◆【外斜面】效果如图 4-104 所示。
  - ◆【内斜面】效果如图 4-105 所示。
  - ◆【浮雕效果】效果如图 4-106 所示。

图4-104　外斜面效果图

图4-105　内斜面效果图

图4-106　浮雕效果图

◆【枕状浮雕】效果如图 4-107 所示。

◆【描边浮雕】效果如图 4-108 所示。

● 方法：在此下拉列表框中有 3 个选项，分别是【平滑】、【雕刻清晰】和【雕刻柔和】。

　　◆ 平滑：选择这个选项可以得到边缘过渡比较柔和的图层效果，也就是它得到的阴影边
　　　　缘变化不尖锐，如图 4-109 所示。

图4-107　枕状浮雕效果图　　　　图4-108　描边浮雕效果图　　　　图4-109　平滑效果图

　　◆ 雕刻清晰：选择这个选项将产生边缘变化明显的效果。比起【平滑】选项，它产生的
　　　　效果立体感特别强，如图 4-110 所示。

　　◆ 雕刻柔和：与雕刻清晰类似，但是它的边缘色彩变化要稍微柔和一点，如图 4-111 所示。

　　　　图4-110　雕刻清晰效果图　　　　　　　　图4-111　雕刻柔和效果图

● 深度：控制效果的颜色深度，数值越大，得到的阴影越深；数值越小，得到的阴影颜色越浅。

● 方向：它包括【上】、【下】两上方向，用来切换亮部和阴影的方向。单击【上】单选按钮，
　　则亮部在上面，如图 4-112 所示；单击【下】单选按钮，则亮部在下面，如图 4-113 所示。

　　　　图4-112　【上】选项效果图　　　　　　　　图4-113　【下】选项效果图

- 大小：设置斜面和浮雕中阴影面积的大小。
- 软化：用来设置斜面和浮雕的柔和程度，该值越高，效果越柔和。
- 角度：控制灯光在圆中的角度。圆中的【✛】符号可以用鼠标移动。
- 高度：指光源与水平面的夹角。
- 使用全局光：决定应用于图层效果的光照角度。可以定义一个全角，应用图像中所有的图层效果。也可以指定局部角度，仅应用于指定的图层效果。使用全角可以制造出一种连续光源照在图像上的效果。
- 光泽等高线：这个选项的使用方法与等高线相同。
- 消除锯齿：选中该复选框，可以使在用固定的选区做一些变化时，变化的效果不至于显得很突然，可使效果过渡变得柔和。
- 高光模式：这相当于在图层的上方有一个带色光源，光源的颜色可以通过右边的颜色方块来调整，它会使图层实现许多种不同的效果。
- 阴影模式：可以调整阴影的颜色和模式。通过右边的颜色方块可以改变阴影的颜色，在下拉列表框中可以选择阴影的模式。

在对话框的左侧选择【等高线】选项。可以切换到【等高线】设置面板，如图 4-114 所示。使用【等高线】可以勾画在浮雕处理中被遮住的起伏、凹陷、凸起，如图 4-115 所示。

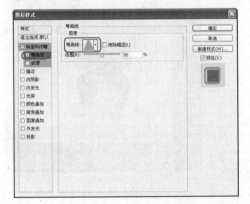

图4-114 【等高线】选项

图4-115 使用等高线的效果图

【斜面和浮雕】样式的【纹理】参数设置如图 4-116 所示。

- 图案：在这个选框中可以选择合适的图案。斜面和浮雕的浮雕效果就是按照图案的颜色或者它的浮雕模式进行的，如图 4-117 所示。在预览图上可以看出待处理的图像的浮雕模式和所选图案的关系。
- 贴紧原点：单击此按钮，可使图案的浮雕效果从图像或者文档的角落开始。
- 缩放：拖动滑块或输入数值，可以调整图案的大小。
- 深度：用来设置图案的纹理应用程度。
- 反相：可反转图案纹理的凹凸方向。
- 与图层链接：勾选该选项，可以将图案链接到图层，此时对图层进行变换操作时，图案也会一同变换。在该选项处于勾选状态时，单击【紧贴原点】按钮，可以将图案的原点对齐到文档的原点。如果取消选择该选项，单击【紧贴原点】按钮，则可以将原点放在图层的左上角。

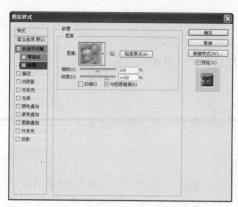

图4-116 设置【纹理】参数

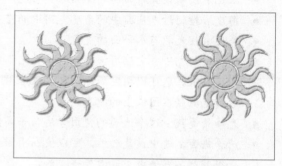

图4-117 选择【图案】效果图

4.4.6 光泽

应用【光泽】选项可以根据图层内容的形状在内部应用阴影，创建光滑的打磨效果，如图4-118所示为设置的光泽参数，如图4-119所示为设置后的效果。

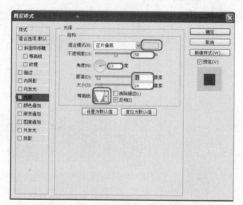

图4-118 设置【光泽】参数

图4-119 设置后的效果图

注意　在【结构】窗口中，阴影是在图像的内部。

- 混合模式：它以图像和黑色为编辑对象，其模式与图层的混合模式一样，只是在这里Photoshop将黑色当作一个图层来处理。
- 不透明度：调整混合模式中颜色图层的不透明度。
- 角度：即光照射的角度，它控制着阴影所在的方向。
- 距离：数值越小，图像上被效果覆盖的区域越大。此距离值控制着阴影的距离。
- 等高线：这个选项在前面的效果中已经介绍过了，这里不再赘述。

4.4.7 颜色叠加

应用【颜色叠加】选项可以为图层内容添加颜色。如图4-120所示为设置颜色叠加参数，如图4-121所示为设置后的效果。

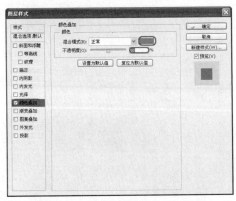

图4-120　设置【颜色叠加】参数

图4-121　设置后的效果图

颜色叠加是将颜色当作一个图层，然后再对这个图层施加一些效果或者混合模式。

4.4.8　渐变叠加

应用【渐变叠加】选项可以为图层内容添加渐变效果。如图 4-122 所示为设置渐变叠加参数，如图 4-123 所示为设置渐变叠加后的效果。

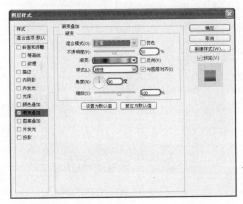

图4-122　设置【渐变叠加】效果图

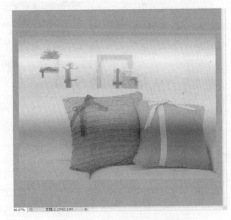

图4-123　设置后的效果图

- 混合模式：对此下拉列表框中模式的选择，可以根据【图层】面板【混合模式】中提到的知识进行设定。
- 不透明度：设定透明的程度。
- 渐变：使用这项功能可以对图像做一些渐变设置，【反向】复选框表示将渐变的方向反转。
- 样式：在此下拉列表框中有 5 个选项用于设置样式。
- 角度：利用这个选项可以对图像产生的效果做一些角度变化。
- 缩放：控制效果影响的范围，通过它可以调整产生效果的区域大小。

4.4.9　图案叠加

应用【图案叠加】选项可以为图层内容添加图案混合效果。如图 4-124 所示为设置图案叠加参数，如图 4-125 所示为设置后的效果。

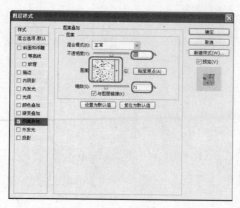

图4-124　设置【图案叠加】参数

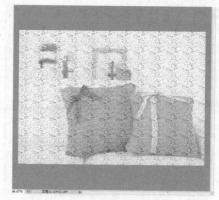

图4-125　设置后的效果图

4.4.10　描边

　　【描边】效果可以使用颜色、渐变或图案描画对象的轮廓，它对于硬边形状，如文字等特别有用。如图 4-126 所示为设置描边参数，图 4-127 为设置后的效果。如图 4-128 为使用渐变描边的效果，如图 4-129 所示为使用图案描边的效果。

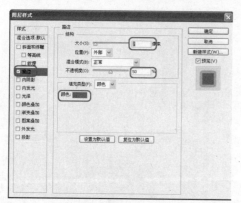

图4-126　设置【描边】参数

图4-127　设置后的效果图

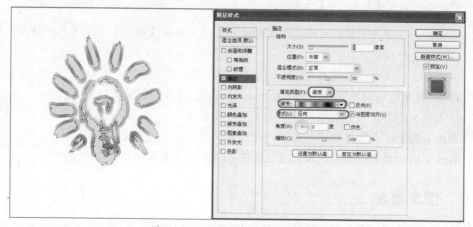

图4-128　使用渐变描边的效果图

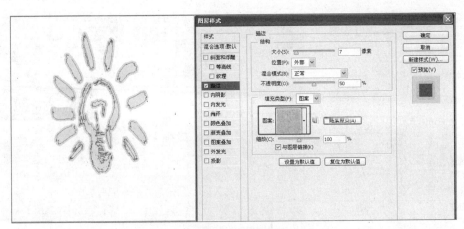

图4-129 使用图案描边的效果图

4.4.11 拓展练习——开业宣传单

本例介绍开业宣传单的制作,在制作中将主要介绍【图层样式】的应用,效果如图 4-130 所示。

STEP 01 打开随书附带光盘中的【素材 \ 第 4 章 \0.20.jpg】文件,如图 4-131 所示。

STEP 02 在工具箱中右击 T 按钮,在弹出的列表中选择【横排文字工具】,如图 4-132 所示。

图4-130 效果图

图4-131 打开素材文件

图4-132 选择工具

STEP 03 在图像中输入汉字【新店开业】,然后在菜单栏中选择【窗口】|【字符】命令,弹出【字符】面板,将【字体】设置为【方正胖娃简体】,【大小】设置为【56 点】,【颜色】设置为【白色】,如图 4-133 所示。

STEP 04 单击工具箱中的移动工具,将图像中的【新店开业】文字拖至合适的位置,如图 4-134 所示。

STEP 05 使用横排文字工具选择汉字【新店开业】,使其处于编辑状态,如图 4-135 所示。

STEP 06 在横排文字工具选项栏中单击 按钮,弹出【变形文字】对话框,将【样式】设置为【下弧】,【弯曲】设置为 12,【水平扭曲】设置为 27,单击【确定】按钮,如图 4-136 所示。

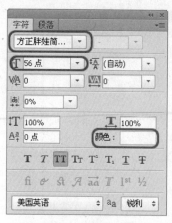

图4-133 设置文字的参数

图4-134 调整文字的位置

图4-135 选择文字

07 双击文字图层，在弹出的【图层样式】对话框中勾选【斜面和浮雕】、【描边】、【内阴影】3个复选框，单击【确定】按钮，如图4-137所示。

08 首先进入【斜面和浮雕】选项卡，将【大小】设为25，【角度】设为120，【高光模式】设为【正常】模式，【高光模式】下的【不透明度】设为100%，【阴影模式】设为【正常】模式，【阴影模式】下的【不透明度】设为8%。在【斜面和浮雕】下方勾选【等高线】复选框并使用其默认值，如图4-138所示。

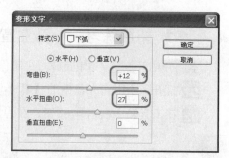

图4-136 将文字变形

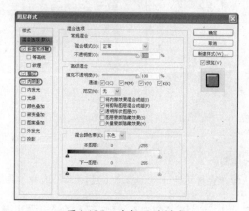

图4-137 选择图层样式

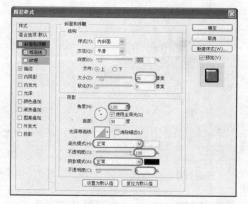

图4-138 设置【斜面和浮雕】参数

09 进入【描边】选项卡，将【大小】设为22，在【填充类型】中选择【渐变】，【样式】选择【线性】，【角度】设为90，如图4-139所示。

10 单击【渐变】右侧的颜色条，在弹出的【渐变编辑器】对话框中，单击右下方的色标按钮，将R、G、B值分别设为0、162、60；然后单击右下放的色标按钮，将R、G、B值分别设为204、218、0，单击【确定】按钮，返回到【图层样式】对话框中再次单击【确定】按钮，如图4-140所示。

11 进入【内阴影】选项卡，将【混合模式】设为【正常】模式，【角度】设为-55，【距离】设为4，【大小】设为1，如图4-141所示。

STEP 12 单击【混合模式】右侧的颜色设置器，在弹出的【拾色器】中将R、G、B值分别设为0、121、55，单击【确定】按钮，返回【图层样式】对话框中并单击【确定】按钮，如图4-142所示。

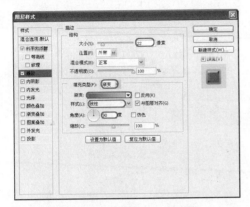

图4-139 设置【描边】参数

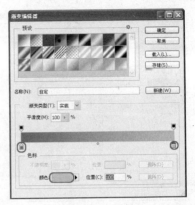

图4-140 设置【描边】的渐变参数

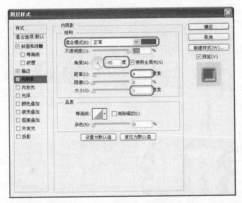

图4-141 设置【内阴影】参数

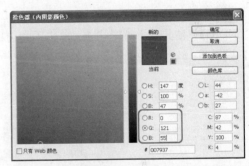

图4-142 设置【内阴影】渐变参数

STEP 13 使用鼠标拖动文字图层拖至 按钮，将其复制，如图4-143所示。

STEP 14 进入【描边】选项卡，单击【渐变】右侧的颜色条，在弹出的【渐变编辑器】对话框中，单击左侧的色标按钮，将R、G、B值分别设置为68、30、82；然后单击右侧的色标按钮，将R、G、B值分别设置为42、27、49，单击【确定】按钮，返回【图层样式】对话框中，再次单击【确定】按钮，如图4-144所示。

图4-143 复制文字图层

图4-144 设置【描边】的渐变参数

15 进入【内阴影】选项卡,将【距离】设置为7,单击【确定】按钮,如图4-145所示。

16 在【图层】面板中单击 按钮,新建一个图层,如图4-146所示。

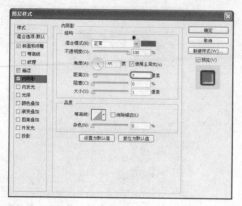

图4-145 设置【内阴影】参数

图4-146 新建图层

17 在工具箱中右击 按钮,在弹出的列表中选择横排文字工具,如图4-147所示。

18 在图像中输入文本【新店开业 STORE OPENING】,使用横排文字工具选择字母【STORE OPENING】,使其处于编辑状态,单击工具选项栏中的 按钮,在弹出的【字符】面板中将【大小】设置为18,【间距】设置为30,如图4-148所示。

图4-147 选择工具

图4-148 设置汉字和字母的参数

19 在工具选项栏中单击 按钮,在弹出的【变形文字】对话框中将【样式】设置为【下弧】,【弯曲】设置为12,【水平扭曲】设置为27,如图4-149所示。

20 在工具箱中单击移动工具,将文本【新店开业 STORE OPENING】拖至合适的位置,如图4-150所示。

21 双击【新店开业 STORE OPENING】文字图层,在弹出的【图层样式】对话框中勾选【投影】复选框,进入【投影】选项卡,将【混合模式】设置为【正常】,【不透明度】设置为71%,【角度】设置为90,【距离】设置为0,【扩展】设置为50,【大小】设置为116,如图4-151所示。

22 单击【混合模式】右侧的色块,在弹出的【拾色器】对话框中,将R、G、B值分别设置为147、6、131,单击【确定】按钮。返回【图层样式】对话框中,单击【确定】按钮,如图4-152所示。

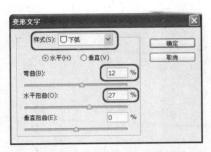

图4-149　将文字变形

图4-150　调整汉字和字母的位置

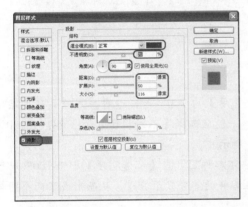

图4-151　设置【投影】参数

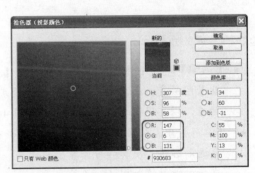

图4-152　设置【投影】的渐变参数

STEP 23 调整图层的排列顺序，如图 4-153 所示。

STEP 24 完成后的效果图，如图 4-154 所示。对完成的场景进行保存即可。

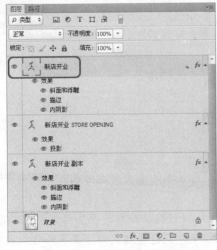

图4-153　调整图层的位置

图4-154　对图像进行保存

4.5　应用图层混合模式

　　图层的混合模式决定当前图层的像素如何与图像中的下层像素进行混合。使用【混合模式】可以创建各种特殊的效果，如图 4-155 所示。

图4-155　原图

4.5.1　一般模式

- 【正常】模式：系统默认的模式。当【不透明度】为 100% 时，这种模式只是让图层将背景图层覆盖而已。所以使用这种模式时，一般应选择【不透明度】为一个小于 100% 的值，以实现简单的图层混合，如图 4-156 所示。

- 【溶解】模式：当【不透明度】为 100% 时它不起作用。当【不透明度】小于 100% 时图层逐渐溶解，使其部分像素随机消失，并在溶解的部分显示背景，从而形成了两个图层交融的效果，如图 4-157 所示。

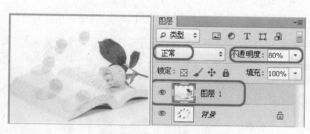

图4-156　正常模式

图4-157　溶解模式

4.5.2　变暗模式

- 【变暗】模式：在这种模式下，两个图层中颜色较深的像素会覆盖颜色较浅的像素，如图 4-158 所示。

- 【正片叠底】模式：在这种模式下，可以产生比当前图层和背景图层的颜色都暗的颜色，据此可以制作出一些阴影效果，如图 4-159 所示。在这个模式中，黑色和任何颜色混合之后还是黑色，而任何颜色和白色叠加，得到的还是该颜色。

● 【颜色加深】模式：应用这个模式将会获得与颜色减淡相反的效果，即图层的亮度减低、色彩加深，如图 4-160 所示。

图4-158　变暗模式

图4-159　正片叠加模式

图4-160　颜色加深模式

● 【线性加深】模式：它的作用是使两个混合图层之间的线性变化加深。就是说本来图层之间混合时其变化是柔和的，逐渐地从上面的图层变化到下面的图层。而应用这个模式的目的就是加大线性变化，使得变化更加明显，如图 4-161 所示。

● 【深色】模式：应用这个模式将会获得图像深色相混合的效果，如图 4-162 所示。

图4-161　线性加深模式

图4-162　深色模式

4.5.3　变亮模式

● 【变亮】模式：这种模式仅当图层的颜色比背景层的颜色浅时才有用，此时图层的浅色部分将覆盖背景层上的深色部分，如图 4-163 所示。

● 【滤色】模式：有人说这是正片叠底模式的逆运算，因为它使得两个图层的颜色叠加变浅。如果选择的是一个浅颜色的图层，那么这个图层就相当于对背景图层进漂白的【漂白剂】。也就是说，如果选择的图层是白色的话，那么在这种模式下，背景的颜色将变得非常模糊，如图 4-164 所示。

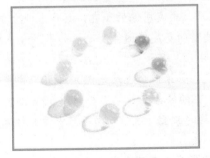

图4-163　变亮模式

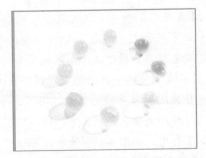

图4-164　滤色模式

- 【颜色减淡】模式:可使图层的亮度增加,效果比滤色模式更加明显,效果如图 4-165 所示。
- 【线性减淡】模式：进行和【线性加深】模式相反的操作,如图 4-166 所示。
- 【浅色】模式：与【深色】模式相反的操作,如图 4-167 所示。

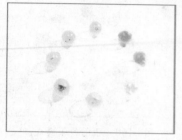 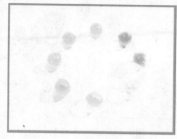 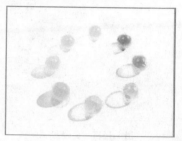

图4-165　颜色减淡模式　　　　图4-166　线性减淡模式　　　　图4-167　浅色模式

4.5.4　叠加模式

- 【叠加】模式：其效果相当于图层同时使用【正片叠底】模式和【滤色】模式两种操作,在这个模式下,背景图层颜色将被加深,并且覆盖掉背景图层上浅颜色的部分,如图 4-168 所示。
- 【柔光】模式：类似于将点光源发出的漫射光照到图像上。使用这种模式会在背景上形成一层淡淡的阴影,阴影的深浅与两个图层混合前颜色的深浅有关,如图 4-169 所示。
- 【强光】模式:【强光】模式下的颜色和【柔光】模式相比,或者更为浓重,或者更为浅淡,这取决于图层上颜色的亮度,如图 4-170 所示。

图4-168　叠加模式　　　　　图4-169　柔光模式　　　　　图4-170　强光模式

- 【亮光】模式：通过增加或减小下面图层的对比度来加深或减淡图像的颜色,具体取决于混合色。如果混合色(光源)比 50% 灰色亮,则通过减小对比度使图像变亮；如果混合色比 50% 灰色暗,则通过增加对比度使图像变暗,如图 4-171 所示。
- 【线性光】模式：通过减小或增加亮度来加深或减淡图像的颜色,具体取决于混合色。如果混合色(光源)比 50% 灰色亮,则通过增加亮度使图像变亮；如果混合色比 50% 灰色暗,则通过减小亮度使图层变暗,如图 4-172 所示。
- 【点光】模式：根据混合色的亮度来替换颜色。如果混合色(光源)比 50% 灰色亮,则替换比混合色暗的像素,而不改变比混合色亮的像素。如果混合色比 50% 灰色暗,则替换比混合色亮的像素,而不改变比混合色暗的像素。这对于向图像中添加特殊效果非常有用,如图 4-173 所示。
- 【实色混合】模式:可增加颜色的饱和度,使图像产生色调分离的效果,如图 4-174 所示。

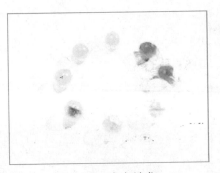

图4-171　亮光模式

图4-172　线性光模式

图4-173　点光模式

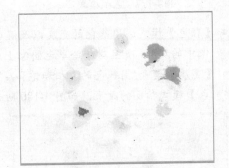

图4-174　实色混合模式

4.5.5　差值与排除模式

- 【差值】模式：将图层和背景层的颜色相互抵消，以产生一种新的颜色效果，如图 4-175 所示。
- 【排除】模式：使用这种模式会产生一种图像反相的效果，如图 4-176 所示。

图4-175　差值模式

图4-176　排除模式

4.5.6　颜色模式

- 【色相】模式：该模式只对灰阶的图层有效，对彩色图层无效，如图 4-177 所示。
- 【饱和度】模式：当图层为浅色时，会得到该模式的最大效果，如图 4-178 所示。

图4-177　色相模式

图4-178　饱和度模式

- 【颜色】模式：用基色的亮度以及混合色的色相和饱和度创建结果色，这样可以保留图像中的灰阶，并且对于给单色图像上色和给彩色图像着色都非常有用，如图 4-179 所示。
- 【亮度】模式：用基色的色相和饱和度以及混合色的亮度创建结果色。此模式创建与【颜色】模式相反的效果，如图 4-180 所示。

图4-179　颜色模式

图4-180　亮度模式

4.6　习题

一、填空题

(1) 图层的特性包括（　　　）（　　　）（　　　）3 种。

(2) 图层分为（　　　）、（　　　）、（　　　）、（　　　）、（　　　）、（　　　）6 种图层。

二、问答题

(1) 图层的混合模式包括哪几种？

(2) 图层样式包括哪几种？

文字的输入与编辑

本章要点:

　　文字工具主要用来创建文字、编辑文字和对文字精确修饰。本章主要对文本的创建、修饰及变换进行介绍，一个优秀的平面设计人员必须掌握这些内容。

　　通过设计师们的充分想象和发挥，Photoshop CS6 中的文字工具同样可以设计出别具一格的效果。

主要内容:

- 输入文字
- 设置文字属性
- 编辑文字
- 制作路径文字
- 制作变形文字
- 文字的转换

5.1 输入文字

　　Photoshop CS6 不仅拥有对图层应用的功能，它还具有强大的文字处理功能，可以对输入的文字进行多次的编辑，如选中文字、更改文字方向、对文字进行变形、将文字转换为矢量路径等，在本章中详细介绍这些操作。

5.1.1 直排

　　首先介绍一下如何在文件中输入直排文字。

01 打开随书附带光盘中的【素材 \ 第 5 章 \ 436.jpg】文件，如图 5-1 所示。

02 在工具箱中单击【竖排文字工具】 IT 按钮，在工具选项栏中将文字样式设置为【方正仿宋简体】，将字号设置为【30 点】，将文本颜色设置为【白色】，如图 5-2 所示。

03 在打开的文件中单击鼠标，输入文本即可，文字的位置，读者可以根据自己的要求进行更改。按【Ctrl+Enter】组合键确认输入，如图 5-3 所示。

图5-1　打开素材

图5-2　设置参数

图 5-3　输入文本后效果

5.1.2 横排

　　下面介绍一下如何输入横排文本。

01 打开随书附带光盘中的【素材 \ 第 5 章 \002.jpg】文件，如图 5-4 所示。

02 在工具箱中单击【横排文字工具】 T ，在工具选项栏中将文字样式设置为【汉仪哈哈体简】，将【字号】设置为【99 点】，将文本颜色的 RGB 值设置为 15、114、135，如图 5-5 所示。

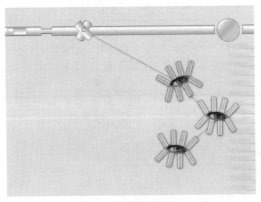

图5-4　打开素材文件

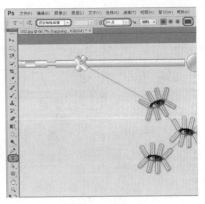

图5-5　设置工具

 在打开的图形上单击鼠标，输入文本即可，按【Ctrl+Enter】组合键确认输入，如图 5-6 所示。

提示　当在素材中开始输入文本后，将自动生成一个新的文本图层，如图5-7所示。

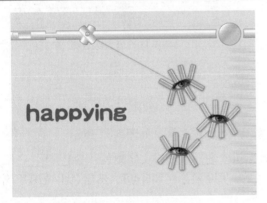

图5-6　输入文本后效果

图5-7　文本图层

5.1.3　直排蒙版

创建蒙版文本时，主要选用工具箱中的横排蒙版工具和直排蒙版工具创建文字状选区。

下面介绍直排文字蒙版的输入。

01 打开随书附带光盘中的【素材 \ 第 5 章 \003.jpg】文件，如图 5-8 所示。

02 在工具箱中的横排文字工具上右击鼠标，选择【直排文字蒙版工具】，在工具选项栏中将文字设置为【汉仪细行楷体】，将字号设置为【193 点】，在图形中输入文字，如图 5-9 所示。

03 按【Ctrl+Enter】组合键确认，在工具箱中单击【渐变工具】，在工具选项栏中将渐变样式设置为【透明彩虹渐变】，对文字进行填充，如图 5-10 所示。

04 按【Ctrl+D】组合键取消选区，完成后的效果如图 5-11 所示。

图5-8　打开素材文件

图5-9　输入文字

图5-10　使用渐变填充文字

图5-11　填充后效果

5.1.4　横排蒙版

下面介绍如何创建横排文字蒙版。

01 打开随书附带光盘中的【素材 \ 第 5 章 \004.jpg】文件，如图 5-12 所示。

02 在工具箱中右击【横排文字工具】 T 按钮，选择【横排文字蒙版工具】 🔲，在工具选项栏中将文字设置为【汉仪娃娃篆简】字体，将字号设置为【106 点】，然后单击该图片确定文字的输入点，图像会出现一个红色蒙版，如图 5-13 所示。

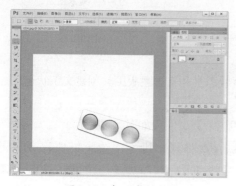

图5-12　打开素材文件

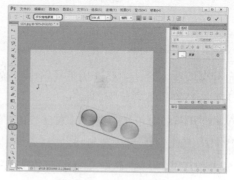

图5-13　设置文字样式

03 输入文字，并按【Ctrl+Enter】组合键确认，如图 5-14 所示。

04 在工具箱中单击渐变工具，在工具选项栏中将渐变样式设置为【色谱】，对文字进行填充，按【Ctrl+D】组合键取消选区，完成后的效果如图 5-15 所示。

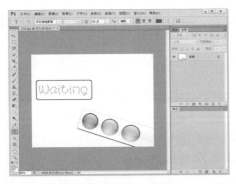

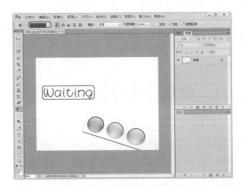

图5-14　输入文字　　　　　　　　　图5-15　使用渐变填充文字后效果

5.1.5　段落

　　段落文字是在文本框内输入的文字，它具有自动换行、可调整文字区域大小等优势，在处理文字量较大的文本时，可以使用段落文字来完成。下面将介绍如何创建段落文本。

STEP 01　打开随书附带光盘中的【素材 \ 第 5 章 \127c.jpg】文件，如图 5-16 所示。

STEP 02　在工具箱中选择文字工具，单击并拖动鼠标拖出一个矩形定界框，如图 5-17 所示。

图5-16　打开素材文件　　　　　　　图5-17　拖出矩形定界框

STEP 03　释放鼠标，在素材图形中会出现一个闪动的光标后，进行文本的输入，当输入的文字到达文本框边界时，系统会进行自动的换行，如图 5-18 所示。完成文本的输入后，按【Ctrl+Enter】组合键进行确定。

STEP 04　当文本框内不能显示全部文字时，它右下角的控制点会显示为 田 状，如图 5-19 所示。拖动文本框上的控制点可以调整定界框大小，字体会在调整后的文本框内进行重新排列。

图5-18　输入文本　　　　　　　　　图5-19　定界框出现 田 形状

5.2 设置文字属性

5.2.1 使用【字符】面板设置属性

在【字符】面板中，具有【行间距】、【垂直比例】、【水平比例】、【字间距】等选项，可随意更改字符的设置。下面介绍如何使用【字符】面板设置属性。

STEP 01 打开随书附带光盘中的【素材\第5章\006.jpg】文件，如图5-20所示。

STEP 02 在工具箱中单击 **T** 按钮，选择【文字】工具，在文件中输入文字，如图5-21所示。

图5-20　打开素材文件

图5-21　输入文字

STEP 03 选择文字图层，选择【窗口】|【字符】菜单命令，弹出【字符】面板，将字体设置为【汉仪雪君体简】字体，字体大小设置为【142点】，将文本颜色RGB设置为172、49、49，单击该面板底部的【仿粗体】和【仿斜体】按钮，效果如图5-22所示。

图5-22　设置文字样式

提示

【字符】面板中主要选项的含义如下。
- 行间距：在文本框中输入数值，就可以调节两行之间的距离了。
- 垂直比例：在文本框中输入数值，就可以调节文字垂直方向上的比例了。
- 水平比例：在文本框中输入数值，就可以调节文字水平方向上的比例了。
- 字间距：调节文字之间的间距。调节前，要先选中要调节的文字。

5.2.2 使用【段落】面板设置属性

【段落】面板设置与【字符】面板设置相似，其中主要包含【文字对齐方式】、【左缩进值】、【右缩进值】、【首行缩进值】、【段前间距】、【断后间距】、【连字】等选项。下面进一步讲解如何使用【段落】面板。

STEP 01 打开随书附带光盘中的【素材\第5章\007.jpg】文件，如图5-23所示。

STEP 02 在工具箱中单击 T 按钮，选用【文字】工具，在文件中输入文字，如图5-24所示。

STEP 03 选择【窗口】|【段落】菜单命令，展开【段落】面板，单击【居中对齐文本】按钮 ≡，然后将【首行缩进】设置为【70点】，将【段前添加空格】设置为【10点】，其效果如图5-25所示。

图5-23　打开素材文件

图5-24　输入文字

图5-25　设置文田字

5.3　编辑文字

在 Photoshop CS6 中，设计师也可以对输入的文本进行编辑，如选择、删除或更改文本等，本节将对其进行简单介绍。

5.3.1　检查与替换文字

STEP 01 打开随书附带光盘中的【素材\第5章\008.psd】文件，如图5-26所示。

STEP 02 选择文字图层，选择【编辑】|【拼写检查】菜单命令，弹出【拼写检查】对话框，在【建议】下拉列表中选择【Bit】选项，如图5-27所示。

STEP 03 单击【更改】按钮，弹出信息提示框，单击【确定】按钮，即可完成更改拼写，效果如图5-28所示。

图5-26　打开素材文件

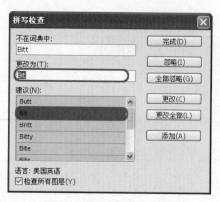

图5-27 【拼写检查】对话框

图5-28 更改后效果

提示

【拼写检查】对话框中主要选项的含义如下。

- 忽略：单击此按钮即可跳过更改文字，继续进行拼写检查。
- 更改：先对要更正的词语进行改正，然后确定【更改为】文本框中的词语已拼写正确后，单击【确定】按钮。
- 更改全部：单击此按钮，即可对文档中重复的拼写错误进行一同更正。
- 添加：单击此按钮，即可将无法识别的词汇储存在拼写检查词典中。
- 检查所有图层：该选项是对整个图层的拼写是否进行检查的一个选择。

STEP 04 选择【编辑】|【查找和替换文本】菜单命令，弹出【查找和替换文本】对话框，设置如图5-29所示。

STEP 05 单击【更改全部】按钮，弹出信息提示框，单击【确定】按钮，即可完成文本替换，其效果如图5-30所示。

图5-29 【查找和替换文本】对话框

图5-30 替换完成后的效果

提示

【查找与替换】对话框中主要选项的含义如下。

- 区分大小写：在有英文字体出现时，勾选此复选框。
- 向前：对于光标所在位置的前面文字进行查找。

5.3.2 输入与调整区域文字

区域文字是在文件中绘制一个规则或不规则的路径区域，然后输入的文字就会跟着路径区域走。下面对区域文字进行详细的讲解。

STEP 01 打开随书附带光盘中的【素材 \ 第 5 章 \009.jpg】文件，如图 5-31 所示。

STEP 02 在工具箱中选择【椭圆工具】 ⬭ ，在文件中绘制一个椭圆路径，如图 5-32 所示。

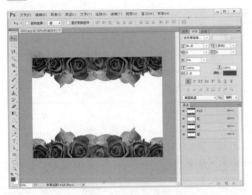

图5-31　打开素材文件

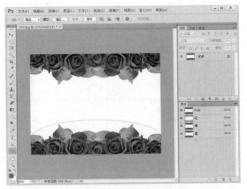

图5-32　绘制椭圆路径

STEP 03 在工具箱中选择【横排文字工具】 T ，将【字符】面板中的字体设置为【迷你简娃娃篆】，大小设置为【115 点】，拖动鼠标至路径区域中，单机鼠标左键确定插入点，输入文字，如图 5-33 所示。

STEP 04 调整其位置，并隐藏路径区域，其效果如图 5-34 所示。

图5-33　输入文字

图5-34　调整后的效果

5.3.3 拓展练习——油印字的表现

油印字一般在电影海报中最为常见，本例介绍油印字在海报中的装饰，效果如图 5-35 所示。

STEP 01 打开随书附带光盘中的【素材 \ 第 5 章 \010.jpg】文件，如图 5-36 所示。

STEP 02 在菜单栏中选择【文件】|【新建】命令，如图 5-37 所示，在【新建】对话框中设置【宽度】为【18】，将单位定义为【厘米】，设置【高度】为【10 厘米】，单击【确定】按钮，如图 5-38 所示。

STEP 03 在【图层】面板中单击【新建图层】按钮 🗋，在工具箱中选择【矩形选框工具】 □，在文件中绘制一个矩形选区，在工具选项栏中使用默认的【羽化】参数【0 像素】即可，在如图 5-39 所示的位置创建选区。

图5-35　效果图

图5-36　打开的海报背景素材

图5-37　选择【新建】命令

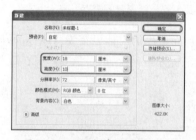

图5-38　设置新建文件的大小

图5-39　在文件中创建选区

STEP 04 在菜单栏中选择【编辑】|【描边】命令，如图 5-40 所示。弹出【描边】对话框，设置【宽度】为【18 像素】，单击【颜色】色块，在弹出的对话框中将颜色设置为【黑色】(RGB 均为 0)，选择【位置】为【内部】，单击【确定】按钮，如图 5-41 所示。

STEP 05 按【Ctrl+D】组合键取消选区的选择，设置完成的【描边】效果如图 5-42 所示。

图5-40　选择【描边】命令

图5-41　设置【描边】参数

图5-42　描边选区后的效果

STEP 06 在工具箱中选择 T. 工具，在场景中单击并输入【Happy】，在场景文件中选择文字，在工具选项栏中将字体设置为【Lithos Pro】，将设置大小为【140 点】，随便设置一个颜色，如图 5-43 所示。

STEP 07 在【图层】面板中确定文本图层处于选择状态，单击 按钮，在弹出的菜单中选择【向下合并】命令，将文本图层向下与【图层 1】进行合并，如图 5-44 所示。

图5-43　创建文本的场景文件

图5-44　【向下合并】图层

提示　向下合并图层时直接选择要合并的图层，并按【Ctrl+E】组合键将其与下面的图层合并。

STEP 08 合并的图层为【图层 1】。在【图层】面板中单击 按钮，新建图层【图层 2】，如图 5-45 所示。

STEP 09 创建图层后，在菜单栏中选择【编辑】|【填充】命令，如图 5-46 所示。在弹出的【填充】对话框【使用】下拉列表中选择【前景色】选项，如图 5-47 所示（场景中默认填充的前景色为黑色）。

STEP 10 将图层填充为前景色黑色的场景文件，如图 5-48 所示。

图5-45　创建图层

图5-46　选择【填充】命令

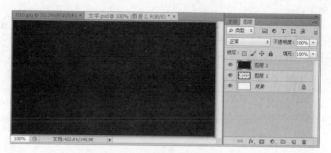

图5-47　设置填充内容　　　　　　　　　　图5-48　填充图层的颜色

提示　填充图层时，在工具箱中设置前景色和背景色，按【Alt+Delete】组合键是将场景文件或选区填充为前景色，按【Ctrl+Delete】组合键是填充背景色。恢复默认的前景色（黑）和背景色（白）按【D】键。

STEP 11 在菜单栏中选择【滤镜】|【渲染】|【分层云彩】命令，如图 5-49 所示。

STEP 12 完成的分层云彩效果如图 5-50 所示。

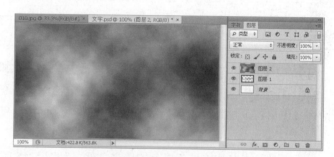

图5-49　选择【分层云彩】　　　　　　　　图5-50　设置分层云彩的效果

提示　【分层云彩】的效果是随机的，所以在制作中有一定的偏差，只要步骤正确，制作的效果都很棒。

STEP 13 如果对设置的分层云彩不满意，可以在菜单栏中选择【滤镜】|【分层云彩】命令或按【Ctrl+F】组合键（最近用过的滤镜），如图 5-51、图 5-52 所示。

图5-51　再施加分层云彩　　　　　　　　　图5-52　分层云彩的效果

STEP 14 在菜单栏中选择【滤镜】|【滤镜库】命令，在弹出的滤镜库中展开【艺术效果】组，选择【粗糙蜡笔】效果，如图 5-53 所示。

STEP 15 在弹出的滤镜库中设置【描边长度】为16、【描边细节】为6、定义【纹理】为【砂岩】，设置【缩放】为100%、【凸现】为7、【光照】为【下】，单击【确定】按钮，如图 5-54 所示。

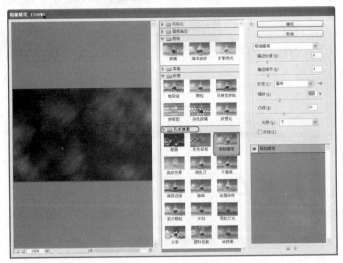

图5-53 选择【粗糙蜡笔】效果 　　　　　　　　　图5-54 设置参数

STEP 16 完成【粗糙蜡笔】的效果如图 5-55 所示。在【图层】面板中选择【图层 1】，并在其图层缩览图上鼠标右击，在弹出的快捷菜单中选择【选择像素】命令，如图 5-56 所示，将图层载入选区。

图5-55 设置【粗糙蜡笔】后效果 　　　　　图5-56 将图层载入选区设置

技巧 将图层载入选区的方法有两种，一种是在需要载入的图层上按住【Ctrl】键单击图层缩览图，另一种就是在图层缩览图上鼠标右击，在弹出的快捷菜单中选择【选择像素】命令。

STEP 17 将图层载入选区的效果如图 5-57 所示。

STEP 18 在菜单栏中选择【选择】|【反向】命令，将文字选区反选，如图 5-58 所示。

STEP 19 设置选区的反选后，选择【图层】面板中的【图层 2】，然后按【Delete】键将反选的区域删除。删除选区后,在菜单栏中选择【选择】|【取消选择】命令或按【Ctrl+D】组合键，将选区取消选择即可，如图 5-59 所示。

图5-57　载入选区后效果

图5-58　设置选区的【反向】

图5-59　将反选的区域删除

STEP 20 在菜单栏中选择【图像】|【调整】|【色阶】命令，如图 5-60 所示。

STEP 21 弹出【色阶】对话框，设置【输入色阶】为 34、3.61、120，单击【确定】按钮，如图 5-61 所示。

图5-60　选择【色阶】命令

图5-61　调整【色阶】的效果

STEP 22 这样就制作完成油印字的效果，在菜单栏中选择【文件】|【存储为】命令，如图 5-62 所示,在弹出的对话框中选择一个存储路径，为文件命名并将【格式】定义为【PSD】,单击【保存】按钮，将场景存储，如图 5-63 所示。

提示　由于一般文件都是分步骤制作的，不同的效果放置到不同的图层上，形成带图层的场景文件，便于以后再将图层上的效果进行修改。存储场景时建议存储为PSD文件，它是Photoshop CS6软件默认的存储场景格式。

图5-62　储存方式　　　　　　图5-63　选择储存路径

注意 也不是所有的文件都必须存储场景文件的，有的场景只有一个图层，这时就不必再存储场景PSD文件了。

STEP 23 切换到【油印字素材.jpg】文件，在制作的文字场景中选择【图层2】，在工具箱中选择 工具将其油印字的效果拖曳到打开的素材【010.jpg】文件中，这时光标呈现出加号，如图5-64所示。松开鼠标，移动复制成功，如图5-65所示。

图5-64　拖也文字效果　　　　　　图5-65　拖曳复制到场景中的文字效果

STEP 24 下面对添加的油印字进行修饰。在菜单栏中选择【编辑】|【变换】|【旋转】命令，如图5-66所示。

STEP 25 在场景中光标呈现出半圆角形状时旋转文字效果，在工具选项栏中查看旋转文字角度信息，按住【Shift+Alt】组合键拖曳文件，对齐并进行等比缩放，完成后的效果如图5-67所示。

STEP 26 将制作完成的带背景的场景文件进行存储。在菜单栏中选择【文件】|【存储为】命令（由于是在素材文件的基础上中添加的文字效果，所以必须选择【存储为】命令以免覆盖素材文件），在弹出的对话框中选择一个存储路径，为文件命名并将【格式】定义为PSD，单击【保存】按钮，将带背景的场景进行存储，如图5-68所示。

图5-66　选择【旋转】命令

图5-67　完成后的效果

图5-68　存储场景文件

STEP 27 在【图层】面板中单击 按钮,选择【拼合图像】命令,将图层进行合并,如图 5-69 所示。

STEP 28 将合并图层后的效果文件进行存储,在菜单栏中选择【文件】|【存储为】命令,在弹出的对话框中选择一个存储路径,为文件命名并将其【格式】定义为 TIFF,单击【保存】按钮,将效果文件进行存储,如图 5-70 所示。

图5-69　合并图层

图5-70　保存合并图层后的效果文件

5.4 制作路径文字

　　路径文字是指在路径上创建文字,若路径改变形状时,则文字的方向会随之改变,这样,在 Photoshop CS6 中运用文字工具就更灵活了。

5.4.1 输入沿路径排列文字

　　首先来学习输入沿路径排列文字的方法。

STEP 01 打开随书附带光盘中的【素材 \ 第 5 章 \011.jpg】文件，如图 5-71 所示。

STEP 02 单击工具箱中的【钢笔工具】 按钮，在工具选项栏上选择【路径】选项，在图像上绘制一条弯曲的路径，并对其进行调整，如图 5-72 所示。

图5-71　打开素材文件

图5-72　绘制路径

STEP 03 单击工具箱中【横排文字工具】 按钮，在工具选项栏中进行相应的设置，如图 5-73 所示。

图5-73　设置工具选项栏

STEP 04 将光标放在刚刚绘制的路径上，当光标变成插入的形状时，单击鼠标左键，设置文字插入点，这时画面中会出现闪动着的光标【I】，如图 5-74 所示。

STEP 05 输入文字即可沿着路径排列，按【Ctrl+Enter】组合键结束操作，其效果如图 5-75 所示。

图5-74　插入光标

图5-75　输入文字

5.4.2　调整文字位置

了解了创建文字，下面详细了解怎样调整文字的位置。

STEP 01 接上一文件，【图层】面板中的文字图层为选择状态，如图 5-76 所示。

STEP 02 在工具箱中选择【直接选择工具】 或【路径选择工具】 ，将光标定位到文字上，光标会变为 形状，如图 5-77 所示。

STEP 03 单击并沿着路径拖拽光标，就可以移动文字了，如图 5-78 所示。

STEP 04 将文字拖拽到路径的另一侧，可以将文字翻转，如图 5-79 所示。

图5-76 【图层】面板　　图5-77 选择路径　　图5-78 移动文字　　图5-79 翻转文字

5.4.3 调整文字路径形状

下面来了解怎样将文字路径变形。

STEP 01 继续上一文件的操作，在文件中展开【路径】面板，选择【工作路径】，在工具箱中单击【直接选择工具】 按钮，在路径上单击鼠标左键，显示锚点，如图 5-80 所示。

STEP 02 通过移动方向线对其路径进行修改，其修改后的效果如图 5-81 所示。

STEP 03 文字会沿修改后的路径重新排序，如图 5-82 所示。

图5-80 选择路径　　　　图5-81 修改路径　　　　图5-82 修改路径后效果

5.4.4　调整文字与路径距离

　　继续上一文件的操作，选择文字图层，然后打开【字符】面板，设置基线偏移参数，在工具箱选择【移动工具】 ，选择路径，拖动鼠标至图像编辑窗口中的文字上，单击鼠标左键进行拖动，即可对文字与路径间的距离进行调整。在面板灰色底板处单击鼠标，即可隐藏路径。效果如图 5-83 所示。

图5-83　调整文字与路径距离后的效果

5.5　制作变形文字

　　完成创建文字后，对文字进行变形处理后得到的文字即是变形文字。下面详细了解制作变形文字的操作。

5.5.1　创建变形文字样式

　　为了增强文字的效果，可以创建变形文字。下面学习设置文字变形的操作方法。

01 打开随书附带光盘中的【素材 \ 第 5 章 \012.bmp】文件，如图 5-84 所示。

02 在工具箱中选择【直排文字工具】 ，然后在文件中输入文字，如图 5-85 所示。

图5-84　打开素材文件

图5-85　输入文字

03 在工具选项栏中单击【创建变形文字】 ，在弹出的【变形文字】对话框中单击【样式】右侧的下三角按钮，在弹出的下拉列表中选择【膨胀】选项，在【弯曲】右侧的文本框中输入【+50】，如图 5-86 所示。

04 单击【确定】按钮，即可完成对文字的变形，其效果如图 5-87 所示。

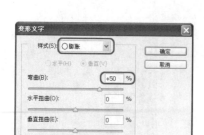

图5-86　设置变形

图5-87　变形后效果

5.5.2　编辑变形扭曲文字效果

下面了解一下关于变形扭曲文字的操作方法。

01 继续上一操作，选择工具箱中的【创建变形文字】 ，弹出【变形文字】对话框，如图5-88所示。

02 将【水平扭曲】设置为30%，将【垂直扭曲】设置为20%，如图5-89所示。

03 单击【确定】按钮，即可完成设置，其效果如图5-90所示。

图5-88　打开素材文件

图5-89　设置扭曲

图5-90　扭曲效果

5.6　文字的转换

前面学习了文字的变形扭曲，下面再来学习一下文字是怎样转换的。

5.6.1　将文字转换为路径

通过工作路径，即可将文字转换为路径。

01 打开随书附带光盘中的【素材 \ 第 5 章 \013.jpg】文件，如图5-91所示。

02 在工具箱中选择【横排文字工具】 ，在文件中输入文本后，将文字的字体设置为【汉仪雪君体简】，大小为【37 点】，居中对齐文本，将文本颜色设置为 RGB 为 162、27、57，如图 5-92 所示。

图5-91　打开素材文件

图5-92　设置文字

STEP 03 将文字图层处于选择状态，然后单击鼠标右键，在弹出的快捷菜单中选择【创建工作路径】命令，如图 5-93 所示。

STEP 04 路径创建完成后，将文字图层隐藏，其效果如图 5-94 所示。

图5-93　创建工作路径

图5-94　创建路径后效果

5.6.2　将文字转换为形状

将文字转换为形状，就是转换为具有矢量蒙版的形状图层。

STEP 01 继续上一操作，将【图层】面板上的文字图层处于选择状态，单击鼠标右键，在弹出的快捷菜单中选择【转换为形状】命令，如图 5-95 所示。

STEP 02 这时就可将其转换为具有矢量蒙版的形状图层，如图 5-96 所示。

图5-95　转换为形状

图5-96　转换后的效果

5.6.3 将文字转换为图像

将文字转栅格化后，文本图层会转换为图像。

STEP 01 继续上一操作，将【图层】面板上的文字图层处于选择状态，单击鼠标右键，在弹出的快捷菜单中选择【栅格化文字】命令，如图 5-97 所示。

STEP 02 即可将文字转换为图像，如图 5-98 所示。

图5-97　栅格化文字　　　　图5-98　文字转换为图像效果

5.6.4 将文字转换为智能对象

以下讲解将文字转换为智能对象的方法。

STEP 01 继续上一操作，将【图层】面板上的文字图层处于选择状态，单击鼠标右键，在弹出的快捷菜单中选择【转换为智能对象】命令，如图 5-99 所示。

STEP 02 即可将文字转换为智能对象，如图 5-100 所示。

图5-99　转换为智能对象　　　图5-100　转换后的【图层】面板

5.7 习题

一、填空题

（1）创建蒙版文本主要选用工具箱中的（　　　）和（　　　），对文本进行创建文字。

（2）段落文字是在文本框内输入的文字，它具有（　　　）、（　　　）等优势，在处理文字量较大的文本时，可以使用（　　　）来完成。

（3）在【字符】面板中设置属性，具有（　　　）、（　　　）、（　　　）、（　　　）等选项，可随意更改字符的设置。

二、问答题

简要说明将图层载入选区的两种方法。

第 **6** 章

Chapter
06

蒙版和通道的基础与应用

本章要点:

本章主要介绍【蒙版】与【通道】面板的应用。

图层蒙版可以很好地控制图层显示或隐藏的区域，可以在不破坏图像的情况下反复编辑图像，直至得到所需要的效果，使修改图像和创建复杂选区变得更加方便。

通道指的是选区，本章将重点介绍通道的类型与应用，类型包括颜色通道、Alpha 通道和专色通道。

主要内容:

- 蒙版层
- 图层蒙版的基本操作
- 矢量蒙版
- 快速蒙版
- 剪贴蒙版
- 通道的原理与工作方法

- 【通道】面板的使用
- 颜色通道
- 专色通道
- Alpha 通道
- 重命名与删除通道
- 载入通道中的选区

6.1 蒙版层

带有蒙版的图层称为蒙版层。蒙版的作用是控制图层或图层组中的不同区域如何隐藏和显示，通过调整蒙版可以对图层应用各种特殊效果，而不会实际影响该图层上的像素。然后可以应用蒙版并使这些更改永久生效，或者删除蒙版而不应用更改。利用蒙版层制作的各种效果如图 6-1、图 6-2 所示。

图6-1　蒙版效果一

图6-2　蒙版效果二

6.1.1　蒙版的概念

蒙版是最早是用来控制照片不同区域曝光的传统暗房技术。在冲洗底片之前，摄影师通过多倍放大镜和传统的处理黑白相片的暗房，将不同底片上的影像叠合在一张画面上，从而完成图像的合成。

6.1.2　蒙版的分类和用途

在 Photoshop 中，提供了图层蒙版、快速蒙版、矢量蒙版。

- 图层蒙版是图像合成中最常用的蒙版，它通过蒙版中的灰度信息来控制图像的显示区域和显示程度，可以像编辑图像那样使用绘画工具和滤镜编辑蒙版。如图 6-3 所示，广告中通过使用蒙版，将地球和水巧妙地融合在一起。

图6-3　广告蒙版

- 快速蒙版是一种快速控制图层显示区域的蒙版，它最大优点是可以通过一个图层控制多个图层的显示区域，这是其他类型的蒙版无法做到的。快速蒙版在一些网站或电影海报中常用到。

- 矢量蒙版是通过路径和矢量形状控制图像显示区域的蒙版，需要使用绘图工具才能编辑蒙版。矢量蒙版中的路径是与分辨率无关的矢量对象，因此在缩放蒙版时不会产生锯齿。

向矢量蒙版添加图层样式，可以创建标志、按钮、面板或者其他的 Web 设计元素。

6.1.3 图层蒙版的作用

图层蒙版是控制图层或图层组中的像素区域如何隐藏和显示的。通过使用图层蒙版，可以使图像拼合得更加柔和、自然，并且不会影响该图层上的像素，拼合图像的效果如图 6-4 所示。

图6-4　拼合图像的效果

6.2 图层蒙版的基本操作

图层蒙版是与当前文档具有相同分辨率的位图图像，不仅可以用来合成图像，在创建调整图层、填充图层或者应用智能滤镜时，Photoshop 也会自动为其添加图层蒙版。因此，图层蒙版可以在颜色调整、应用滤镜和指定选择区域中发挥重要的作用。

6.2.1 新建蒙版

创建图层蒙版的方法有四种，下面将分别对其进行简单介绍。

- 方法 1：在菜单栏中选择【图层】|【图层蒙版】|【显示全部】命令，如图 6-5 所示，即可创建一个白色图层蒙版。
- 方法 2：在菜单栏中选择【图层】|【图层蒙版】|【隐藏全部】命令，如图 6-6 所示，即可创建一个黑色图层蒙版。

图6-5　选择【显示全部】命令

图6-6　选择【隐藏全部】命令

- 方法3：按住【Shift】键的同时单击【图层】面板下方的【添加图层蒙版】 按钮，即可创建一个白色图层蒙版，如图6-7所示。

- 方法4：按住【Alt】键的同时单击【图层】面板下方【添加图层蒙版】 按钮，即可创建一个黑色图层蒙版，如图6-8所示。

图6-7　创建白色图层蒙版

图6-8　创建黑色图层蒙版

注意　只有未被锁定的图层才可以添加图层蒙版，所以在添加图层蒙版前应先检查所添加的图层是否未被解锁。

1. 在选区中创建图层蒙版

如果在图像中创建了选区，如图6-9所示，则在单击【添加图层蒙版】 按钮时，将选区自动生成蒙版，选区内的图像是可见的图像，而选区外的图像将被蒙版遮罩，如图6-10所示。

图6-9　创建选区

图6-10　创建图层蒙版

2. 在图像中创建图层蒙版

在Photoshop中，可以将图像复制并粘贴到蒙版中，利用图像丰富的内容和色调可以创建特殊的合成效果。

01 在菜单栏中选择【文件】|【打开】命令，如图6-11所示。

02 在弹出的【打开】对话框中选择随书附带光盘中的【素材\第6章\狗.psd】素材文件，如图6-12所示。

03 在【图层】面板中选择【图层1】，单击【添加图层蒙版】 按钮，添加一个图层蒙版，按住【Alt】键单击蒙版缩览图，在图像窗口中显示蒙版图像，如图6-13所示。

04 再次执行【打开】命令，选择随书附带光盘中的【素材\第6章\图层蒙版素材.jpg】素材文件，如图6-14所示。

图6-11　选择【打开】命令

图6-12　【打开】对话框

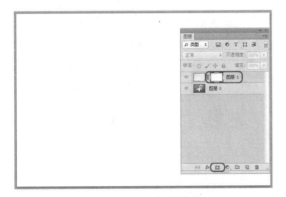

图6-13　添加图层蒙版

图6-14　【打开】对话框

05 按【Ctrl+A】组合键，将打开的素材文件进行选择，然后按【Ctrl+C】组合键，将选择的素材文件进行复制，返回到【狗.pnd】场景，按【Ctrl+V】组合键将复制的素材文件进行黏贴，完成后的效果如图6-15所示。

06 按【Ctrl+D】组合键取消选择，按住【Alt】键的同时单击蒙版缩略图，恢复到图像编辑状态，如图6-16所示。

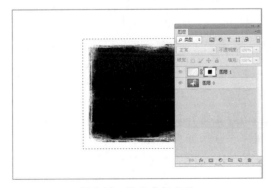

图6-15　粘贴素材文件

图6-16　完成后的效果

3. 从通道中创建图层蒙版

蒙版和通道都是 256 级色阶的灰度图像，它们有许多相同的特点。例如黑色代表隐藏的区域，白色代表显示的区域，灰色则代表半透明区域。

STEP 01 按【Ctrl+O】组合键，在弹出的对话框中选择随书附带光盘中的【素材\第6章\从通道中创建蒙版.psd】素材文件，并在【图层】面板中选择【图层1】，如图6-17所示。

STEP 02 打开【通道】面板，按住【Ctrl】键单击【绿】通道的缩览图，载入通道中的选区，如图 6-18 所示。

图6-17　打开图像

STEP 03 在【图层】面板中单击 ▢ 按钮，为【图层 1】添加蒙版，通道中的图像便会转换到蒙版中，对图像中的图像产生遮罩，如图 6-19 所示。

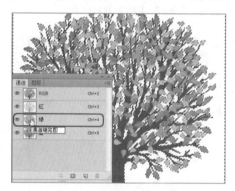

图6-18　载入选区

图6-19　添加蒙版效果

6.2.2　删除蒙版

我们可以将一些无用的蒙版进行删除，方法有 3 种，用户可执行以下方法之一。

- 在【图层】面板中选中图层蒙版，然后将其拖曳到【删除图层】🗑 按钮上，随即会弹出提示对话框，如图 6-20 所示，单击【删除】按钮时，蒙版将会被删除。单击【应用】按钮时，蒙版被删除，但是蒙版效果会被保留在图层上。单击【取消】按钮时，将取消这次删除命令。

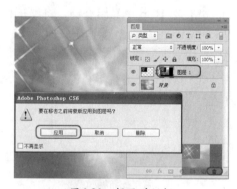

图6-20　提示对话框

- 在菜单栏中选择【图层】|【图层蒙版】|【删除】命令，删除图层蒙版，如图 6-21 所示。若选择【图层】|【图层蒙版】|【停用】命令，如图 6-22 所示，蒙版将被删除，但是蒙版效果会被保留在图层上。

- 在【图层】面板中选择图层蒙版，按住【Alt】键，然后单击【删除图层】🗑 按钮，即可将图层蒙版直接删除。

图6-21 选择【删除】命令

图6-22 选择【应用】命令

6.2.3 停用蒙版

在菜单栏中选择【图层】|【图层蒙版】|【停用】命令，蒙版缩览窗口上将出现红色叉号，表示蒙版被暂时停止使用，如图 6-23 所示。

注意
在按住【Shift】键的同时单击蒙版缩览窗口，可以在停用蒙版和启用蒙版状态之间进行切换。

图6-23 选择【停用】命令

6.2.4 启用蒙版

在菜单栏中选择【图层】|【图层蒙版】|【启用】命令，蒙版缩览窗口上红色叉号消失，表示再次使用蒙版效果。

6.2.5 查看蒙版

在按住【Alt】键的同时单击蒙版缩览窗口，可以在画布中显示蒙版的状态，如图 6-24 所示；再次操作可以切换为图层状态。

图6-24 显示蒙版状态

6.3　矢量蒙版

矢量蒙版是通过路径和矢量形状来控制图像显示区域的蒙版，需要使用绘图工具才能编辑蒙版。矢量蒙版中的路径是与分辨率无关的矢量对象，因此，在缩放蒙版时不会产生锯齿。

为图层添加矢量蒙版（或称图层剪贴路径），可以在图层上创建锐化、无锯齿的边缘形状。如果想要创建边缘清晰的设计元素（如面板或按钮），矢量蒙版就会有非常明显的效果。为图层添加矢量蒙版，还可以应用图层样式为蒙版内容添加图层效果，以获得具有各种风格的按钮、面板或其他的 Web 设计元素。

在菜单栏中选择【图层】|【矢量蒙版】命令，即可弹出其子菜单，如图 6-25 所示。

- 【显示全部】：选择该命令，即可创建一个白色矢量蒙版，表示该图层的内容全部可见，通过添加路径后可获得不可见区域。
- 【隐藏全部】：选择该命令，即可创建一个灰色矢量蒙版，表示该图层的内容不可见，添加路径后可获得可见区域。
- 【当前路径】：根据当前工作路径建立矢量蒙版，路径内的部分为白色，表示该区域的图层内容可见；路径外为灰色，表示此区域的内容被蒙版屏蔽掉了，如图 6-26 所示。
- 【删除】：执行此操作，可将创建的矢量蒙版进行删除。
- 【停用】：执行此命令，可将创建的矢量蒙版暂时停用，不会显示任何效果。
- 【取消链接】：取消矢量蒙版与图层蒙版之间链接，设置其不互相影响。

图6-25　选择【矢量蒙版】命令

图6-26　使用当前路径创建蒙版

6.3.1　创建矢量蒙版

创建矢量蒙版的方法有 4 种，用户可执行以下操作之一。

- 方法 1：选择一个需要添加矢量蒙版的图层，在菜单栏中选择【图层】|【矢量蒙版】|【显示全部】命令，如图 6-27 所示，即可创建一个白色的矢量蒙版。

- 方法2：按住【Ctrl】键单击【添加图层蒙版】⬚按钮，即可创建一个将图层上的内容全部隐藏的矢量蒙版。
- 方法3：选择一个需要添加矢量蒙版的图层，在菜单栏中选择【图层】|【矢量蒙版】|【隐藏全部】命令，创建一个灰色的矢量蒙版，如图6-28所示。
- 方法4：按住【Ctrl+Alt】组合键单击【添加图层蒙版】⬚按钮，创建一个隐藏全部的灰色矢量蒙版。

图6-27　选择【显示全部】命令

图6-28　选择【隐藏全部】命令

6.3.2　编辑矢量蒙版

图层蒙版和剪贴蒙版都是基于像素的蒙版，而矢量蒙版则是基于矢量对象的蒙版，它是通过路径和矢量形状来控制图像的显示区域的，为图层添加矢量蒙版后，【路径】面板中会自动生成一个矢量蒙版路径，如图6-29所示。编辑矢量蒙版时，需要使用绘图工具。

矢量蒙版与分辨率无关，因此，矢量蒙版在进行缩放、旋转、扭曲等变换和变形操作时不会产生锯齿，但这种类型的蒙版只能定义清晰的轮廓，无法创建类似于图层蒙版那样淡入淡出的遮罩效果。在Photoshop CS6中，一个图层可以同时添加一个图层蒙版和一个矢量蒙版，矢量蒙版显示为灰色图标，并且总是位于图层蒙版之后，如图6-30所示。

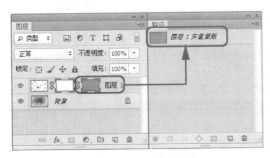
图6-29　矢量蒙版路径

图6-30　创建的矢量蒙版

6.4 快速蒙版

利用快速蒙版能够快速地创建一个不规则的选区。当创建了快速蒙版后，图像就等于是创建了一层暂时的遮罩层，此时可以在图像上利用画笔、橡皮擦等工具对其未被遮罩的内容进行编辑。被选取的区域和未被选取的区域以不同的颜色进行区分。当离开快速蒙版模式时，选取的区域转换成为选区。

6.4.1 创建快速蒙版

创建快速蒙版的具体操作步骤如下。

STEP 01 按【Ctrl++O】组合键，在弹出的对话框中选择随书附带光盘中的【素材\第6章\小动物.jpg】素材文件，如图6-31所示。

STEP 02 在工具箱中将前景色设置为黑色，单击【以快速蒙版模式编辑】⬛按钮，切换到快速蒙版状态下。在工具箱中选择【画笔工具】✏，在场景中单击鼠标右键，在弹出的画笔预设对话框中，将【大小】设置为【10像素】，将【硬度】设置为【0%】，如图 6-32 所示。

图6-31　打开的素材文件

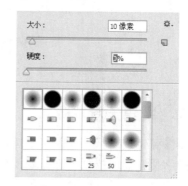

图6-32　设置画笔属性

STEP 03 设置完成后，在场景中沿着小动物绘制一个外形，然后在工具箱中选择【油漆桶工具】🪣，在绘制的区域内单击，所添加的蒙版即可覆盖整个需要选择的对象，如图 6-33 所示。

STEP 04 填充完成后单击工具箱中的【以快速蒙版模式编辑】⬛按钮，退出快速蒙版模式，未绘制的轮廓便会转换为选区，如图 6-34 所示。

图6-33　添加的蒙版

图6-34　将未绘制的轮廓转换为选区

STEP 05 按【Ctrl+Shift+I】组合键进行反选，此时绘制区域内的图像变会转换为选区，可对其进行移动或者其他操作，如图 6-35 所示。

图6-35　对选区内的图像进行移动

6.4.2　编辑快速蒙版

本节将详细介绍怎样对快速蒙版进行编辑，首先通过实例体会一下快速蒙版的使用。

STEP 01 继续上一实例的操作，在创建完快速蒙版之后，在工具箱中将前景色设置为黑色，然后单击【以快速蒙版模式编辑】□按钮，再次进入快速蒙版模式，再使用【画笔工具】✎对选区进行的修改，如图 6-36 所示。

注意　将前景色设定为白色，用画笔修改可以擦除蒙版（添加选区）；将前景色设定为黑色，用画笔修改可以添加蒙版（删除选区）。

STEP 02 选择工具箱中的【以快速蒙版模式编辑】□，退出蒙版模式。双击【以快速蒙版模式编辑】□，弹出【快速蒙版选项】对话框，从中可以对快速蒙版的各种属性进行设定，如图 6-37 所示。

图6-36　使用画笔工具进行修改

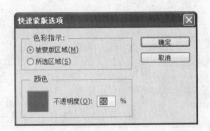

图6-37　【快速蒙版选项】对话框

对话框中【颜色】和【不透明度】设置都只影响蒙版的外观，对如何保护蒙版下面的区域没有影响。更改这些设置能使蒙版与图像中的颜色对比更加鲜明，从而具有更好的可视性。

- 【被蒙版区域】：可使被蒙版区域显示为 50% 的红色，使选中的区域显示为透明。用黑色绘画可以扩大被蒙版区域，用白色绘画可以扩大选中区域。选择该选项时，工具箱中的□按钮显示为□。
- 【所选区域】：可使被蒙版区域显示为透明，使选中区域显示为 50% 的红色。用白色绘画可以扩大被蒙版区域，用黑色绘画可选中扩大选中区域。选择该单选项时，工具箱中的□按钮显示为□。

- 【颜色】：要选取新的蒙版颜色，可单击颜色框选取新颜色。
- 【不透明度】：要更改不透明度，可在【不透明度】文本框中输入一个0~100之间的数值。

6.5 剪贴蒙版

剪贴蒙版是一种非常灵活的蒙版，它可以使用下面图层中图像的形状限制上面层图像的显示范围，且可以通过一个图层来在控制多个图层的显示区域。与剪切蒙版不同的是，矢量蒙版和图层蒙版都只能控制一个图层的显示区域。

6.5.1 创建剪贴蒙版

创建剪贴蒙版的方法非常简单，只需选择一个图层，然后在菜单栏中选择【图层】|【创建剪贴蒙版】命令或按【Alt+Ctrl+G】组合键，即可将该图层与它下面的图层创建为一个剪贴蒙版。下面使用剪贴蒙版合成一幅作品。

STEP 01 按【Ctrl+O】组合键，在弹出的对话框中选择随书附带光盘中的【素材\第6章\花的世界.jpg】、【剪切蒙版2.png】、【相机.png】素材文件，如图6-38~图6-40所示。

图6-38 【花的世界.jpg】素材文件

图6-39 【剪切蒙版2.png】素材文件

图6-40 【相机.png】素材文件

STEP 02 在工具箱中选择【移动工具】，将【剪切蒙版2.png】、【相机.png】素材文件拖入到【花的世界.jpg】场景中，然后调整其位置（注意图层的排列顺序），如图6-41所示。

STEP 03 打开随书附带光盘【素材\第6章\剪切蒙版1.png】素材文件，如图6-42所示。

STEP 04 在工具箱中选择【移动工具】，将【剪贴蒙版1.png】文件拖至【花的世界.jpg】场景中，然后调整其位置（注意图层的排列顺序），如图6-43所示。

STEP 05 接下来采用一种更为灵活的方法创建剪贴蒙版，将光标放在【图层】面板中分隔两个图层的线上，按住【Alt】键，光标会变为 状，单击鼠标即可创建剪贴蒙版，如图6-44所示。

图6-41　移动素材文件并调整其位置

图6-42　【剪切蒙版1.png】素材文件

图6-43　移动素材并调整其位置

图6-44　常见剪切蒙版

6.5.2　编辑剪贴蒙版

剪切蒙版创建完成后，还可以继续对其进行编辑。在剪贴蒙版中，基底图层的形状决定了内容图层的显示范围，如图 6-45 所示，移动基底图层中的图形可以改变内容图层的显示区域，如图 6-46 所示。

图6-45　内容层的显示范围

图6-46　移动显示范围

如果在基底层添加其他形状，可以增加内容图层的显示区域，如图 6-47 所示。

注意

在添加形状时，首先选择形状工具，然后在形状图层中选择【矢量蒙版缩览图】图标，在工具选项栏中选择【合并图层】按钮，然后进行绘制即可。

当需要释放剪贴蒙版时，可以选择内容图层，然后在菜单栏中选择【图层】|【释放剪贴蒙版】命令或者按【Ctrl+Alt+G】组合键，如图 6-48 所示，将剪贴蒙版释放。

图6-47 增加内容曾的显示区域

图6-48 选择【释放剪贴蒙版】命令

6.6 通道的原理与工作方法

通道是 Photoshop 中最重要、也是最为核心的功能之一，其主要功能是保存图像的颜色信息，也可以存放图像中的选区，并通过对通道的各种运算来合成具有特殊效果的图像。当打开一张图像，如图 6-49 所示，此时【通道】面板中便会自动创建该图像的颜色信息通道，图 6-50 所示。我们在图像窗口中看到的彩色图像是复合通道的图像，它是由所有颜色通道组合的结果，观察如图 6-50 所示的【通道】面板可以看到，此时所有的颜色通道都处于激活状态。

图6-49 打开一张图像

图6-50 【通道】面板

单击一个颜色通道就能选择该通道，图像窗口中会显示所选通道的灰度图像，如图 6-51 所示。

按住【Shift】键的同时单击其他通道，可以选择多个通道，此时窗口中将显示所选颜色通道的复合信息，如图 6-52 所示。

图6-51　图像的灰度模式

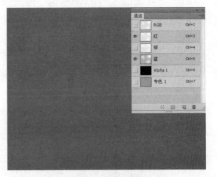

图6-52　通道的复合信息

通道是一种灰度图像，可以像处理图像那样使用绘画工具和滤镜对其进行编辑。编辑复合通道将影响所有的颜色通道，如图6-53所示；而编辑一个颜色通道时，会影响该通道及复合通道，但不会影响其他颜色通道，如图6-54所示。

图6-53　颜色通道

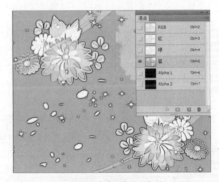

图6-54　选择蓝色通道

颜色通道是用来保存图像的颜色信息的，因此编辑颜色通道时将影响图像的颜色和外观效果。Alpha 通道是用来保存选区的，所以编辑 Alpha 通道时只影响选区，不会影响图像。Alpha 通道或颜色通道在编辑完成后，单击复合通道即可返回到彩色图像编辑状态，此时所有的颜色通道将重新被激活。

注意

按【Ctrl+数字】组合键可以快速选择通道。以RGB模式图像为例，按【Ctrl+3】组合键可以选择红色通道，按【Ctrl+4】组合键可以选择绿色通道，按【Ctrl+5】组合键可以选择蓝色通道，如果图像包含多个Alpha通道，则增加相应的数字便可以将它们选择。如果要回到RGB复合通道查看彩色图像，可以按【Ctrl+2】组合键。

6.7 【通道】面板的使用

在 Photoshop 中打开一副 RGB 模式的图像，在菜单中选择【窗口】|【通道】命令，可以打开【通道】面板。

注意
由于复合通道（即RGB通道）是由各原色通道组成的，因此在选中面板中的某个隐藏原色通道时，复合通道将会自动隐藏。如果选择显示复合通道的话，那么组成它的原色通道将自动显示。

- 查看与隐藏通道：单击 图标可以使通道在显示和隐藏之间切换，用于查看某一颜色在图像中的分布情况。例如在 RGB 模式下的图像，如果选择显示 RGB 通道，则 R 通道、G 通道和 B 通道都自动显示，如图 6-55 所示。选择其中任意原色通道，其他通道则会自动隐藏，如图 6-56 所示。

图6-55　显示通道　　　　　　　　　图6-56　选择一个通道

- 通道缩略图调整：单击【通道】面板右上角的黑色下三角按钮，在弹出的下拉菜单中选择【面板选项】命令，如图 6-57 所示，打开【通道面板选项】对话框，在该对话框中可以设定通道缩略图的大小，以便对缩览图进行观察，如图 6-58 所示。

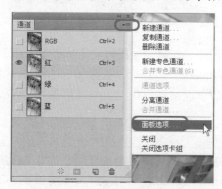

图6-57　选择【面板选项】命令　　　　图6-58　【通道面板选项】对话框

注意
若按某一通道的快捷键（R通道【Ctrl+3】；G通道【Ctrl+4】；B通道【Ctrl+5】；复合通道【Ctrl+2】），此时打开的通道将成为当前通道。在面板中按住【Shift】键单击某个通道，可以选择或者取消多个通道。

- 通道的名称：它能帮助用户很快识别各种通道的颜色信息。各原色通道和复合通道的名称是不允许更改的，但 Alpha 通道的名称可以通过双击通道名称任意修改。
- 新建通道：单击【创建新通道】 图标可以创建新的 Alpha 通道，按住【Alt】键并单击图标可以设置新建 Alpha 通道的参数，如图 6-59 所示。如果按住【Ctrl】键并单击该图标，则可以创建新的专色通道，如图 6-60 所示。通过新建图标所创建的通道均为 Alpha 通道，颜色通道无法用颜色图标创建。

图6-59 【通道选项】对话框

图6-60 【新建专色通道】对话框

注意

将颜色通道删除后会改变图像的色彩模式。例如原色彩为RGB模式时，删除其中的R通道，剩余的通道为洋红和黄色通道，那么色彩模式将变化为多通道模式。

- 【将通道作为选区载入】：选择某一通道，在面板中单击【将选区作为通道载入】 图标，则可将通道中的颜色比较淡的部分当作选区加载到图像中。

注意

还可以按住【Ctrl】键的同时在【通道】面板中单击需要载入选区的图层缩略图。

- 【将选区存储为通道】：如果当前图像中存在选区，那么可以通过单击【将选区储存为通道】 图标把当前的选区存储为新的通道，以便以后修改和使用。按住【Alt】键的同时单击该图标，可以新建一个通道并且为该通道设置参数。
- 【删除通道】：单击【删除通道】 图标，可以将当前的编辑通道删除。

6.8 颜色通道

颜色通道可以分别对某种颜色进行调节。如 RGB 颜色，如果正常调节【亮度 / 对比度】之类的参数时，所针对的是整个图像中的所有颜色，而如果只想调红色通道的【亮度 / 对比度】之类的参数，在【通道】面板中选择 R 通道，然后对其进行调节，便可观察到整个图像中所有红色的信息都发生了改变。

6.8.1 认识颜色通道

打开一幅图片，其【通道】面板会自动打开，图像的颜色模式不同，颜色通道的数量也不相同。图像中的默认颜色通道数取决于图像的颜色模式。例如，一个 CMYK 图像至少有 4 个通道，分别代表青色（C）、洋红（M）、黄色（Y）、黑色（K）4 个信息。可将通道看成类似于印刷过程中的印版，即一个印版对应相应的颜色图层。

除了默认的颜色通道外，也可以将称为 Alpha 通道的额外通道添加到图像中，以便将选区作为蒙版存储和编辑，并且可以添加专色通道为印刷添加专色印版。一个图像最多可有 56 个通道。默认情况下，位图、灰度、双色调和索引颜色图像有一个通道；RGB 和 Lab 图像有 3 个通道；而 CMYK 图像有 4 个通道。除位图模式图像之外，可以在所有其他类型的图像中添加通道。如图 6-61 所示为不同颜色模式的图像所包含的通道。

图6-61　4种通道模式

每一个颜色通道都是一个 256 级色阶的灰度图像，灰度图像记录了图像的颜色信息，而灰色的深浅则代表了某种颜色的明暗变化。例如，如图 6-62 所示为原图图像，当对绿色通道应用【底纹效果】滤镜时，会改变图像的外观，如图 6-63 所示；当调整通道的色调（例如渐变映射）时，便会改变图像的颜色，但是不会影响图像的外观，如图 6-64 所示。

图6-62　打开的原图图像

图6-63　应用滤镜后的效果

图6-64　调整通道的色调

注意

我们在【通道】面板中看到的颜色通道都是灰色的，因此，很难将它们与图像的颜色联系起来，其实颜色通道也能够以彩色的方式显示。执行【编辑】|【首选项】|【界面】菜单命令，在打开的对话框中勾选【用彩色显示通道】复选框，然后单击【确定】按钮，如图6-65所示。所有的颜色通道都会以彩色显示，如图6-66所示。并且，此时单击一个颜色通道，窗口中的图像也会显示为该通道的颜色，而不再是灰色，如图6-67所示。

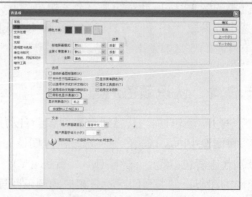

图6-65　【首选项】对话框

图6-66 通道以彩色显示

图6-67 图像以彩色显示

6.8.2 编辑颜色通道

在运用颜色通道的时候，有时一些默认的设置还不能够满足需要，因此就要对其进行设置。编辑颜色通道的具体操作步骤如下。

01 按【Ctrl+O】组合键，在弹出的对话框中选择随书附带光盘中的【素材\第6章\编辑颜色通道.jpg】素材文件，单击【打开】按钮。打开的素材文件如图6-68所示。

02 在菜单栏中选择【窗口】|【通道】命令，如图 6-69 所示。执行此操作后，即可打开【通道】面板。

图6-68 打开的素材文件

图6-69 选择【通道】命令

03 在【通道】面板中选择【绿】通道，在按住【Shift】键的同时选择【蓝】通道，在工具箱中单击【加深工具】 ◎ 按钮，然后再在工具选项栏中将画笔大小设置为【99px】，将【范围】设置为【阴影】，将【曝光度】设置为100%。并对图像进行涂抹，如图 6-70 所示。

04 在菜单栏中选择【滤镜】|【滤镜库】命令，如图 6-71 所示。

05 在打开的对话框中选择【纹理】选项组，在打开的下拉列表中选择【纹理化】选项，如图 6-72 所示。

STEP 06 单击【确定】按钮，完成后的效果如图 6-73 所示。

图6-70　使用加深工具对图像进行涂抹

图6-71　选择【滤镜库】命令

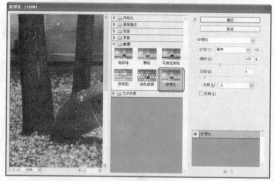

图6-72　【纹理化】对话框

图 6-73　完成后的效果

6.8.3　通道的分离与合并

在 Photoshop 中，可以将多个灰度图像合并为一个图像的通道，进而创建彩色的图像。用来合并的图像必须是灰度模式且具有相同的像素尺寸，而且还要处于打开的状态。

STEP 01 按【Ctrl+O】组合键，在弹出的对话框中选择随书附带光盘中的【素材\第6章\通道的分离.jpg】素材文件，单击【打开】按钮，在菜单栏中选择【窗口】|【通道】命令，打开【通道】面板，如图6-74所示。

STEP 02 单击【通道】面板右上角的下三角按钮，在弹出的下拉菜单中选择【分离通道】命令，如图 6-75 所示。

图6-74　打开【通道】面板

图6-75　选择【分离通道】命令

STEP 03 这样就可以将该图像分离为 3 个灰度模式的文件，完成后的效果如图 6-76 所示。

红　　　　　　绿　　　　　　蓝

图6-76　分离后的3个灰度模式

STEP 04 单击【通道】面板右上角的下三角按钮，在弹出的下拉菜单中选择【合并通道】命令，打开【合并通道】对话框，在【模式】下拉列表中选择【RGB 颜色】，然后单击【确定】按钮，如图 6-77 所示。

注意

如果在分离时打开了4个灰度图像，则可以在【模式】下拉列表中选择【CMYK颜色】选项，将它们合并为一个CMYK图像。

STEP 05 弹出【合并 RGB 通道】对话框，在该对话框中使用默认设置，单击【确定】按钮，如图 6-78 所示。

图6-77　【合并通道】对话框

图6-78　【合并RGB通道】对话框

注意

将分离出来的3个灰度图像合并为一个RGB图像时，在【合并RGB通道】对话框中，为各个通道指定不同的文件，合成后的图像效果也不相同。

6.9 专色通道

专色通道是用来存储专色信息的通道，它可以作为一个专色版应用到图像和印刷当中。每个专色通道只是以灰度图形式存储相应专色信息，与其在屏幕上的彩色显示无关。下面就对其进行详细的介绍。

6.9.1　认识专色通道

专色是一种预先混合好特殊的预混油墨，它们用于替代或补充印刷色（CMYK）油墨，例如明亮的橙色、绿色、荧光色以及金属金银色油墨，或者可以是烫金版、凹凸版等，还可以作为局部光油版，等等。因为印刷色油墨打印不出金属和荧光等炫目的颜色，专色通道通常使用油墨的名称来命名。

例如，如图 6-79 所示的气球的背景填充颜色便是一种专色，从专色通道的名称中可以看到，这种专色的名称是【PANTONE 372 C】。

图6-79　填充专色

6.9.2　创建专色通道

专色通道的创建方法比较特别，下面就通过实际操作来了解如何创建专色通道。

STEP 01 按【Ctrl+O】组合键，在弹出的对话框中选择随书附带光盘中的【素材\第6章\创建专色通道.jpg】文件，再在工具箱中选择【魔棒工具】，在场景中选择需要创建专色通道的图像，图6-80所示。

STEP 02 按住【Ctrl】键的同时，单击【创建新通道】按钮，打开【新建专色通道】对话框。单击【颜色】右侧的颜色块，如图 6-81 所示。

STEP 03 打开【选择专色】对话框，再单击【颜色库】按钮，切换到【颜色库】对话框，为其选择一种专色，如图 6-82 所示。

图6-80　选择选区

图6-81　【新建专色通道】对话框

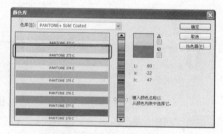

图6-82　【颜色库】命令

STEP 04 单击【确定】按钮，返回到【新建专色通道】对话框．将【密度】设置为【100%】，如图 6-83 所示。输入该值后，可以在屏幕上模拟印刷时专色的密度。

注意　当该【密度】值为100％时，可模拟完全覆盖下层油墨的油墨（如金属质感油墨）；该值为0％时，可模拟完全显示下层油墨的透明油墨（如透明光油）。此外，不要修改【名称】选项，否则可能无法打印该文件。

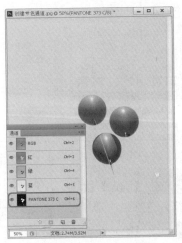

STEP 05 单击【确定】按钮．创建一个专色通道，原选区将由指定的专色填充，如图 6-84 所示。

> **注意** 如果要修改专色，可以双击专色通道的缩览图，重新打开【专色通道选项】对话框进行设置。

图6-83 【新建专色通道】对话框

图6-84 完成后的效果

6.9.3 编辑专色通道

在创建专色通道时，有时默认的设置不能满足需要，那么就需要对其进行编辑。

STEP 01 按【Ctrl+O】组合键，在弹出的对话框中选择随书附带光盘中的【素材\第6章\编辑专色通道.jpg】素材文件，然后在工具箱中选择【魔棒工具】，将图片中的背景进行选中，如图6-85所示。

STEP 02 在【通道】面板中,按住【Ctrl】键的同时单击【创建新通道】按钮，创建一个专色通道,打开【新建专色通道】对话框，单击【油墨特性】选项组【颜色】后面的色块，如图 6-86 所示。

图6-85 选择选区

图6-86 【新建专色通道】对话框

STEP 03 在弹出的【拾色器（专色）】对话框中，单击【颜色库】按钮，如图 6-87 所示。

STEP 04 切换到【颜色库】对话框,选择一种专色,如图 6-88 所示。

STEP 05 单击【确定】按钮,回到【新建专色通道】对话框中,将【密度】设置为 100%,如图 6-89 所示。

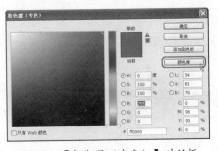

图6-87 【颜色器（专色）】对话框

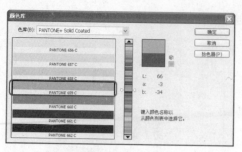

图6-88 【颜色库】对话框

图6-89 【新建专色通道】对话框

STEP 06 单击【确定】按钮。在菜单栏中选择【滤镜】|【滤镜库】命令,打开【滤镜库】对话框,在【素描】选项组中选择【绘图笔】选项,如图6-90所示。

STEP 07 单击【确定】按钮,回到场景中,完成后的效果如图6-91所示。

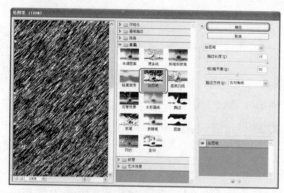

图6-90 【绘图笔】对话框

图6-91 完成后的效果

6.9.4 合并专色通道

合并专色通道指的是将专色通道中的颜色信息混合到其他的各个原色通道中,它会对图像在整体上施加一种颜色,让图像中的颜色带有施加的颜色。

STEP 01 按【Ctrl+O】组合键,在弹出的对话框中选择随书附带光盘中的【素材\第6章\合并专色通道.jpg】素材文件,单击【打开】按钮,再在工具箱中选择【魔棒工具】，选中图片中的背景,如图6-92所示。

STEP 02 在【通道】面板中,按住【Ctrl】键的同时单击【创建新通道】按钮,创建一个专色通道,在弹出的对话框中单击【油墨特性】选项组【颜色】后面的色块,如图6-93所示。

图6-92 选择选区

图6-93 【新建专色通道】对话框

STEP 03 在弹出的【选择专色】对话框中单击【颜色库】按钮，切换到【颜色库】对话框，选择一种专色，如图 6-94 所示。

STEP 04 设置完成后单击【确定】按钮返回到【新建专色通道】对话框，设置【密度】值为100%，如图 6-95 所示。单击【确定】按钮。

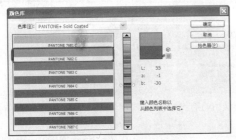

图6-94　【颜色库】对话框

图6-95　【新建专色通道】对话框

STEP 05 在【通道】面板中选择所有通道，再在【通道】面板中单击右上角下三角按钮，在弹出的下拉菜单中选择【合并专色通道】命令，如图 6-96 所示，合并专色通道前后的对比效果如图 6-97 所示。

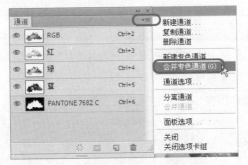

图6-96　【选择合并专色通道】对话框

图6-97　【通道】面板效果

6.10　Alpha 通道

　　Alpha 通道是用来保存选取区域的。在 Alpha 通道中，黑色表示非选取区域，白色表示被选取区域，不同层次的灰度则表示该区域被选取的百分率。除了保存选区之外，还可以在Alpha 通道中编辑选区。

6.10.1　创建Alpha通道

　　创建 Alpha 通道的具体操作步骤如下。

STEP 01 按【Ctrl+O】组合键，在弹出的对话框中选择随书附带光盘中的【素材\第6章\创建Alpha通道.jpg】素材文件，如图6-98所示。

STEP 02 单击【通道】面板中的【创建新通道】　按钮，即可新建一个 Alpha 通道，如图6-99所示。

STEP 03 单击【RGB】通道，激活图片，绘制一个选区，单击【将选区存储为通道】 按钮，即将选区保存到 Alpha 通道中，如图 6-100 所示。

图6-98　打开的素材文件　　　　图6-99　创建Alpha通道　　　　图6-100　将选区储存为通道

注意　除了位图模式的图像外，其他类型的图像都可以添加通道，一个图像最多可以包含56个通道。在以PSD、PDF、PICT、Pixar、TIFF或Raw格式保存文件时，可保存Alpha通道。

6.10.2　编辑Alpha 通道

创建完 Alpha 通道以后，有时候使用默认设置达不到所需的要求，这时需要对 Alpha 通道进行编辑。编辑 Alpha 通道的具体操作步骤如下。

STEP 01 按【Ctrl+O】组合键，在弹出的对话框中选择随书附带光盘中的【素材\第6章\编辑Alpha通道.jpg】素材文件，如图6-101所示。

STEP 02 在工具箱中选择【魔棒工具】 ，选择图像中的红心为选区，如图 6-102 所示。

图6-101　打开的素材文件　　　　　　图6-102　选择红心区域

STEP 03 在【通道】面板中单击【将选区存储为通道】 按钮，即可创建一个新的 Alpha 通道并将其存储为通道，如图 6-103 所示。

STEP 04 在菜单栏中选择【滤镜】|【画笔描边】|【成角的线条】命令，将【方向平衡】设置为0，【描边长度】设置为25，【锐化程度】设置为6，如图6-104所示。单击【确定】按钮，至此就完成了对 Alpha 通道的编辑。

图6-103　将选区存储为通道

图6-104　【成角的线性】对话框

6.11 重命名与删除通道

如果要重命名 Alpha 通道或专色通道，可以双击该通道的名称，在显示的文本框中输入新的名称，如图 6-105 所示。复合通道和颜色通道是不能够重命名的。

如果要删除通道，首先要选中要删除的通道，然后将其拖动到【删除当前通道】 🗑 按钮上，如图 6-106 所示。如果删除的是一个颜色通道，则 Photoshop 会将图像转换为多通道模式，如图 6-107 所示。

图6-105　重命名

图6-106　删除通道

图6-107　转换为多通道

注意　多通道模式不支持图层，因此，图像中所有的可见图层都会拼合为一个图层。删除Alpha通道、专色通道或快速蒙版时，不会拼合图像。

6.12 载入通道中的选区

Alpha 通道、颜色通道和专色通道都包含选区，在【通道】面板中选择需要载入选区的通道，然后单击【将通道作为选区载入】 ◎ 按钮，即可载入通道中的选区。

载入通道中的选区的具体操作步骤如下。

01 按【Ctrl+O】组合键，在弹出的对话框中选择随书附带光盘中的【素材\第6章\载入通道中的选区.psd】素材文件，如图6-108所示。

02 在菜单栏中选择【窗口】|【通道】命令，打开【通道】面板，选择【Alpha1】通道，单击左下角的【将通道作为选区载入】 ⬚ 按钮，完成后的效果如图 6-109 所示。

图6-108 打开的素材文件

图6-109 使用 ⬚ 按钮载入通道选区

6.13 拓展练习——童话世界相册制作

本例介绍童话世界相册制作的方法，主要通过快速蒙版、矢量蒙版和图层蒙版的组合使用来表现，其最终的效果如图 6-110 所示。

图6-110 最终效果

01 按【Ctrl+O】组合键，在弹出的对话框中选择随书附带光盘中的【素材\第6章\人物.jpg】素材文件，如图6-111所示。

02 在工具箱中将前景色设置为黑色，单击【以快速蒙版模式编辑】 ⬚ 按钮，切换到快速蒙版状态下。在工具箱中选择【画笔工具】 ✎，在场景中单击鼠右键，在弹出的画笔预设对话框中，将【大小】设置为【10 像素】，将【硬度】设置为【0%】，如图 6-112 所示。

图6-111　打开的素材文件

图6-112　设置画笔属性

STEP 03 设置完成后，使用画笔在人物的周围绘制一个区域，如图 6-113 所示。

STEP 04 绘制完成后，在工具箱中选择【油漆桶工具】 ，在绘制的区域内单击，所添加的蒙版即可覆盖整个需要选择的对象，如图 6-114 所示。

图6-113　绘制区域

图6-114　填充区域

STEP 05 填充完成后，再次在工具箱绘中选择【画笔工具】 ，将前景色设置为白色，将人物周边多余的区域涂抹掉，完成后的效果如图 6-115 所示。

STEP 06 绘制完成后，在工具箱中单击【以标准模式编辑】 按钮，退出快速蒙版模式，未绘制的轮廓便会转换为选区，如图 6-116 所示。

图6-115　修改完成后的效果

图6-116　转换为选区

STEP 07 按【Ctrl+Shift+I】组合键进行反选，只选择人物区域，如图 6-117 所示。

STEP 08 按【Ctrl+O】组合键，在弹出的对话框中选择随书附带光盘中的【素材\第6章\背景图片.jpg】素材文件，如图6-118所示。

图6-117　反选人物

图6-118　打开的素材文件

STEP 09 在工具箱中选择【移动工具】　，将选区内的人物拖拽至【背景图片.jpg】场景中，在菜单栏中选择【编辑】|【自由变换】命令，如图6-119所示。

STEP 10 执行完以上命令之后，载入的人物周围会出现调整框，此时，我们只需要调整人物的大小和旋转角度即可，调整至合适位置后按【Enter】键确认，完成后的效果如图 6-120 所示。

图6-119　选择【自由变换】命令

图6-120　完成后的效果

STEP 11 在【图层】面板中新建【图层 2】，在工具箱中选择【矩形选框工具】　，并在场景中绘制一个矩形选框，按【Ctrl+Delete】组合键为选区填充白色，完成后的效果如图 6-121 所示。

STEP 12 按【Ctrl+O】组合键，在弹出的对话框中选择随书附带光盘中的【素材\ 第6章\ 图层蒙版素材.jpg】、【人物2.jpg】素材文件，如图6-122所示。

STEP 13 按【Ctrl+D】组合键取消选区，选择打开的【人物2.jpg】素材文件，将其拖至【背景图片.jpg】场景中，并使用同样的方法调整大小及位置，如图6-123所示。

注意 可添加参考线，以便于调整图层蒙版的位置。

STEP 14 调整【图层 2】与【图层 3】的位置，为【图层 2】添加图层蒙版，按住【Alt】键单击蒙版缩略图，完成后的效果如图 6-124 所示。

图6-121　绘制矩形选区并填充颜色

图6-122　打开的素材文件

图6-123　调整素材位置

图6-124　添加图层蒙版

STEP 15 选择【图层蒙版素材.jpg】素材文件，按【Ctrl+A】组合键将文件全选，按【Ctrl+C】组合键复制，回到【背景图片.jpg】场景中，按【Ctrl+V】组合键粘贴，并调整图层蒙版的位置，如图6-125所示。

STEP 16 调整完其位置后，单击【图层2】的缩略图回到原状态，其效果如图6-126所示。

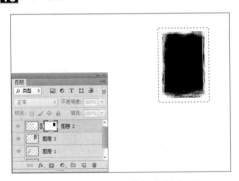

图6-125　调整蒙版素材位置

图6-126　完成后的效果

STEP 17 在工具箱中选择【横排文字工具】 T，在工具选项栏中设置字体样式为【汉仪丫丫体简】，大小设置为【40点】，设置前景色为【白】色，在场景中单击并输入【童话世界】文本内容，如图6-127所示。

STEP 18 在【图层】面板中选择【文本】图层，单击鼠标右键，在弹出的快捷菜单中选择【栅格化文字】命令，如图6-128所示。

STEP 19 在工具箱中选择【矩形工具】 ，在工具选项栏中选择【点击可编辑渐变】按钮，在弹出的【渐变编辑器】对话框中选择【透明彩虹渐变】，单击【确定】按钮，如图6-129所示。

图6-127 输入文本内容 　　图6-128 选择【栅格化 　　图6-129 【渐变编辑器】
　　　　　　　　　　　　　　　文字】命令 　　　　　　　　对话框

STEP 20 按住【Ctrl】键的同时单击【童话世界】图层的缩略图，导入文本选区，然后从文本的左侧到右侧进行拖曳，完成后的效果如图6-130所示。

STEP 21 在菜单栏中选择【文件】|【存储为】命令，如图6-131所示。

STEP 22 在弹出的对话框中为其指定一个正确的存储路径，将其保存为一个名为【童话世界.jpg】文件，如图6-132所示。

STEP 23 为了后期的修改，还可以将其存储为一个psd格式的位置，其方法同上。

图6-130 完成后的效果 　　图6-131 选择【存储为】命令 　　图6-132 【存储为】对话框

6.14 习题

一、填空题

(1)每一个颜色通道都是一个（　　　）级色阶的灰度图像，灰度图像记录了图像的颜色信息，而灰色的（　　　）则代表了某种颜色的（　　　）。

(2) Alpha通道是用来（　　　）。在Alpha通道中，黑色表示（　　　），白色表示（　　　），不同层次的灰度则表示该区域被选取的百分率。Alpha通道除了（　　　）之外，还可以在Alpha通道中编辑选区。

二、问答题

(1) 在Photoshop CS6中，蒙版共提供了几种蒙版？分别是什么？

(2) 一般情况下，一个CMYK图像至少有几个通道？分别代表什么信息？

第 **7** 章

色彩应用

Chapter
07

本章要点：

　　本章主要讲解图像专业处理中最重要的一部分——色彩调节功能。为了能让设计师更加深入地学习这方面的知识，本章将会介绍处理图像色彩的多种方法，如直方图、色阶、亮度 / 对比度、色彩平衡、曲线、替换颜色、通道混合器等，在调整图像色彩的过程中，用户可根据实际情况选择处理的方法，其中色阶、亮度 / 对比度、曲线、色相 / 饱和度是处理图像常用的命令，希望用户认真学习，为后面的图像处理奠定良好的基础。

主要内容：

- 色彩调节的基础知识
- 色彩调整
- 变化

7.1 色彩调节的基础知识

首先讲解色彩调节的基础知识，目的是希望能够帮助设计师巩固和加强色彩理论；并对后面内容中涉及的专业名词术语进行解释，避免叙述上的偏差。

7.1.1 颜色模式

颜色模式是图像的基本属性，每一张图像都有颜色模式，且只能有一种颜色模式。根据不同的需要，可以将图像设置为不同的颜色模式，如用于印刷的图像要设置为 CMYK 颜色模式。

打开任意一张图片，在图片窗口的属性栏中可以显示这张图片的颜色模式，如图 7-1 所示。使用【图像】|【模式】子菜单，可以更改当前图像的颜色模式，如图 7-2 所示。

图7-1　打开图片

图7-2　更改图像颜色模式

下面对在平面设计中常用到的颜色模式分别进行讲解。

1. RGB 模式

红光（R）、绿光（G）、蓝光（B）三种色光按照不同的比例混合，可以得到绝大部分的颜色，所以 R、G、B 被称为色光三原色，用这种方式产生颜色的方法被称为 RGB 颜色模式，如图 7-3 所示。

在日常生活中看到的很多颜色都是由三色光原色组成，如电视机（电脑显示器）中的彩色图像、自然界中的五颜六色的色彩、数码相机拍摄的电子图片等。

在 Photoshop 中，每个 RGB 颜色都包括 0~255 的颜色数值。通常用颜色数值来描述一个颜色，如黄色为（255、255、0）。

色光三原色混合的基本规律如下：

- R+B=Y（即红＋绿＝黄）。
- R+B=M（即红＋蓝＝洋红）。
- B+G=C（即蓝＋绿＝青）。
- R=G=B=0（即黑色）。
- R=G=B=255（即白色）。

不同颜色模式的图像通道也是不一样的，Photoshop 将 RGB 模式图像中的 R、G、B 颜色拆分，分别储存在相应的通道中，如图 7-4 所示。

图7-3　RGB颜色模式

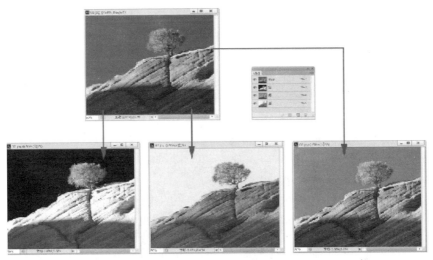

图7-4 RGB颜色通道

2. CMYK 模式

印刷品是通过青（C）、洋红（M）、黄（Y）三种颜色的混合形成丰富多彩的颜色的，所以将青（C）、洋红（M）、黄（Y）称为印刷三原色，如图 7-5 所示。青（C）、洋红（M）、黄（Y）三色叠加成黑色，但在实际应用中无法达到纯黑，所以在印刷上会添加黑（K）。由青（C）、洋红（M）、黄（Y）、黑（K）构成的颜色模式叫做 CMYK 模式。

在 Photoshop 中，C、M、Y、K 的颜色变化为百分比，如大红为（0、100、100、0）。

印刷三原色混合的基本规律如下。

- M+Y=R（即洋红＋黄＝红）。
- Y+C=G（即黄＋青＝绿）。
- C+M=B（即青＋洋红＝蓝）。
- C+M+Y（等量）＝中性灰（等量的青、洋红、黄相加得到中性灰）。
- C=M=Y=0（即白色）。

Photoshop 将 CMYK 模式的图像中的 C、M、Y、K 颜色拆分，分别储存在相应的通道中，如图 7-6 所示。

图7-5 CMYK颜色模式　　　　　　图7-6 CMYK颜色通道

默认状态下，在单色通道中只能看到一个灰度的图像，它是如何描述颜色的呢？下面就以图 7-6 中的黄色通道为例进行分析，具体操作步骤如下。

STEP 01 打开随书附带光盘中的【素材\第7章\03.jpg】文件。

STEP 02 按【F8】键打开【信息】面板，并在工具箱中选择【颜色取样器工具】，如图 7-7 所示。

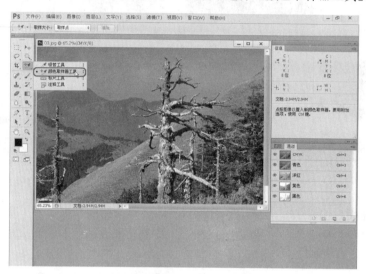

图7-7　选择【颜色取样器工具】

STEP 03 用【颜色取样器工具】在图像上创建多个取样点，如图 7-8 所示。

图7-8　建立颜色取样点

STEP 04 下面针对图像中的黄色信息进行分析，#1 点处的颜色为（C=69、M=34，Y=0，K=0），其中黄色信息为 0%；#2 点处的颜色为（C=78，M=45，Y=0，K=0），其中黄色信息为 0%；#3 点处颜色为（C=67，M=51，Y=49，K=2），其中黄色信息为 67%。

STEP 05 按【Ctrl+5】组合键切换到黄色通道进行观察，如图 7-9 所示。

在黄色通道中，#1 点和 #2 点黄色用量为 0，在黄通道中表现为白色，#3 点黄色信息为 49%，在画面上颜色较灰。

CMYK 通道表示颜色信息的方法是在通道中，白色（0%）表示没有颜色信息，通道中越黑的地方，颜色信息越多。当达到 100% 的时候，表示此处颜色达到了最大值。

图7-9　查看黄色通道

3. Lab 模式

Lab 模式是一种与设备无关的颜色模式，是一种独立于各种输入，显示输出设备的表色体系。一个 Lab 颜色数据值在任何时候，任何设备上都是唯一的，它解决了不同屏幕、不同打印设备显示的颜色不同的问题，因此在色彩管理过程中广泛应用到了这种颜色模式。

在 Lab 模式中，L 表示亮度，变化范围为（0~100%）；a 表示在红色到绿色范围内变化的颜色分量，变化范围为（-120~+120）；b 表示在蓝色到黄色范围内变化的颜色分量，变化范围为（-120~+120）。

Photoshop 将 Lab 模式的图像中的 L、a、b 颜色拆分，分别储存在相应的通道中，如图7-10所示。

图7-10　Lab颜色通道

4. 位图模式

这里的位图即为黑白图，位图的每个像素只能用一位二进制数来表达 1 和 0，即有和无，不存在中间的部分。

提示　一个CMYK图或RGB图必须先转为灰度图后才能转换为位图，不能直接转换为位图。

下面通过一个练习介绍位图的使用。

01 打开任意一幅 RGB 或 CMYK 的图片。

02 执行【图像】|【模式】|【灰度】菜单命令，将图像转换为灰度图，如图 7-11 所示。

图7-11　转换为【灰度】图像

03 执行【图像】|【模式】|【位图】菜单命令，弹出【位图】对话框，如图 7-12 所示。可以在【分辨率】选项组中设置输出的分辨率。

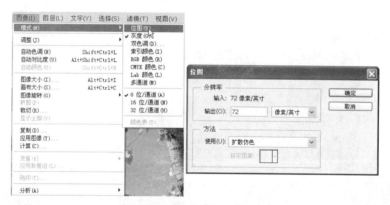

图7-12　转换为【位图】图像

7.1.2　色域空间

在 RGB、CMYK 和 Lab 三种模式中编辑图像，其本质的不同是在不同的色域空间中工作。色域就是指某种表色模式所能表达的颜色数量所构成的范围区域，也指具体介质，如屏幕显示、数码输出及印刷复制所能表现的颜色范围。在色彩模式中，Lab 的色域空间最大，它包含 RGB、CMYK 中所有的颜色。

- Lab 色域空间：自然界中可见光谱的颜色组成了最大的色域空间，该色域空间中包含了人眼所能见到的所有颜色，也就是 Lab 色域空间。
- CMYK 色域空间：所有用油墨能表现的颜色的总和为油墨的色域空间，即为 CMYK 色域空间。
- RGB 色域空间：将所有由色光组成的颜色的总和称为 RGB 色域空间。

Lab 色域空间包含了 RGB 色域空间和 CMYK 色域空间，RGB 色域空间和 CMYK 色域空间有交叉的部分，也有不交叉的部分。

为什么一幅图像由 RGB 模式向 CMYK 模式转换会发生颜色变化？为什么屏幕上看到的颜色和印刷品有一定的区别？

这是因为在模式转化（RGB 转 CMYK 或 CMYK 转 RGB）的过程中，会有颜色的丢失，超出对方色域空间部分的颜色就不能够准确地表现。RGB 转 CMYK 时，Photoshop 会自动将所有 RGB 颜色置于 CMYK 色域中，超出部分自动转换为相近的颜色。

1. 警告色

如何判断一个 RGB 的图像在转换为 CMYK 后是否会发生较大的颜色差异呢？ Photoshop 提供了 RGB 转 CMYK 前的预检功能，其操作方法如下：打开任意一幅 RGB 图像，执行【视图】|【色域警告】菜单命令，超出部分即被特定颜色表示，如图 7-13 所示。

图7-13　添加【色域警告】命令

提示　　色域警告的组合键为【Ctrl+Shift+Y】。

图中警告色表示的灰色部分区域为超出 CMYK 色域空间的颜色，在 RGB 到 CMYK 转换过程中会发生颜色变化。

默认状态下，Photoshop 用灰色显示警告颜色，但是如果图像的主色调为灰色，那么就很难分辨警告色了，所以 Photoshop 提供了更改警告色的功能，实现方法如下。

STEP 01 打开任意一幅 RGB 图像，按【Ctrl+K】组合键打开【首选项】对话框，按【Ctrl+6】组合键切换到【透明度与色域】选项，如图 7-14 所示。

STEP 02 在【色域警告】选项组中单击【颜色】右侧的灰色方块，在弹出的【拾色器】对话框中设置其颜色的 RGB 值为 255、0、0，如图 7-15 所示。

STEP 03 单击【确定】按钮后，按【Ctrl+Shift+Y】组合键显示色域警告，可以看到警告色更改为红色，如图 7-16 所示。

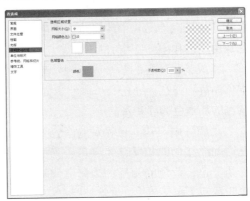

图7-14　【首选项】对话框

图7-15　设置RGB数值

图7-16　更改色域警告的颜色

2. CMYK 预览

在设计中，经常要在 RGB 模式下进行图像合成创意，如果想看到图像真正印刷后的颜色效果，可以在 RGB 模式下进行 CMYK 预览。

Photoshop 支持图像在 RGB 模式下预览其转换到 CMYK 的颜色，操作方法如下：打开任意一幅 RGB 图像，执行【视图】|【校样颜色】菜单命令，效果如图 7-17 所示。

图7-17　【校样颜色】效果对比

7.1.3　色彩基本概念

1. 色相环

色相环能够很好地帮助初学者掌握各种颜色之间的相互关系。

在印刷中，所有的颜色都是由青、洋红、黄三个颜色叠印形成的。如图 7-18 所示，从这个色相环中可以看出其中的规律：绿色由青色和黄色叠印而成，蓝色由青色和洋红叠印而成，红色是由黄色和洋红色叠加而成。

组成某种颜色的基本成分叫做基本色。青、洋红、黄的基本色就是自身的颜色。红色的基本色为黄和洋红，绿色的基本色为黄和青，蓝色的基本色为红和青。

色相环中与基本色相对的颜色为相反色，如洋红色的相反色为绿色，青的相反色为红色，黄色的相反色为蓝色。基本色成分越高，相反色成分就越低。

调整图像中的某一种颜色有两种方

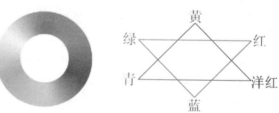

图7-18　色相环

式：一种是改变自身的颜色，一种是改变它的相反色。

例如，要减少一幅图像中的黄色成分，设计师即可以通过 Photoshop 的调节工具减少黄色（CMYK 模式），也可以增加黄色的相反色——蓝色（RGB 模式）。

2. 颜色属性

一个颜色包括 3 个属性：色相、明度、饱和度。

- 色相：颜色的基本特征，用以判断颜色是红、黄、蓝还是其他色彩感觉的属性。
- 明度：判断一个物体比另一个物体能够反射较多或较少的光的属性。
- 饱和度：色彩的纯度。纯度越高，表现越鲜明；纯度越低，表现则较黯淡。

3. 阶调和层次

阶调的调节是色彩调整的重要内容。

阶调一般指原稿上最亮和最暗的亮度差别，一幅图像通常由亮调、中间调、暗调三部分组成。

设计师拿到手中的图像或多或少都存在阶调不全或层次不够丰富的问题，这些都需要设计师分析和调整。

提示 阶调还原就是指在色彩调整过程中尽可能使印刷品图像的阶调与实物一致。

4. 中性灰和灰平衡

一幅 RGB 模式的图像中，R、G、B 数值相等的颜色为中性灰。

在实际印刷过程中，由于油墨和纸张等材料存在难以克服的缺陷，使得等量的三原色油墨叠印不可能获得中性灰。为了使三原色油墨叠印能够准确地呈现灰色，必须根据油墨和纸张的特性，改变三原色油墨的网点面积配比，实现中性灰。灰平衡就是通过改变三原色油墨的配比实现视觉上的中性灰。

5. 黑场合白场

黑场是图像上最暗的部位，白场是图像上最亮的部位。

7.2 色彩调整

Photoshop 中对图像色彩和色调的控制是图像编辑的关键，它直接关系到图像最后的效果，只有有效地控制图像的色彩和色调，才能控制出高品质的图像。选择【图像】|【调整】命令，从其子菜单中可以选择各种命令，如图 7-19 所示。

亮度/对比度(C)…	
色阶(L)…	Ctrl+L
曲线(U)…	Ctrl+M
曝光度(E)…	
自然饱和度(V)…	
色相/饱和度(H)…	Ctrl+U
色彩平衡(B)…	Ctrl+B
黑白(K)…	Alt+Shift+Ctrl+B
照片滤镜(F)…	
通道混合器(X)…	
颜色查找…	
反相(I)	Ctrl+I
色调分离(P)…	
阈值(T)…	
渐变映射(G)…	
可选颜色(S)…	
阴影/高光(W)…	
HDR 色调…	
变化…	
去色(D)	Shift+Ctrl+U
匹配颜色(M)…	
替换颜色(R)…	
色调均化(Q)	

图7-19 【调整】子菜单

7.2.1 直方图

执行菜单栏中的【窗口】|【直方图】命令，即可打开【直方图】面板，如图 7-20 所示。

通过新旧直方图的对比，可以更加清楚地观察到直方图的变化情况。如图 7-21 所示，在应用了调整之后，原始的直方图将被新直方图取代，如图 7-22 和图 7-23 所示。

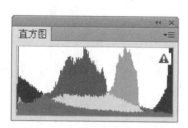

图7-20 【直方图】面板　　　　　　　图7-21 打开的图像

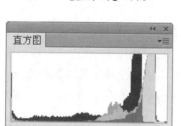　　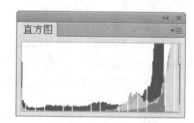

图7-22 图像原始【直方图】面板　　　图7-23 调整后的【直方图】面板

在【直方图】面板中，可以选择一个命令来修改面板的显示方式，如图 7-24 所示。【紧凑视图】是默认的显示方式，它显示的是不带统计数据或控件的直方图，如图 7-25 所示；【扩展视图】显示的是带有统计数据和控件的直方图，如图 7-26 所示；【全部通道视图】显示的是带有统计数据和控件的直方图，同时还显示每一个通道的单个直方图，如图 7-27 所示，如果选择面板菜单中的【用原色显示通道】命令，则可以用原色显示通道直方图，如图 7-28 所示。

　　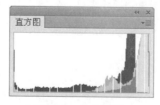　　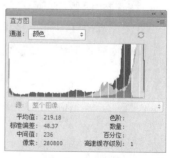

图7-24 命令　　　　　图7-25 紧凑视图　　　　　图7-26 扩展视图

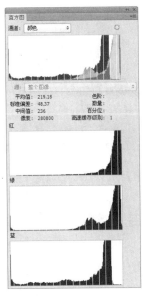

图7-27　全部通道视图

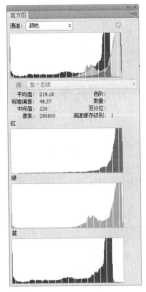

图7-28　用原色显示通道

【直方图】面板必须位于【扩展视图】或【全部通道视图】状态，而且必须从面板菜单中选取【显示统计数据】选项。

统计信息包括以下几项。

- 平均值：表示平均亮度值。
- 标准偏差：表示亮度值的变化范围。
- 中间值：显示亮度值范围内的中间值。
- 像素：表示用于计算直方图的像素总数。
- 高速缓存级别：显示指针下面的区域的亮度级别。
- 数量：表示相当于指针下面亮度级别的像素总数。
- 百分位：显示指针所指的级别或该级别以下的像素累计数。该值表示图像中所有像素的百分数，从最左侧的 0% 到最右侧的 100%。

选取【全部通道视图】时，除了显示【扩展视图】中的所有选项以外，还显示通道的单个直方图。单个直方图不包括 Alpha 通道、专色通道或蒙版。通过查看直方图，可以清楚地知道图像所存在的颜色问题。

直方图由左到右表明图像色调由暗到亮的变化情况。

- 低色调图像（偏暗）的细节集中在暗调处，如图 7-29 所示。
- 高色调图像（偏亮）的细节集中在高光处，如图 7-30 所示。
- 平均色调图像（偏灰）的细节则集中在中间调处，如图 7-31 所示。

图7-29　低色调图像

全色调范围的图像在所有的区域中都有大量的像素，识别色调范围有助于确定相应的色调校正方法。

图7-30　高色调图像

图7-31　平均色调图像

7.2.2　调整色阶

【色阶】命令通过调整图像的阴影、中间调和高光的强度级别，从而校正图像的色调范围和色彩平衡。利用【色阶】命令可以解决图像的偏亮、偏暗、偏灰及偏色等问题。

打开任意一张图片，执行【图像】|【调整】|【色阶】菜单命令，打开【色阶】对话框，如图 7-32 所示。

1.【通道】下拉列表框

利用此下拉列表框，可以在整个的颜色范围内对图像进行色调调整，也可以单独编

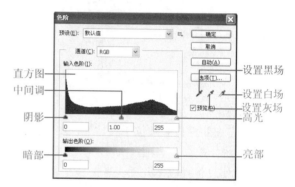

图7-32　【色阶】对话框

辑特定颜色的色调。若要同时编辑一组颜色通道，在选择【色阶】命令之前应按住【Shift】键在【通道】面板中选择这些通道。之后，通道菜单会显示目标通道的缩写，例如 CM 代表青色和洋红。此下拉列表框还包含所选组合的个别通道，可以只分别编辑专色通道和 Alpha 通道。

2.【输入色阶】参数框

在【输入色阶】参数框中，可以分别调整暗调、中间调和高光的亮度级别来修改图像的色调范围，以提高或降低图像的对比度。

- 可以在【输入色阶】参数框中输入目标值，这种方法比较精确，但直观性不好。
- 以输入色阶直方图为参考，拖动 3 个【输入色阶】滑块可使色调的调整更为直观。
- 最左边的黑色滑块（阴影滑块）向右拖动可以增大图像的暗调范围，使图像显示得更暗。同时拖曳的程度会在【输入色阶】最左边的方框中得到量化。
- 最右边的白色滑块（高光滑块）向左拖动可以增大图像的高光范围，使图像变亮。高光的范围会在【输入色阶】最右边的方框中显示。
- 中间的灰色滑块（中间调滑块）左右拖动可以增大或减小中间色调范围，从而改变图像的对比度。其作用与在【输入色阶】中间方框输入数值相同。

3.【输出色阶】参数框

【输出色阶】参数框中只有暗调滑块和高光滑块，通过拖动滑块或在方框中输入目标值，可以降低图像的对比度。具体来说，向右拖动暗调滑块，【输出色阶】左边方框中的值会相应增加，但此时图像却会变亮；向左拖动高光滑块，【输出色阶】右边方框中的值相应减小，但图像却会变暗。这是因为在输出时 Photoshop 的处理过程是这样的：比如将第一个方框的值调为 10，则表

示输出图像会以图像中色调值为 10 的像素的暗度为最低暗度，所以图像会变亮；将第二个方框的值调为 245，则表示输出图像会以图像中色调值 245 的像素的亮度为最高亮度，所以图像会变暗。

总之，【输入色阶】的调整是用来增加对比度的，而【输出色阶】的调整则是用来减少对比度的。

4. 吸管工具

吸管工具用于完成图像中的黑场、灰场和白场的设定。使用设置黑场吸管在图像中的某点颜色上单击，该点则成为图像中的黑色，该点与原来黑色的颜色色调范围内的颜色都将变为黑色，该点与原来白色的颜色色调范围内的颜色整体都进行亮度的降低。使用设置白场吸管，完成的效果则正好与设置黑场吸管的作用相反。使用设置灰场吸管可以完成图像中的灰度设置。

5. 自动按钮

单击【自动】按钮，可以将高光和暗调滑块自动地移动到最亮点和最暗点。

7.2.3 调整亮度/对比度

【亮度 / 对比度】命令可以对图像的色调范围进行简单的调整。执行【图像】|【调整】|【亮度 / 对比度】菜单命令，可以打开【亮度 / 对比度】对话框，左右滑动可以调整图像的亮度和对比度；向左侧拖动滑块可以降低图像的亮度和对比度，如图 7-33 所示；向右侧拖动滑块则增加亮度和对比度，如图 7-34 所示。

图7-33　向左调整亮度/对比度参数　　　　图7-34　向右调整亮度/对比度参数

7.2.4 拓展练习——制作反转负冲效果

反转负冲是在胶片拍摄中比较特殊的一种手法。就是用负片的冲洗工艺来冲洗反转片，这样会得到比较诡异而且有趣的色彩，弥漫着一种前卫的色彩。最终效果图对比如图 7-35 所示。

图7-35　反转负冲效果

STEP 01 打开随书附带光盘中的【素材\第7章\10.jpg】文件，打开如图7-36所示的素材文件。

STEP 02 在【图层】面板中，选择【背景】图层并拖曳至面板底端的 ▫【创建新图层】按钮上，创建【背景 副本】图层，如图 7-37 所示。

图7-36　打开素材文件

图7-37　复制背景图层

STEP 03 切换到【通道】面板，在该面板中选择【红】色通道，如图 7-38 所示。

STEP 04 在菜单栏中选择【图像】|【应用图像】命令，在弹出的【应用图像】对话框中将【混合】定义为【颜色加深】，然后单击【确定】按钮，如图 7-39 所示。

图7-38　选择红通道

图7-39　调整红色通道的【应用图像】

STEP 05 在红通道中调整完图像后的效果如图 7-40 所示。

STEP 06 在【通道】面板中选择【绿】色通道，如图 7-41 所示。

STEP 07 执行菜单栏中的【图像】|【应用图像】命令，在弹出的对话框中选择【通道】后的【反相】复选框，将【混合】定义为【正片叠底】，将【不透明度】参数设置为 20%，设置完成后单击【确定】按钮，如图 7-42 所示。

STEP 08 在绿通道中调整完图像后的效果如图 7-43 所示。

图7-40　在红通道中调整完图像后的效果　　　　图7-41　选择绿通道

图7-42　调整绿色通道的【应用图像】　　　　图7-43　在绿通道中调整完应用图像后的效果

STEP 09 在【通道】面板中选择【蓝】色通道，如图7-44所示。

STEP 10 同样执行【应用图像】命令，在弹出的对话框中选择【通道】后的【反相】复选框，将【混合】定义为【正片叠底】，将【不透明度】参数设置为30%，单击【确定】按钮，如图7-45所示。

图7-44　选择蓝色通道　　　　图7-45　调整蓝色通道的【应用图像】

STEP 11 在【蓝】通道中调整完应用图像后的效果如图 7-46 所示。

STEP 12 在【通道】面板中返回【RGB】通道，如图 7-47 所示。

图7-46　在蓝通道中调整完应用图像后的效果

图7-47　选择RGB通道

STEP 13 返回【图层】面板，选择【背景 副本】图层，单击面板底端的【创建新的填充或调整图层】按钮，在弹出的菜单中选择【亮度 / 对比度】命令，在【调整】面板中将【亮度】和【对比度】的参数分别设置为 32、-3，如图 7-48 所示。

STEP 14 完成后的效果如图 7-49 所示。

图7-48　设置参数

图7-49　完成后的效果

7.2.5　调整色彩平衡

　　【色彩平衡】命令主要用于调整整体图像的色彩平衡，以及对于普通色彩的校正。打开一个图像，执行【图像】|【调整】|【色彩平衡】菜单命令，打开【色彩平衡】对话框，如图 7-50 所示。

　　在进行调整时，首先应在【色

图7-50　【色彩平衡】对话框

调平衡】选项组中选择要调整的色调范围，包括【阴影】、【中间调】和【高光】；然后在【色阶】文本框中输入数值，或者拖动【色彩平衡】选项组内的滑块进行调整。当滑块靠近一种颜色时，将减少另外一种颜色。例如，如果将最上面的滑块移向【青色】，其他参数保持不变，可以在图像中增加青色，减少红色，如图 7-51 所示。如果将滑块移向【红色】，其他参数保持不变，则增加红色，减少青色，如图 7-52 所示。将滑块移向【洋红】后的效果如图 7-53 所示。将滑块移向【绿色】后的效果如图 7-54 所示。将滑块移向【黄色】后的效果如图 7-55 所示。将滑块移向【蓝色】后的效果如图 7-56 所示。

图7-51　增加青色减少红色

图7-52　增加红色减少青色

图7-53　增加洋红色减少绿色

图7-54　增加绿色减少洋红色

图7-55　增加黄色减少蓝色

图7-56　增加蓝色减少黄色

7.2.6　调整曲线

使用【曲线】命令可以调整图像整个色调范围。打开一个图像，如图 7-57 所示，执行【图像】|【调整】|【曲线】菜单命令，或按【Ctrl+M】组合键，打开【曲线】对话框，如图 7-58 所示。

图7-57　打开的图像

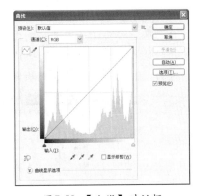

图7-58　【曲线】对话框

- 预设：该选项的下拉列表中包含了 Photoshop 提供的预设调整文件，如图 7-59 所示。当选择【默认值】时，可通过拖动曲线来调整图像。选择其他选项时，则可以使用预设文件调整图像. 如图 7-60 所示。

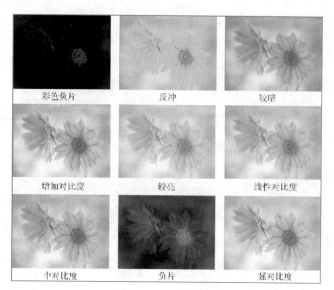

图7-59 【预设】下拉列表

图7-60 使用预设文件调整图像

- 预设选项 ⅲ：单击该按钮，可以打开一个下拉列表，如图
  7-61 所示。选择【存储预设】命令，可以将当前的调整状
  态保存为一个预设文件，在对其他图像应用相同的调整时，
  可以选择【载入预设】命令，用载入的预设文件自动调整；
  选择【删除当前预设】命令，则删除存储的预设文件。

图7-61 预设选项列表

- 通道：在该选项的下拉列表中可以选择一个需要调整的通道。

- 编辑点以修改曲线 ∾：单击该按钮后，在曲线中单击可添加新的控制点，拖动控制点改
  变曲线形状即可对图像做出调整。

- 通过绘制来修改曲线 ✎：单击该按钮后，可在对话框内绘制手绘效果的自由形状曲线，
  如图 7-62 所示。绘制自由曲线后，单击对话框中的 ∾ 按钮，可在曲线上显示控制点，
  如图 7-63 所示。

- 选项 选项(T)... ：单击该按钮，会弹出【自动颜色校正选项】对话框，如图 7-64 所示。
  自动颜色校正选项用来控制由【色阶】和【曲线】中的【自动颜色】、【自动色阶】、【自
  动对比度】和【自动】选项应用的色调和颜色校正，它允许指定阴影和高光剪切百分比，
  并为阴影、中间调和高光指定颜色值。

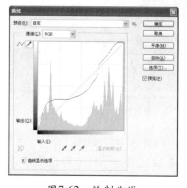

图7-62 绘制曲线

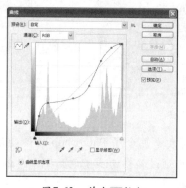

图7-63 单击 ∾ 按钮

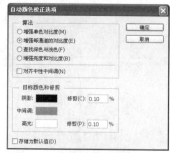

图7-64 【自动颜色校正选项】对话框

- 平滑 平滑(M)：用 ✐ 工具绘制曲线后，单击该按钮，可对曲线进行平滑处理。
- 输入色阶 / 输出色阶：【输入色阶】显示了调整前的像素值，【输出色阶】显示了调整后的像素值。
- 高光 / 中间调 / 阴影：移动曲线顶部的点，可以调整图像的高光区域；拖动曲线中间的点，可以调整图像的中间调；拖动曲线底部的点，可以调整图像的阴影区域。
- 黑场 / 灰点 / 白场：这 3 个工具和选项与【色阶】对话框中相应工具的作用相同。

7.2.7　调整色相/饱和度

【色相 / 饱和度】命令可以调整图像中特定颜色分量的色相、饱和度和亮度。打开如图 7-65 所示的图像，执行【图像】|【调整】|【色相 / 饱和度】菜单命令，打开【色相 / 饱和度】对话框，如图 7-66 所示。

- 调整色相：默认情况下，在【色相】文本框中输入数值或者拖动该滑块，可以改变整个图像的色相，如图 7-67、图 7-68 所示。也可以在【编辑】下拉列表选择一个特定的颜色，然后拖动色相滑块，单独调整该颜色的色相，如图 7-69、图 7-70 所示为单独调整黄色色相的效果。

图7-65　打开的图像

图7-66　【色相/饱和度】对话框

图7-67　向左调整色相参数

图7-68　向右调整色相参数

图7-69　向左调整黄色色相参数

图7-70　向右调整黄色色相参数

- 调整饱和度：向右侧拖动【饱和度】滑块可以增加饱和度，向左侧拖动滑块则减少饱和度。同样也可以在【编辑】下拉列表选择一个特定的颜色，然后单独调整该颜色的饱和度。如图 7-71 所示为增加整个图像饱和度的调整结果，如图 7-72 所示为单独增加红色饱和度的调整结果。
- 调整明度：向右侧拖动【明度】滑块可以增加亮度，向左侧拖动滑块则降低亮度。可在【编辑】下拉列表中选择【全图】，调整整个图像的亮度，也可以选择一个特定的颜色单独调整。

图7-71　调整整体的饱和度

图7-72　调整红色的饱和度

- 着色：勾选该项，图像将转换为只有一种颜色的单色调图像，如图7-73所示。变为单色调图像后，可拖动色相滑块和其他滑块来调整图像的颜色，如图7-74所示。

图7-73　勾选【着色】复选框后的效果

图7-74　调整图像的颜色

- 吸管工具：如果在【编辑】下拉列表中选择了一种颜色，可以使用 工具，在图像中单击，定位颜色范围，然后对该范围内的颜色进行更加细致的调整。如果要添加其他颜色，可以用 工具在相应的颜色区域单击；如果要减少颜色，可以用 工具单击相应的颜色。

- 颜色条：对话框底部有两个颜色条，上面的颜色条代表了调整前的颜色，下面的颜色条代表了调整后的颜色。如果在【编辑】下拉列表中选择了一种颜色，两个颜色条之间便会出现几个小滑块，如图7-75所示。两个内部的垂直滑块定义了将要修改的颜色范围，调整所影响的区域会由此逐渐向两个外部的三角形滑块处衰减，三角形滑块以外的颜色不会受到影响，如图7-76所示。

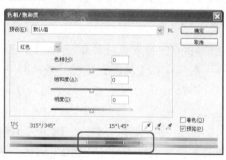

图7-75　调整参数前的颜色条

图7-76 调整参数后的颜色条

7.2.8 去色

在菜单栏中执行【文件】|【调整】|【去色】命令，可以删除彩色图像的颜色，但不会改变图像的颜色模式，如图 7-77、图 7-78 所示分别为执行该命令前后的图像效果对比。如果在图像中创建了选区，则执行该命令时，可删除选区内图像的颜色，选区外的颜色值不变，如图 7-79 所示。

图7-77 打开的原图像　　　　　图7-78 去色后的效果　　　　　图7-79 为选区中的图像去色

7.2.9 匹配颜色

执行【匹配颜色】命令可以将一个源图像的颜色与另一个目标图像的颜色相匹配，该命令比较适合处理多个图片，以使它们的颜色保持一致。

打开两个不同色调的文件，如图 7-80、图 7-81 所示。单击蓝色调的图像，将它设置为要修改的文件，然后在菜单栏在中执行【图像】|【调整】|【匹配颜色】命令，如图 7-82 所示。打开【匹配颜色】对话框，在【源】下拉列表中选择红色调的文件，如图 7-83 所示。单击【确定】按钮，即可将选择的图像进行颜色匹配，如图 7-84 所示。

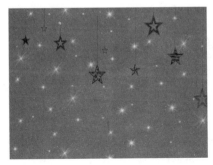 

图7-80 打开的红色调文件　　　　　图7-81 打开的蓝色调文件

图7-82　选择【匹配颜色】命令　　　图7-83　【匹配颜色】对话框　　　　图7-84　完成后的效果

下面介绍【匹配颜色】对话框中各选项的作用。

- 目标：显示被修改的图像的名称和颜色模式等信息。
- 应用调整时忽略选区：如果当前的图像中包含选区，勾选该项，可忽略选区，调整将应用于整个图像，如图7-85所示；取消勾选，则仅影响选区内的图像，如图7-86所示。

图7-85　勾选【应用调整时忽略选区】复选框　　　图7-86　未勾选【应用调整时忽略选区】复选框

- 明亮度：拖动滑块或输入数值，可以增加或减小图像的亮度。
- 颜色强度：用来调整色彩的饱和度。该值为1时，可生成灰度图像。
- 渐隐：用来控制应用于图像的调整量，该值越高，调整的强度越弱，如图7-87、图7-88和图7-89所示。
- 中和：勾选该项，可消除图像中出现的色偏。
- 使用源选区计算颜色：如果在源图像中创建了选区，如图7-90所示，勾选该项，可使用选区中的图像匹配颜色，如图7-91所示；取消勾选，没有选区的状态下，则使用整幅图像进行匹配，如图7-92所示。

图7-87　渐隐参数为0　　　　　　　　　图7-88　渐隐参数为50

图7-89 渐隐参数为100

图7-90 在源图像中创建选区

图7-91 选择【使用源选区计算颜色】

图7-92 取消勾选的效果

- 使用目标选区计算调整：如果在目标图像中创建了选区，勾选该项，可使用选区内的图像来计算调整，如图7-93所示；取消勾选，则会使用整个图像中的颜色来计算调整，如图7-94所示。

图7-93 选择【使用目标选区计算调整】

图7-94 取消勾选的效果

- 源：用来选择与目标图像中的颜色进行匹配的源图像。
- 图层：用来选择需要匹配颜色的图层。如果要将【匹配颜色】命令应用于目标图像中的某一个图层，应在执行命令前选择该图层。
- 存储统计数据/载入统计数据：单击【存储统计数据】按钮，可将当前的设置保存；单击【载入统计数据】按钮，可载入已存储的设置。当使用载入的统计数据时，无须在Photoshop中打开源图像，就可以完成匹配目标图像的操作。

提示

【匹配颜色】命令仅适用于RGB模式的图像。

7.2.10　替换颜色

【替换颜色】命令可以选择图像中的特定颜色，然后将其替换。选择该命令，在打开的对话框中包含了颜色选择选项和颜色调整选项。颜色的选择方式与【色彩范围】命令基本相同，而颜色的调整方式又与【色相/饱和度】命令十分相似，可以将【替换颜色】命令看作是这两个命令的集合。

打开一个图像，如图7-95所示。在菜单栏中执行【图像】|【调整】|【替换颜色】命令，打开【替换颜色】对话框。将光标放在黄色树叶上，单击鼠标进行取样，如图7-96所示。在对话框的预览图像中，白色代表了被选择的区域，黑色代表了未被选择的区域，灰色代表了部分选择的区域。拖动【颜色容差】滑块，可调整选择范围，该值越高，包括的颜色范围越广。如果要添加选择其他颜色，可以用🖋工具在相应的颜色上单击；如果要取消选择某些颜色，则可以用🖋工具单击这样的颜色。拖动【色相】滑块，即可对所选的颜色进行调整，此时，对话框中的【颜色】色块内显示了所选颜色，【结果】色块内显示了调整结果，如图7-97所示。调整完成后单击【确定】按钮，替换完颜色后的效果如图7-98所示。

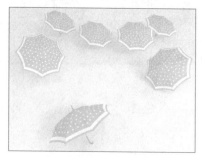

图7-95　打开的图像

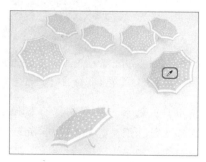

图7-96　取样

图7-97　【替换颜色】对话框

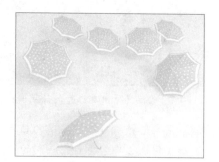

图7-98　替换颜色后的效果

7.2.11　可选颜色

【可选颜色】校正是高端扫描仪和分色程序使用的一种技术，用于在图像中的每个主要原色成分中更改印刷色的数量。使用【可选颜色】命令可以有选择性地修改主要颜色中的印刷色的数量，但不会影响其他主要颜色。例如，可以减少图像绿色图素中的青色，同时保留蓝色图素中的青色不变。

打开一幅图像文件，如图7-99所示，执行【图像】|【调整】|【可选颜色】菜单命令，打开【可选颜色】对话框，如图7-100所示。

图7-99　打开的图像

图7-100　【可选颜色】对话框

- 颜色：在该下拉列表中可以选择要调整的颜色，这些颜色由加色原色、减色原色、白色、中性色和黑色组成。选择一种颜色后，可拖动【青色】、【洋红】、【黄色】和【黑色"】滑块来调整这4种印刷色的数量。向右拖动【青色】滑块时，颜色向青色转换，向左拖动时，颜色向红色转换；向右拖动【洋红】滑块时，颜色向洋红色转换，向左拖动时，颜色向绿色转换；向右拖动【黄色】滑块时，颜色向黄色转换，向左拖动时，颜色向蓝色转换；拖动【黑色】滑块可以增加或减少黑色。如图7-101、图7-102和图7-103所示分别为增加红色图素、蓝色图素和中性色图素中的蓝色时的效果。

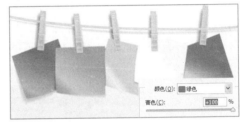

图7-101　增加红色图素

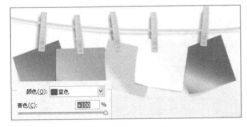

图7-102　增加蓝色图素

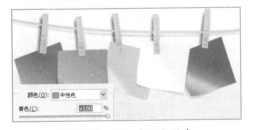

图7-103　增加中性色图素

- 方法：用来设置色值的调整方式。选择【相对】时，可按照总量的百分比修改现有的青色、洋红、黄色或黑色的含量，如从50%的洋红像素开始添加10%，结果为55%的洋红（50%+50%×10%=55%）；选择【绝对】时，则采用绝对值调整颜色，如从50%的洋红像素开始添加10%，则结果为60%洋红。

7.2.12　通道混和器

【通道混和器】可以使用图像中源通道中的颜色通道的混和来修改输出颜色通道，从而控制单个通道的颜色量。利用该命令可以创建高品质的灰度图像、棕褐色调图像或其他色调图像，也可以对图像进行创造性的颜色调整。接下来将介绍【通道混和器】命令的使用。

打开一幅素材图像，如图7-104所示。在菜单栏中执行【图像】|【调整】|【通道混和器】命令，打开【通道混和器】对话框，如图7-105所示。

图7-104　打开的图像

图7-105　【通道混和器】对话框

- 预设：在该下拉列表中包含了预设的调整文件，可以选择一个文件来自动调整图像。
- 输出通道/源通道：在【输出通道】下拉列表中选择要调整的通道后，该通道的源滑块会自动设置为100%，其他通道则设置为0%。例如，如果选择【绿】作为输出通道，则会将"源通道"中的【绿色】滑块为100%，【红色】和【蓝色】滑块为0%。选择一个通道后，拖动【源通道】选项组中的滑块，即可调整此输出通道中源通道所占的百分比。将一个源通道的滑块向左拖移时，可减小该通道在输出通道中所占的百分比；向右拖移则增加百分比，负值可以使源通道在被添加到输出通道之前反相。调整红色通道的效果如图7-106所示。调整绿色通道的效果如图7-107所示。调整蓝色通道的效果如图7-108所示。

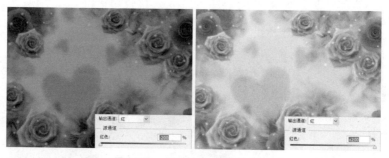

图7-106　调整红色通道的效果

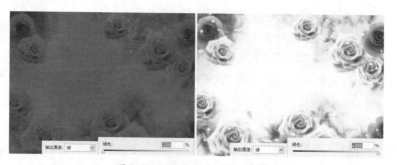

图7-107　调整绿色通道的效果

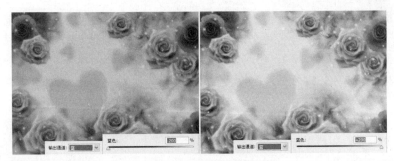

图7-108　调整蓝色通道的效果

- 总计：如果源通道的总计值高于100%，则该选项旁边会显示一个警告图标 ⚠。
- 常数：用来调整输出通道的灰度值。负值会增加更多的黑色，正值会增加更多的白色，-200%会使输出通道成为全黑，+200%会使输出通道成为全白。
- 单色：勾选该项，彩色图像将转换为黑白图像。

7.2.13　渐变映射

选择【渐变映射】命令，可以将图像的色阶映射为一组渐变色的色阶。例如，指定双色渐变填充时，图像中的暗调被映射到渐变填充的一个端点颜色，高光被映射到另一个端点颜色，中间调被映射到两个端点之间的层次。

在菜单栏中选择【图像】|【调整】|【渐变映射】命令，即可打开【渐变映射】对话框，如图 7-109 所示。

- 【灰度映射所用的渐变】下拉列表框：从列表中选择一种渐变类型。默认情况下，图像的暗调、中间调和高光分别映射到渐变填充的起始（左端）颜色、中间点和结束（右端）颜色。
- 【仿色】复选框：通过添加随机杂色，可使渐变映射效果的过渡显得更为平滑。
- 【反向】复选框：颠倒渐变填充方向，以形成反向映射的效果。

图7-109　【渐变映射】对话框

7.2.14　照片滤镜

【照片滤镜】命令通过模拟在相机镜头前面加装彩色滤镜来调整通过镜头传输的光的色彩平衡和色温，或者使胶片曝光；该命令还允许用户选择预设的颜色或者自定义的颜色调整图像的色相。

打开一张图像文件，执行菜单栏中的【图像】|【调整】|【照片滤镜】命令，打开【照片滤镜】对话框，如图 7-110 所示。

- 滤镜：在该下拉列表中可以选择要使用的滤镜。加

图7-110　打开【照片滤镜】对话框

温滤镜 85 和 LBA 及冷却滤镜 80 和 LBB 用于调整图像中的白平衡的颜色转换；加温滤镜 81 和冷却滤镜 82 使用光平衡滤镜来对图像的颜色品质进行细微调整；加温滤镜 81 可以使图像变暖（变黄），冷却滤镜 82 可以使图像变冷（变蓝）；其他个别颜色的滤镜则根据所选颜色给图像应用色相调整。

● 颜色：单击该选项右侧的颜色块，可以在打开的【拾色器】中设置自定义的滤镜颜色。

● 浓度：可调整应用到图像中的颜色数量，该值越高，颜色的调整幅度就越大，如图 7-111、图 7-112 所示。

图7-111 浓度为50%的效果

图7-112 浓度为100%的效果

● 保留明度：勾选该项，可以保持图像的亮度不变，如图 7-113 所示；未勾选该项时，会由于增加滤镜的浓度而使图像变暗，如图 7-114 所示。

图7-113 勾选【保留明度】

图7-114 未勾选【保留明度】

7.2.15 反相

【反相】命令是指反转图像中的颜色。在对图像进行反相时，可以反转图像中的颜色。选择【反相】命令，通道中每个像素的亮度值都会转换为 256 级颜色值刻度上相反的值。例如值为 255 的正片图像中的像素会转换为 0，值为 5 的像素会转换为 250。

执行菜单栏中的【图像】|【调整】|【反相】命令，即可将图像进行反相，反相前后的效果对比如图 7-115 所示。

图7-115 反相前后的效果对比

7.2.16 阈值

【阈值】命令将灰度或彩色图像转换为高对比度的黑白图像，可以指定某个色阶作为阈值，所有比阈值亮的像素转换为白色，而所有比阈值暗的像素转换为黑色。

执行菜单栏中的【图像】|【调整】|【阈值】命令，打开【阈值】对话框，如图 7-116 所示。输入【阈值色阶】值，或者拖动直方图下面的滑块可以指定某个色阶作为阈值，所有比阈值亮的像素转换为白色，所有比阈值暗的像素转换为黑色，如图 7-117 所示为调整阈值前后的效果对比。

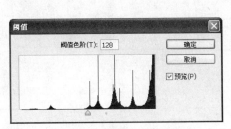

图7-116 【阈值】对话框

图7-117 调整阈值参数前后的对比效果

7.2.17 色调分离

选择【色调分离】命令可以指定图像中每个通道的色调级（或亮度值）的数目，然后将像素映射为最接近的匹配级别。例如在 RGB 图像中选取两个色调级可以产生 6 种颜色：两种红色、两种绿色和两种蓝色。

执行菜单栏中的【图像】|【调整】|【色调分离】命令，即可打开【色调分离】对话框，如图 7-118 所示。

图 7-119 是执行【色调分离】命令前后的对比效果。

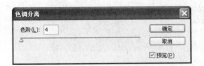

图7-118 【色调分离】对话框

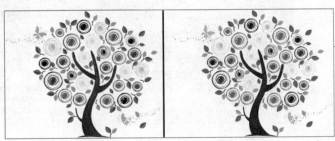

图7-119 色调分离前后的对比效果

7.3 变化

【变化】命令是一个非常简单和直观的图像调整命令，它不像其他命令那样有很复杂的选项。在使用【变化】命令时，只需单击图像的缩览图便可以调整色彩平衡、对比度和饱和度，并且还可以观察到原图像与调整结果的对比效果。

7.3.1 【变化】对话框

首先导入一张图片，然后执行菜单栏中的【图像】|【调整】|【变化】命令，打开【变化】对话框，如图 7-120 所示。

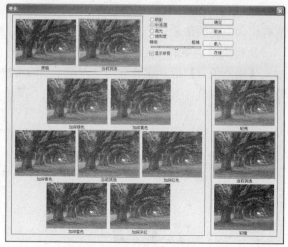

对话框顶部的【原稿】缩览图显示的是调整前的图像，【当前挑选】缩览图显示的是调整后的图像。当第一次打开对话框时，这两个图像是一样的，随着调整的进行，【当前挑选】图像将实时显示当前的调整结果。如果单击【原稿】缩览图，则可将图像恢复为调整前的状态。

在进行调整时，如果想要增加每次的调整量，可以移动【精细／粗糙】滑块，滑块每移动一格，调整量便会双倍增加。

图7-120 【变换】对话框

7.3.2 调整色相

在【变化】对话框中，左侧的 7 个缩略图是用来调整色相的，位于中间的【当前挑选】缩略图显示的是调整结果，另外 6 个缩览图用来调整颜色，单击它们中的任何一个都可以将相应的颜色添加到图像中。例如，如果要向图像中添加黄色，可以单击【加深黄色】缩略图，如图 7-121 所示；如果要向图像中添加蓝色，可以单击【加深蓝色】缩略图，如图 7-122 所示。连续单击则可以累积添加颜色。

图7-121 加深黄色效果

图7-122 加深蓝色效果

【变化】命令是基于色轮来进行颜色调整的，当增加一种颜色时，将自动减少该颜色的补色，例如，增加洋红色会减少绿色；而增加绿色又会减少洋红色。因此，如果要减少一种颜色，可以单击其补色的缩览图，例如，要减少绿色，可单击【加深洋红】缩览图，如图 7-123 所示。了解这个规律后，再进行颜色调整时就会有的放矢了。

图7-123 加深洋红效果

默认情况下，调整的是中间调的色相，如果要调整阴影或者高光的色相，可以在对话框顶部选择【阴影】或者【高光】选项，然后再进行调整。

7.3.3　调整亮度

对话框右侧的 3 个缩览图用来调整图像的亮度。如果要提高图像的亮度，可以单击【较亮】缩略图，如图 7-124 所示；如果要使图像变暗，则单击【较暗】缩略图，如图 7-125 所示。中间的【当前挑选】缩略图显示了调整后的图像效果。

图7-124　提高图像的亮度

图7-125　降低图像的亮度

7.3.4　调整饱和度

如果要调整图像的饱和度，可以选择对话框顶部的【饱和度】选项，对话框中会出现 3 个缩览图。要增加饱和度，可单击【增加饱和度】缩览图，如图 7-126 所示；要减少饱和度，可单击【减少饱和度】缩览图，如图 7-127 所示。中间的【当前挑选】缩览图显示的是调整后的效果。

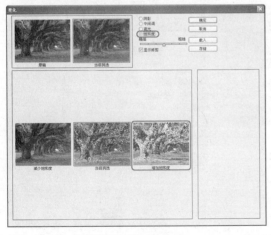

图7-126　增加饱和度

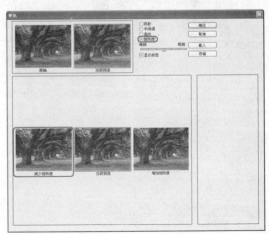

图7-127　减少饱和度

在增加饱和度时，为防止丢失细节，可以选择【显示修剪】复选框。选择该选项后，如果缩览图上出现了异常颜色，就表示颜色被修剪了，这样的区域将丢失细节。如图 7-128 所示为取消勾选该项时图像的调整状态，图 7-129 所示为勾选该项时图像的调整状态。

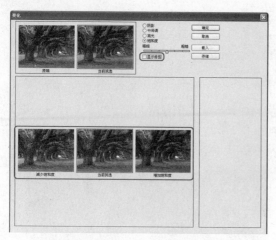
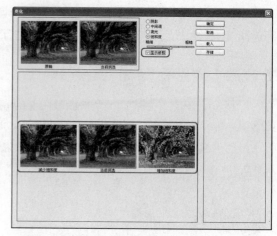

图7-128　未勾选【显示修剪】选项　　　　　　图7-129　勾选【显示修剪】选项

7.4　习题

一、填空题

（1）一个颜色包括 3 个属性：（　　　　　）、（　　　　　）、（　　　　　）。

（2）印刷品是通过（　　　　　）、（　　　　　）、（　　　　　）三种颜色的混合形成丰富多彩的颜色的，所以将（　　　　　）、（　　　　　）、（　　　　　）称为印刷三原色。

二、问答题

（1）【色彩平衡】命令的主要作用是什么？

（2）一个颜色有几个属性？分别是什么？

第 **8** 章

滤镜

Chapter

08

本章要点：

　　滤镜主要用来表现图像的各种特殊效果。在使用 Photoshop 滤镜特效处理图像的过程中，读者可能会发现滤镜特效太多了，不容易把握，也不知道这些滤镜特效究竟适合处理什么样的图片。

　　滤镜的操作是非常简单的，但是真正用起来却很难达到最好的效果。要解决这些问题，就应先了解这些滤镜特效的基本功能和特性，甚至需要具有丰富的想象。通过本章的学习，可以使大家更好地了解滤镜的特点，制作出更多、更好的效果。

主要内容：

- 滤镜基础
- 滤镜库中的滤镜介绍

8.1 滤镜基础

滤镜是 Photoshop 中功能最丰富、效果最奇特的工具之一。滤镜是通过不同的方式改变像素数据，以达到对图像进行抽象、艺术化的特殊处理的效果，还可以模拟出素描、水粉或油画等各种绘画效果。

滤镜分为很多种，在滤镜库中可以对图像使用多个滤镜，也可以对图像使用单个滤镜，从而达到更奇特、更满意的效果。

8.1.1 滤镜基本概述

本章主要对 Photoshop 中的滤镜部分进行简要概括的介绍，【滤镜】菜单如图 8-1 所示。

- 上次滤镜操作：当执行任一滤镜命令后，此命令才可用。用于再次执行上次执行的滤镜操作。
- 转换为智能滤镜：可将普通图层转换为智能对象层，同时将滤镜转换为智能滤镜。将滤镜转换为智能滤镜后，可随时对应用的滤镜进行修改或删除，而不会影响原图像。
- 滤镜库：将弹出【滤镜库】对话框，用于对图层一次应用多个滤镜命令。
- 自适应广角：对广角、超广角及鱼眼的图片进行变形校正。
- 镜头校正：用于修复常见的镜头瑕疵，如用广角镜头拍摄的照片在形状上的失真、晕影和色差等。
- 液化：可使图像产生特殊的扭曲效果，如拼凑、推拉、旋转等变形。
- 油画：将普通图片制作出油画的效果。
- 消失点：可以在具有透视的图像上贴图。
- 其他滤镜命令：用于对图像添加各种特效。
- Digimarc：可以将数字水印嵌入到图像中以储存版权信息。
- 浏览联机滤镜：可连接到 Internet，浏览系统外的外挂滤镜。

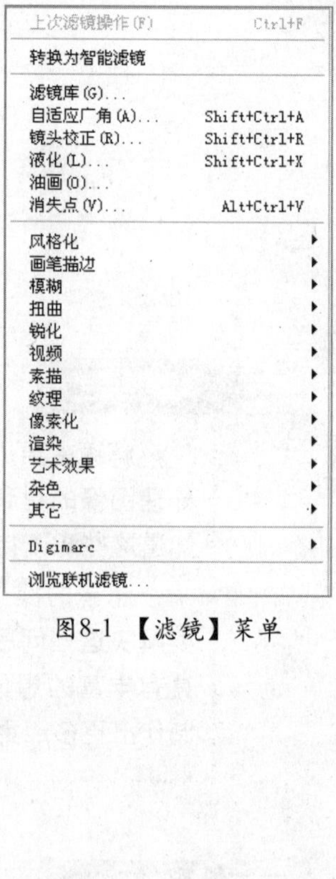

上次滤镜操作 (F)	Ctrl+F
转换为智能滤镜	
滤镜库 (G)...	
自适应广角 (A)...	Shift+Ctrl+A
镜头校正 (R)...	Shift+Ctrl+R
液化 (L)...	Shift+Ctrl+X
油画 (O)...	
消失点 (V)...	Alt+Ctrl+V
风格化	▶
画笔描边	▶
模糊	▶
扭曲	▶
锐化	▶
视频	▶
素描	▶
纹理	▶
像素化	▶
渲染	▶
艺术效果	▶
杂色	▶
其它	▶
Digimarc	▶
浏览联机滤镜...	

图8-1 【滤镜】菜单

8.1.2 使用单个滤镜

选择要使用滤镜效果的图层，然后单击【滤镜】菜单，选择一个滤镜命令，即可为当前图层添加该滤镜。

如图 8-2 所示，当执行过一次滤镜命令后，单击【滤镜】菜单，第一个命令即为最后一次应用的滤镜效果。再次使用该命令，可以使用【Ctrl+F】组合键；按【Ctrl+Alt+F】组合键，将会弹出上次应用滤镜的对话框，可以重新设置参数并应用至图像中。

图8-2 【滤镜】菜单

8.2 智能滤镜

智能滤镜是一种非破坏性的编辑命令，它与图层样式一样存在于单独的图层中，可以随时进行删除或者隐藏，而且其操作不会对图像造成实质性的破坏。

8.2.1 转换为智能滤镜

选择需要转换为智能滤镜的图层，执行【滤镜】|【转换为智能滤镜】命令，即可将所选的图层转换为智能滤镜。

8.2.2 编辑智能滤镜

对普通图层中的图像执行滤镜命令后，此效果将直接应用在图像上，原图像将遭到破坏；而对智能对象应用滤镜命令后，将会产生智能滤镜。智能滤镜中保留有为图像执行的任何滤镜命令和参数设置，这样就可以随时修改执行的滤镜参数，且源图像仍保留有原有的数据。使用智能滤镜的具体操作如下。

01 启动Photoshop CS6软件，打开【素材\第8章\转换为智能滤镜.psd】文件，单击【打开】按钮，如图8-3所示。

02 选择【图层1】，执行【滤镜】|【转换为智能滤镜】菜单命令，弹出如图8-4所示的对话框。

03 单击【确定】按钮，将对象转换为智能对象，然后执行【滤镜】|【模糊】|【高斯模糊】菜单命令，弹出【高斯模糊】对话框，将【半径】设置为【4像素】，如图8-5所示。

04 单击【确定】按钮，产生的模糊效果及智能滤镜如图8-6所示。

05 在【图层】面板中双击 👁 高斯模糊 选项，即可弹出【高斯模糊】对话框，此时可以重新设置高斯模糊的参数，且保留源图像的数据。

图8-3 打开的素材文件

图8-4 提示对话框

图8-5 【高斯模糊】对话框

图8-6 高斯模糊后的效果

8.2.3 停用/启用智能滤镜

单击【高斯模糊】前面的 ◉ 图标，可使高斯模糊滤镜不应用，图像将恢复原来的清晰度。执行【图层】|【智能滤镜】|【停用智能滤镜】菜单命令，也可将该智能滤镜停用。

执行【图层】|【智能滤镜】|【启用智能滤镜】菜单命令或在隐藏 ◉ 图标位置处再次单击鼠标，可将该智能滤镜启用。

8.2.4 编辑智能滤镜蒙版

当将智能滤镜应用于某个智能对象时，在【图层】面板中该智能对象下方的智能滤镜上会显示一个蒙版缩略图。默认情况下，此蒙版显示完整的滤镜效果。如果在应用智能滤镜前已建立选区，则会在【图层】面板中的智能滤镜行上显示适当的蒙版而非一个空白蒙版。

滤镜蒙版的工作方式与图层蒙版非常相似，可以对它们进行绘画，用黑色绘制的滤镜区域将隐藏，用白色绘制的区域将可见，如图 8-7 所示为编辑蒙版后的效果。

提示　默认情况下，图层蒙版与常规或智能对象图层链接，当使用移动工具移动图像蒙版或图层时，它们将作为一个单元移动。

图8-7 编辑蒙版后的效果

8.2.5 删除智能滤镜蒙版

删除智能滤镜蒙版的操作方法有以下3种。

- 将【图层】面板中的滤镜蒙版缩览图拖动至面板下方的 🗑 按钮上，释放鼠标左键。
- 单击【图层】面板中的滤镜蒙版缩览图，将其设置为工作状态，然后单击【蒙版】中的 🗑 按钮。
- 选择智能滤镜效果，并执行【图层】|【智能滤镜】|【删除智能滤镜】菜单命令。

8.2.6 清除智能滤镜

将智能滤镜拖动至【图层】面板下方的 🗑 按钮上以后释放鼠标左键，即可将这个单个智能滤镜删除；选择要删除应用于智能对象的图层，然后执行【图层】|【智能滤镜】|【清除智能滤镜】菜单命令，可将智能对象图层中的所有智能滤镜删除。

8.3 滤镜库

选择要使用滤镜效果的图层，执行【滤镜】|【滤镜库】菜单命令，即可弹出滤镜库对话框，如图8-8所示。在滤镜库中可以对图像进行多个滤镜的应用，在里面进行设置，可以得到最理想的效果。

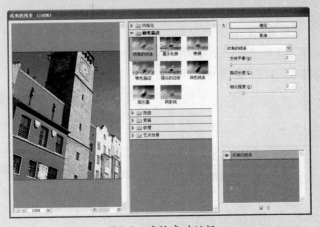

图8-8 滤镜库对话框

8.4 自适应广角

用广角镜头拍摄照片时，都会有镜头畸变的情况，使照片边角位置出现弯曲变形，即使再昂贵的镜头也是如此。【自适应广角】命令在【滤镜】菜单中，与传统的【液化】命令、【镜头矫正】命令属于同一组别。执行【滤镜】|【自适应广角】菜单命令，可打开【自适应广角】对话框，如图8-9所示。

图8-9 【自适应广角】对话框

对话框中有如下工具。

- 【约束工具】：单击图像或拖动端点可添加或编辑约束。按住【Shift】键单击可添加水平或垂直约束，按住【Alt】键单击可删除约束。
- 【多边形约束工具】：单击图像或拖动端点可编辑多边形约束，单击初始点可结束约束，按住【Alt】键单击可删除约束。
- 【移动工具】：拖动以在画布中移动内容。
- 【抓手工具】：拖动以在窗口中移动图像。
- 【缩放工具】：单击或拖动可放大区域，或按住【Alt】键单击可缩小区域。

【自适应广角】命令对话框与 Photoshop 中的其他滤镜对话框基本一致。在右侧的控制板内预设了几种常用校正模式，如鱼眼、透视、完整球面和自动，如图8-10所示，默认情况下为自动模式。【校正】选项组下的参数设置区如图8-11所示。

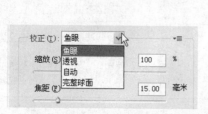

图8-10 校正模式

图8-11 参数设置区

- 【缩放】：指定图像比例。
- 【焦距】：指定焦距。焦距越大，成像越大。
- 【裁切因子】：指定裁切因子。

8.5 镜头校正

【镜头校正】滤镜用于修复常见的镜头缺陷，如桶形和枕形失真、色差和晕影等；也可以用来旋转图像，或修复由于相机垂直或水平倾斜而导致的图像透视现象。与【变换】命令相比，该滤镜提供了网格和变形选项。

执行【滤镜】|【镜头校正】菜单命令，弹出【镜头校正】对话框，如图8-12所示。【镜头校正】对话框分为3个区域，左侧是滤镜工具，中间是预览区和操作窗口，右侧是参数设置区。

图8-12 【镜头校正】对话框

- 【移去扭曲工具】：在画面中拖动鼠标，可以校正桶形失帧。
- 【拉直工具】：校正倾斜的图像或者对图像的角度进行调整。
- 【移动网格工具】：移动网格。
- 【抓手工具】：可以在图像的操作区域中对图像进行拖动并查看。
- 【缩放工具】：可将图像进行放大缩小显示；也可以通过快捷键来操作，如按【Ctrl++】组合键，可以放大视图；按【Ctrl+-】组合键，可以缩小视图。

8.5.1 操作窗口

操作窗口如图 8-13 所示。

相机型号: -- (--)	☑预览(P)	颜色:
镜头型号: --	☐显示网格(G)	大小(I): 64
相机设置: -- 毫米，f/--，-- 米		

图8-13 操作窗口

- 【预览】：勾选该复选框，可以在操作窗口内预览效果。
- 【显示网格】：勾选该复选框，可以在窗口中显示网格。右侧的【颜色】和【大小】选项，可以设置网格的颜色和大小。

8.5.2 参数设置区

参数设置区分为自动校正和自定两种，【自动校正】选项卡如图 8-14 所示，【自定】选项卡如图 8-15 所示。

图8-14 【自动校正】选项卡

图8-15 【自定】选项卡

1. 自动校正

- 【几何扭曲】、【色差】和【晕影】：设置图像中需要校正的部分。
- 【自动缩放图像】：对图像进行校正后，将自动缩放图像；不勾选则显示原图像大小。
- 【边缘】：指定如何处理由枕形失真、旋转或透视校正而产生的空白区域。

2. 自定

- 【设置】：选取一个预设的设置列表。【镜头默认值】选项可使用默认设置的用于制作图像的相机、镜头、焦距和光圈组合存储的位置。【上一次校正】选项可以使用上一次镜头校正中使用的位置。
- 【移去扭曲】：校正镜头桶形或枕形失真。
- 【色差】：下面的选项为校正色边。
- 【晕影】：用于校正由于镜头缺陷等不正确方式导致的边缘较暗的图像。
    - ◆【数量】选项设置沿图像边缘变亮或变暗的程度。
    - ◆【中点】选项设置受【数量】滑块影响的区域的宽度。
- 【变换】：用于校正图像和旋转图像。
    - ◆【垂直透视】选项用于校正由于相机向上或向下倾斜而导致的图像透视。
    - ◆【水平透视】选项用于校正图像的透视并使水平线平行。
    - ◆【角度】选项用于校正相机歪斜导致的透视。
    - ◆【比例】选项用于缩放对象，左右拖动变化可以查看图像的大小变化。

8.6 液化

【液化】滤镜可以对图像做收缩、推拉、扭曲、旋转等变形处理，使画面图案更加丰富更加多样。【液化】滤镜的对比效果如图8-16所示。

图8-16 【液化】滤镜效果对比

【液化】滤镜可用于推、拉、旋转、反射、折叠和膨胀图像的任意区域。创建的扭曲可以是细微的扭曲效果或者剧烈的扭曲效果，这就使得【液化】命令成了修饰图像和创建艺术效果的强大工具。执行【滤镜】|【液化】菜单命令，即可打开【液化】对话框，如图8-17所示。

图8-17 【液化】对话框

该对话框中各个工具的作用如下。

- 【向前变形工具】：使用这个工具，图像会朝着鼠标移动的方向扭曲，扭曲后挤压的效果在移动结束点终止。
- 【重建工具】：可以恢复变形的图像。
- 【褶皱工具】：将图像中的像素向中间移动。
- 【膨胀工具】：将图像中的像素向外移动，可以对像素进行一定的膨胀处理；该工具和褶皱工具相反，它的扭曲方向是向外膨胀。

- 【左推工具】※：在图像中向上拖动鼠标，可将图像中的像素向左侧推进；向下拖动鼠标，可将图像中的像素向右侧推进。
- 【抓手工具】🖐：可以在图像的操作区域中对图像进行拖动并查看。按住【空格】键拖动鼠标，可以移动画面。
- 【缩放工具】🔍：可将图像进行放大缩小显示；也可以通过快捷键来操作，如按【Ctrl++】组合键，可以放大视图；按【Ctrl+-】组合键，可以缩小视图。

8.7　油画

一些图片通过该命令可制作出仿油画的效果。油画的特点是由它所采用的颜料的特性决定的，画面真实立体，色彩鲜艳明快，重在写实。利用 Photoshop 软件对图片进行处理，重在突出油画凹凸、光感、色彩厚重饱和的特点。执行【滤镜】|【油画】菜单命令，可打开【油画】对话框，如图 8-18 所示。

图8-18　【油画】对话框

对话框中各选项功能如下。

- 【样式化】：设置画笔描边的样式。
- 【清洁度】：设置画笔描边的清洁度。
- 【缩放】：指定图像比例。
- 【硬毛刷细节】：设置硬毛刷细节的数量。
- 【角方向】：设置光源的方向。
- 【闪亮】：设置反射的闪亮。

8.8　消失点

　　利用消失点，用户不用再像所有图像内容都在面对用户的单一平面上一样来修饰图像。相反，用户将以立体方式在图像的透视平面上工作。当使用消失点来修饰、添加或移去图像中的内容时，结果将更加逼真，因为系统可正确确定这些编辑操作的方向，并且将它们缩放到透视平面。【消失点】滤镜的对比效果如图 8-19 所示。

图8-19　【消失点】滤镜效果对比

　　【消失点】滤镜是一种特殊的滤镜，它可以在包含透视平面的图像中进行透视校正编辑；执行【滤镜】|【消失点】菜单命令，即可打开【消失点】对话框，如 8-20 所示。

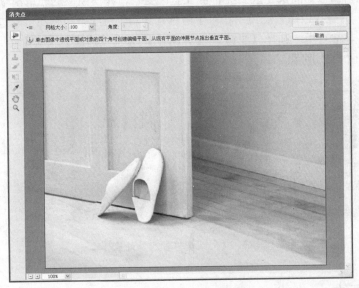

图8-20　【消失点】对话框

- 【编辑平面工具】：该工具用来选择、编辑和移动平面及平面中的节点。
- 【创建平面工具】：用来定义透视平面的 4 个节点，在画面中依次单击鼠标，即可创建透视平面。
- 【选框工具】：在平面上拖动鼠标可以创建平面上的图像，当选择图像后将光标放到选区内，按住【Alt】键的同时拖动鼠标可以将选区中的图像进行复制；按住【Ctrl】键的同时可以拖动选区可以将源图像填充到选区中。

- 【图章工具】🏛️：此工具与工具箱中的【图章工具】的使用方法相同。
- 【画笔工具】✏️：可以在图像上绘制图像。
- 【变换工具】🔲：该工具用来对定界框内的选区中的图像进行缩放、旋转和移动，与使用【自由变换】工具的方法相似。
- 【吸管工具】✒️：在画面中可以拾取颜色作为画笔的绘图颜色。
- 【测量工具】▭：在定选框内点按两点，可以测量距离。
- 【抓手工具】✋：可以在图像的操作区域中对图像进行拖动并查看。
- 【缩放工具】🔍：可将图像进行放大缩小显示；也可以通过快捷键来操作，如按【Ctrl++】组合键，可以放大视图；按【Ctrl+-】组合键，可以缩小视图。

8.9 风格化滤镜

　　风格化滤镜组中包含查找边缘、风和浮雕效果等9种滤镜。风格化滤镜可通过置换像素和查找并增加图像的对比度，在选区中生成绘画或印象派的效果。

8.9.1 查找边缘

　　该滤镜可以将图像的高反差区变亮，低反差区变暗，并使图像的轮廓清晰化。像描画【等高线】滤镜一样，【查找边缘】滤镜用相对于白色背景的黑色线条勾勒图像的边缘，这对于生成图像周围的边界非常有用。选择【滤镜】|【风格化】|【查找边缘】菜单命令，【查找边缘】滤镜的对比效果如图 8-21 所示。

图8-21 【查找边缘】滤镜效果对比

8.9.2 等高线

　　该滤镜查找主要亮度区域的转换线条，并为每一个颜色通道淡淡地勾勒出主要亮度区域的转换线条，以获得与等高线图中的线条类似的效果。执行【滤镜】|【风格化】|【等高线】菜单命令，在弹出的【等高线】对话框中对图像的色阶进行调整后，单击【确定】按钮，【等高线】滤镜的对比效果如图 8-22 所示。

图8-22 【等高线】滤镜效果对比

8.9.3 风

该滤镜在图像中创建细小的水平线条来模拟风的效果，方法包括【风】、【大风】（用于获得更生动的风效果）和【飓风】（使图像中的风线条发生偏移）等几种。执行【滤镜】|【风格化】|【风】菜单命令，在弹出的【风】对话框中进行各项设置后，可以为图像制作出风吹的效果。【风】滤镜的对比效果如图 8-23 所示。

图8-23 【风】滤镜效果对比

8.9.4 浮雕效果

该滤镜将选区的填充色转换为灰色，并用原填充色描画边缘，从而使选区显得凸起或压低。

执行【滤镜】|【风格化】|【浮雕效果】菜单命令，在弹出的【浮雕效果】对话框中进行设置，使用此滤镜的对比效果如图 8-24 所示。

该对话框中的选项包括【角度】（从 -360°使表面压低，+360°使表面凸起）【高度】和选区中颜色数量的百分比（1%~500%）。

若要在进行浮雕处理时保留颜色和细节，可在应用【浮雕效果】滤镜之后使用【渐隐】命令。

图8-24 【浮雕】滤镜效果对比

8.9.5 扩散

根据【扩散】对话框的选项搅乱选区中的像素，可使选区显得十分聚焦。

执行【滤镜】|【风格化】|【扩散】菜单命令，在弹出的【扩散】对话框中进行设置，使用【扩散】滤镜的对比效果如图 8-25 所示。

图8-25 【扩散】滤镜效果对比

对话框各选项功能如下。

- 【正常】：该选项可以将图像的所有区域进行扩散，与原图像的颜色值无关。
- 【变暗优先】：该选项可以将图像中较暗区域的像素进行扩散，用较暗的像素替换较量的区域。
- 【变亮优先】：该选项与【变暗优先】选项相反，是将亮部的像素进行扩散。
- 【各向异性】：该选项可在颜色变化最小的方向上搅乱像素。

8.9.6 拼贴

该滤镜将图像分解为一系列拼贴，使选区偏移原来的位置。可以选取下列对象填充拼贴之间的区域：背景色、前景色、图像的反转版本或图像的未改变版本，它们可使拼贴的版本位于原版本之上并露出原图像中位于拼贴边缘下面的部分。

执行【滤镜】|【风格化】|【拼贴】菜单命令，在弹出的【拼贴】对话框中进行设置，【拼贴】滤镜的对比效果如图 8-26 所示。

图8-26 【拼贴】滤镜效果对比

对话框中各选项功能如下。

- 【拼贴数】：可以设置在图像中使用的拼贴块的数量。
- 【最大位移】：可以设置图像中的拼贴块的间隙的大小。

- 【背景色】：可以将拼贴块之间的间隙的颜色填充为背景色。
- 【前景色】：可以将拼贴块之间的间隙的颜色填充为前景色。
- 【反向图像】：可以将间隙的颜色设置为与原图像相反的颜色。
- 【未改变的图像】：可以将图像间隙的颜色设置为图像汇总的原颜色，设置拼贴后的图像不会有很大的变化。

8.9.7 曝光过度

该滤镜混合负片和正片图像，类似于显影过程中将摄影照片短暂曝光。执行【滤镜】|【风格化】|【曝光过度】菜单命令，使用【曝光过度】滤镜的对比效果如图 8-27 所示。

图8-27 【曝光过度】滤镜效果对比

8.9.8 凸出

该滤镜可以将图像分割为指定的三维立方块或棱锥体（此滤镜不能应用在 Lab 模式下）。【凸出】滤镜的对比效果如图 8-28 所示。

图8-28 【凸出】滤镜效果对比

8.9.9 照亮边缘

该滤镜标识颜色的边缘，并向其添加类似霓虹灯的光亮。执行【滤镜】|【滤镜库】|【风格化】|【照亮边缘】菜单命令，可在【照亮边缘】对话框中进行设置，使用【照亮边缘】滤镜的对比效果如图 8-29 所示。

对话框中各选项功能如下。

- 【边缘宽度】：设置发光边缘的宽度和亮度。
- 【平滑度】：设置发光边缘的平滑程度。

图8-29 【照亮边缘】滤镜效果对比

8.10 画笔描边滤镜

画笔描边滤镜组中的一部分滤镜是通过不同的油墨和画笔将图像进行勾画而产生的绘画效果。这些滤镜可向图像添加颗粒、绘画、杂色、边缘细节或纹理。这些滤镜不能用于 Lab 和 CMYK 模式的图像，所有的【画笔描边】滤镜都可以通过选择【滤镜】|【滤镜库】菜单命令来应用。

8.10.1 成角线条

该滤镜使用对角描边重新绘制图像，即用一个方向的线条绘制图像的亮区，用相反方向的线条绘制暗区。执行【滤镜】|【滤镜库】|【画笔描边】|【成角线条】菜单命令，在打开的【成角线条】对话框中进行各项数值的设置。【成角的线条】滤镜的对比效果如图 8-30 所示。

图8-30 【成角线条】滤镜效果对比

对话框中各选项功能如下。

- 【方向平衡】：设置线条的角度。
- 【描边长度】：设置对角线条的长度。
- 【锐化程度】：设置线条的清晰程度。

8.10.2 墨水轮廓

该滤镜以钢笔画的风格，用纤细的线条在原细节上重绘图像。执行【滤镜】|【滤镜库】|【画

笔描边】|【墨水轮廓】菜单命令,可打开【墨水轮廓】对话框进行各项数值的设置。【墨水轮廓】滤镜的对比效果如图8-31所示。

对话框中各选项功能如下。

- 【描边长度】:设置线条的长度。
- 【深色强度】:设置深颜色线条的强度。若颜色越深,则值就越高。
- 【光照强度】:设置线条高光的强度。若亮度越高,则值就越高。

图8-31 【墨水轮廓】滤镜效果对比

8.10.3 喷溅

该滤镜模拟喷溅的效果,可简化总体效果。执行【滤镜】|【滤镜库】|【画笔描边】|【喷溅】菜单命令,可在【喷溅】对话框中进行各项数值的设置。【喷溅】滤镜的对比效果如图 8-32 所示。

- 【喷色半径】:设置将不同颜色的区域进行分散与集中,值越高颜色越分散。
- 【平滑度】:设置喷射效果的平滑程度。

图8-32 【喷溅】滤镜效果对比

8.10.4 喷色描边

该滤镜使用图像的主导色,用成角的、喷溅的颜色线条重新绘画图像。执行【滤镜】|【滤镜库】|【画笔描边】|【喷色描边】菜单命令,可在【喷溅描边】对话框中进行各项数值的设置。【喷色描边】滤镜的对比效果如图 8-33 所示。

- 【描边长度】:设置画面中笔触线条的长度。
- 【喷色半径】:设置线条的"喷洒"范围。

- 【描边方向】：设置描边的线条的方向。

图8-33 【喷色描边】滤镜效果对比

8.10.5 强化的边缘

该滤镜用于强化图像边缘。设置高的边缘亮度控制值时，强化效果类似白色粉笔；设置低的边缘亮度控制值时，强化效果类似黑色油墨。执行【滤镜】|【滤镜库】|【画笔描边】|【强化的边缘】菜单命令，可在【强化的边缘】对话框中进行各项数值的设置。使用【强化的边缘】滤镜的对比效果如图 8-34 所示。

- 【边缘宽度】：调整强化的边缘的宽度。
- 【边缘亮度】：调整强化的边缘的亮度。
- 【平滑度】：设置图像边缘的平滑度，值越高画面的效果越柔和。

图8-34 【强化的边缘】滤镜效果对比

8.10.6 深色线条

该滤镜可以用短的、绷紧的线条绘制图像中接近黑色的暗区，用长的白色线条绘制图像中的亮区。执行【滤镜】|【滤镜库】|【画笔描边】|【深色线条】菜单命令，可在【深色线条】对话框中进行各项数值的设置。【深色线条】滤镜的对比效果如图 8-35 所示。

- 【平衡】：控制黑白色调的比例。
- 【黑色强调】：控制黑颜色的强度。
- 【白色强度】：控制白颜色的强度。

图8-35 【深色线条】滤镜效果对比

8.10.7 烟灰墨

该滤镜制作出如同是用蘸满黑色油墨的湿画笔在宣纸上绘画效果，这种效果具有非常黑的柔化模糊边缘。执行【滤镜】|【滤镜库】|【画笔描边】|【烟灰墨】菜单命令，可在【烟灰墨】对话框中进行各项数值的设置。【烟灰墨】滤镜的对比效果如图 8-36 所示。

- 【描边宽度】：设置的创建出的图像中笔触的宽度。
- 【描边压力】：设置笔触的压力。
- 【对比度】：调整图像的整体对比效果。

图8-36 【烟灰墨】滤镜效果对比

8.10.8 阴影线

该滤镜保留原稿图像的细节和特征，同时使用模拟的铅笔阴影线添加纹理，并使图像中彩色区域的边缘变粗糙。执行【滤镜】|【滤镜库】|【画笔描边】|【阴影线】菜单命令，可在【阴影线】对话框中进行各项数值的设置。使用【阴影线】滤镜的对比效果如图 8-37 所示。

图8-37 【阴影线】滤镜效果对比

- 【描边长度】：调整图像中线条的长度。
- 【锐化程度】：调整线条的清晰程度，越清晰值越高。
- 【强度】：调整生成阴影线的数量和清晰度。

8.11 扭曲滤镜

【扭曲】滤镜可以对图像进行几何扭曲，不同的滤镜可以为图像制作出各种不同的扭曲效果。

【扩散亮光】滤镜、【玻璃】滤镜和【海洋波纹】滤镜等可以通过选择【滤镜】|【滤镜库】菜单命令来应用，其他的扭曲滤镜可以通过选择【滤镜】|【扭曲】菜单命令来应用。

8.11.1 波浪

该滤镜工作方式类似波纹滤镜，但可以进一步的控制，选项包括【生成器数】、【波长】（从一个波峰到下一个波峰的距离）、【波幅】，以及波浪【类型】：正弦、三角形、方形；单击【随机化】按钮可以应用随机值，也可以定义未定义的区域。执行【滤镜】|【扭曲】|【波浪】菜单命令，如图 8-38 所示的是打开的【波浪】对话框。【波浪】滤镜的对比效果如图 8-39 所示。

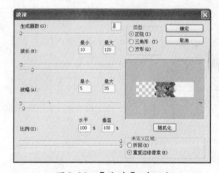

图8-38 【波浪】对话框

图8-39 【波浪】滤镜效果对比

对话框中各选项功能如下。

- 【生成器数】：控制博文产生时的数量，范围是 1~999。
- 【波长】：其最大值与最小值决定相邻波峰之间的距离，两值相互约束，最大波长必须大于或等于最波长。
- 【波幅】：其最大值与最小值决定波的高度，两值相互约束，最大波幅必须大于或等于最小波幅。
- 【比例】：控制图像在水平或垂直方向上的波动程度。
- 【类型】：有 3 种类型可供选择来设置波浪的形状，分别是正弦、三角形和正方形。
- 【随机化】：每单击一下此按钮，都可以为波浪指定一种随即效果，也可以将不满意的波浪效果进行重新设定。
- 【折回】：将变形后超出图像边缘的部分反卷到图像的对边。
- 【重复边缘像素】：填入扭曲边缘的像素颜色。

8.11.2　波纹

　　该滤镜在选区上创建波状起伏的图案，像水池表面的波纹。若要进一步进行控制，可以使用【波纹】滤镜。该滤镜与【波浪】命令的用法相同；如图 8-40 所示的是打开的【波纹】对话框。【波纹】滤镜的对比效果如图 8-41 所示。

- 【数量】：设置波纹的数量。
- 【大小】：设置波纹的大小。

图8-40　【波纹】对话框

图8-41　【波纹】滤镜效果对比

8.11.3　极坐标

　　该滤镜根据选中的选项，将选区从平面坐标转换到极坐标，或将选区从极坐标转换到平面坐标。可以使用此滤镜创建圆柱变体（18 世纪流行的艺术）。执行【滤镜】|【扭曲】|【极坐标】菜单命令，打开【极坐标】对话框，如图 8-42 所示。【极坐标】滤镜的对比效果如图 8-43 所示。

图8-42　【极坐标】对话框

图8-43　【极坐标】滤镜效果对比

8.11.4　挤压

　　【挤压】滤镜可以制作出向内或向外扭曲的挤压效果。执行【滤镜】|【扭曲】|【挤压】菜单命令，打开【挤压】对话框，如图 8-44 所示。【挤压】滤镜的对比效果如图 8-45 所示。

　　对话框中的【数量】选项设置挤压时凸起与收缩时的效果，正值（最大值是 100%）将选区向中心移动，负值（最小值是 -100%）将选区向外移动。

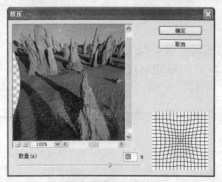

图8-44 【挤压】对话框

图8-45 【挤压】滤镜效果对比

8.11.5 玻璃

该滤镜使图像看起来像是透过不同类型的玻璃来观看。可以选取一种玻璃效果，也可以将自己的玻璃表面创建为 Photoshop 文件并应用它。可以调整【扭曲度】、【平滑度】和【纹理】、【缩放】设置。执行【滤镜】|【滤镜库】|【玻璃】菜单命令，可弹出【玻璃】对话框，如图 8-46 所示。【玻璃】滤镜的对比效果如图 8-47 所示。

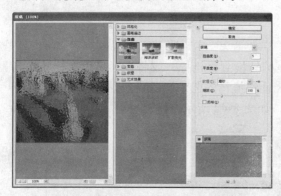

图8-46 【玻璃】对话框

图8-47 【玻璃】滤镜效果对比

对话框中的选项功能如下。

- 【扭曲度】：可以改变扭曲的程度，值越高，扭曲的程度越高。
- 【平滑度】：可以改变图像中纹理的平滑程度。
- 【纹理】：在下拉列表中可以选择扭曲的纹理，其中包括块状、磨砂、画布大小和小镜头 4 个选项。
- 【缩放】：设置纹理的缩放程度。
- 【反相】：可以反向纹理的效果。

8.11.6 海洋波纹

该滤镜将随机分隔的波纹添加到图像表面，使图像看上去像是在水中。执行【滤镜】|【滤镜库】|【海洋波纹】菜单命令，可打开【海洋波纹】对话框，如图 8-48 所示。【海洋波纹】滤镜的对比效果，如图 8-49 所示。

- 【波纹大小】：调整波纹的大小。
- 【波纹幅度】：调整波纹幅度的扩大或缩小。

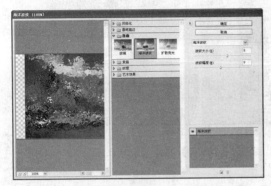 

图8-48 【海洋波纹】对话框　　　　　　　图8-49 【海洋波纹】滤镜效果对比

8.11.7　扩散亮光

　　该滤镜将图像渲染成像是通过一个柔和的扩散滤镜来观看的。此滤镜将透明的白杂色添加到图像，并从选区的中心向外渐隐亮光。执行【滤镜】|【滤镜库】|【扩散高光】菜单命令，可打开【扩散高光】对话框，如图 8-50 所示。【扩散亮光】滤镜的对比效果如图 8-51 所示。

- 【粒度】：设置在图像中添加颗粒的密度。
- 【发光量】：设置图像中的光亮效果的强度。
- 【清除数量】：设置图像中滤镜所影响的范围。该值越高，则影响的范围越小。

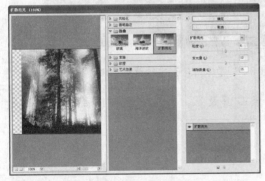 

图8-50 【扩散高光】对话框　　　　　　　图8-51 【扩散高光】滤镜效果对比

8.11.8　切变

　　该滤镜沿一条曲线扭曲图像。通过拖动框中的线条来指定曲线，形成一条扭曲的曲线。可以调整曲线上的任何一点，单出【默认】按钮可以将曲线恢复为直线，另外还可以更改未定义区域选项来进行扭曲。执行【滤镜】|【扭曲】|【切变】菜单命令，打开【切变】窗口，调整对话框中的曲线就可为图像制作出扭曲的效果，如图 8-52 所示。【切变】滤镜的对比效果如图 8-53 所示。

- 【折回】：将切变后超出图像边缘的部分反卷到图像的对边。
- 【重复边缘像素】：将图像中因为切变变形超出图像的部分分布到图像的边界。

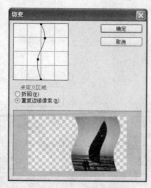

图8-52 【切变】对话框

图8-53 【切变】滤镜效果对比

8.11.9 球面化

执行【滤镜】|【扭曲】|【球面化】菜单命令，打开【球面化】对话框，调整对话框中的数值，可在图像中创建球面化的效果，如图 8-54 所示。【球面化】滤镜的对比效果如图 8-55 所示。

图8-54 【球面化】对话框

图8-55 【球面化】滤镜效果对比

- 【数量】：控制图像变形的强度，正值产生凸出效果，负值产生凹陷效果，范围是 -100%~100%。
- 【正常】：在水平和垂直方向上共同变形。
- 【水平优先】：只在水平方向上变形。
- 【垂直优先】：只在垂直方向上变形。

8.11.10 水波

该滤镜可以制作出水波的效果。执行【滤镜】|【扭曲】|【水波】菜单命令，可打开【水波】对话框，如图 8-56 所示。【水波】滤镜的对比效果如图 8-57 所示。

- 【数量】：设置水波的大小。
- 【起伏】：设置水波波纹的数量。
- 【水池波纹】：将像素置换到左上方或右上方。
- 【从中心向外】：向着或远离选区中心置换像素。
- 【围绕中心】：围绕中心旋转像素。

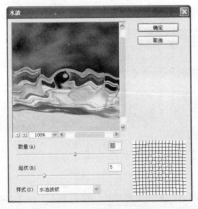

图8-56 【水波】对话框

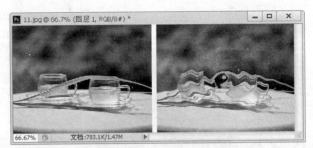

图8-57 【水波】滤镜效果对比

8.11.11 旋转扭曲

该滤镜旋转选区，中心的旋转程度比边缘的旋转程度大；指定角度时，可以生成旋转扭曲图案。执行【滤镜】|【扭曲】|【旋转扭曲】菜单命令，可打开【旋转扭曲】对话框，如图8-58所示。【旋转扭曲】滤镜的对比效果如图8-59所示。

对话框中的【角度】选项设置旋转扭曲时的角度大小。

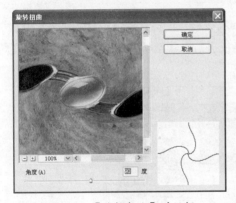

图8-58 【旋转扭曲】对话框

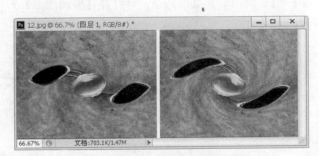

图8-59 【旋转扭曲】滤镜效果对比

8.11.12 置换

【置换】滤镜可以根据一张图片的亮度将现有图像的像素重新排列并产生位移，在置换的时候需要用格式为PSD的图像。执行【滤镜】|【扭曲】|【置换】菜单命令，可打开【置换】对话框，如图8-60所示。【置换】滤镜的对比效果如图8-61所示。

- 【水平比例】：设置置换图像时图像的水平变形比例。
- 【垂直比例】：设置置换图像时图像的垂直变形比例。
- 【伸展以适合】：将置换图像的尺寸伸展到与原图像大小相同的尺寸。
- 【拼贴】：将图像的空白区域以拼贴的方式进行填补。
- 【未定义区域】：设置图像边界不完整的空白区域以什么方式进行填补。

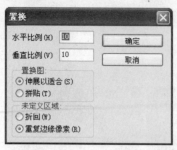

图8-60 【置换】对话框

图8-61 【置换】滤镜效果对比

8.12 素描滤镜

在素描滤镜中包含有14中滤镜，使用素描滤镜可将纹理添加到图像上，通常用于获得3D效果。这些滤镜还适用于创建美术或手绘外观。许多素描滤镜在重绘图像时都需要使用前景色和背景色，因此可以设置不同的前景色和背景色以得到更多不同的效果。所有的素描滤镜都可以通过选择【滤镜】|【滤镜库】菜单命令来应用。

8.12.1 半调图案

该滤镜在保持连续的色调范围的同时，模拟半调网屏的效果。执行【滤镜】|【滤镜库】|【素描】|【半调图案】菜单命令，可打开【半调图案】对话框进行各项数值的设置，使用此滤镜的对比效果如图 8-62 所示。

图8-62 【半调图案】滤镜效果对比

8.12.2 便条纸

该滤镜可将图像创建出类似纸张的感觉，结合了【风格化】|【浮雕效果】和【纹理】|【颗粒】滤镜的效果。图像的暗区显示为纸张上层中的洞，可使背景色显示出来。

8.12.3 粉笔和炭笔

该滤镜可以制作出粉笔和炭笔相结合的绘画效果，重绘图像的高光和中间调，其背景为粗糙粉笔绘制的纯中间调。阴影区域用黑色对角炭笔线条替换。炭笔用前景色绘制，粉笔用背景色绘制。使用此滤镜的对比效果如图 8-63 所示。

图8-63 【粉笔和炭笔】滤镜效果对比

8.12.4 铬黄渐变

该滤镜命令可以创建出类似塑料的质感，使用【色阶】对话框可以增加图像的对比度。高光在反射表面上是高点，暗调是低点。使用此滤镜的对比效果如图 8-64 所示。

图8-64 【铬黄渐变】滤镜效果对比

8.12.5 绘图笔

该滤镜命令可以将图像用短而细的线条进行绘制，多用于对扫描图像进行描边。此滤镜使用前景色作为油墨，使用背景色作为纸张，以替换原图像中的颜色。使用此滤镜的对比效果如图 8-65 所示。

图8-65 【绘图笔】滤镜效果对比

8.12.6 基底凸现

该滤镜可以将图像呈现浮雕的雕刻状和突出光照下变化各异的表面。图像的暗区呈现前景色，而浅色使用背景色。使用此滤镜的对比效果如图 8-66 所示。

图8-66 【基底凸现】滤镜效果对比

8.12.7 水彩画纸

该滤镜可以将图像制作成水彩画的效果。【水彩画纸】滤镜的对比效果如图 8-67 所示。

图8-67 【水彩画纸】滤镜效果对比

8.12.8 撕边

该滤镜可以将图像制作出粗糙、撕破的纸片状的效果，使用前景色与背景色给图像着色。使用此滤镜的对比效果如图 8-68 所示。

图8-68 【撕边】滤镜效果对比

8.12.9 炭笔

该滤镜可以将图像处理成素描画的效果，炭笔是前景色，纸张是背景色。使用此滤镜的对比效果如图 8-69 所示。

图8-69 【炭笔】滤镜效果对比

8.12.10 炭精笔

该滤镜命令可以使用不同的背景色处理不同的炭精笔的纹理。【炭精笔】滤镜在暗区使用前景色，在亮区使用背景色。使用此滤镜的对比效果如图 8-70 所示。

图8-70 【炭精笔】滤镜效果对比

8.12.11 图章

该滤镜可以简化图像，使之呈现用橡皮或木制图章盖印的样子。【图章】滤镜的对比效果如图 8-71 所示。

图8-71 【图章】滤镜效果对比

8.12.12 网状

该滤镜可以模拟胶片乳胶的可控收缩和扭曲来重新创建图像，使图像的暗部结块，在亮部呈轻微颗粒化。【网状】滤镜的对比效果如图 8-72 所示。

图8-72 【网状】滤镜效果对比

8.12.13 影印

该滤镜可以模拟前景色和背景色影印图像的效果。使用【影印】滤镜的对比效果如图 8-73 所示。

图8-73 【影印】滤镜效果对比

8.13 纹理滤镜

该滤镜可以使图像的表面具有深度感或物质外观感，或者添加一种器质外观，它含有 6 种滤镜。所有的纹理滤镜都可以通过选择【滤镜】|【滤镜库】菜单命令来应用。

8.13.1 龟裂缝

使用此滤镜可以对包含多种颜色值或灰度值的图像创建龟裂纹效果。【龟裂缝】滤镜的对比效果如图 8-74 所示。

图8-74 【龟裂缝】滤镜效果对比

8.13.2 颗粒

该滤镜通过各项数值的设置,模拟不同种类的颗粒。【颗粒】滤镜的对比效果如图 8-75 所示。

图8-75 【颗粒】滤镜效果对比

8.13.3 马赛克拼贴

该滤镜可将图像分解成各种颜色的像素块。使用【马赛克拼贴】滤镜的对比效果如图 8-76 所示。

图8-76 【马赛克拼贴】滤镜效果对比

8.13.4 拼缀图

该滤镜可以将图像用正方形的方块进行规则的排列,它会随机减小或增大拼贴的深度,以模拟高光和暗调。使用此滤镜的对比效果如图 8-77 所示。

图8-77 【拼缀图】滤镜效果对比

8.13.5 染色玻璃

该滤镜可以将图像处理为类似彩色玻璃的效果，将图像重新绘制为用前景色勾勒的单色的相邻的色块。【染色玻璃】滤镜的对比效果如图 8-78 所示。

图8-78 【染色玻璃】滤镜效果对比

8.13.6 纹理化

该滤镜可以将选择或创建的纹理应用于图像，创建出各种纹理的效果，如砖形、粗麻布和画布等效果。使用【纹理化】滤镜的对比效果如图 8-79 所示。

图8-79 【纹理化】滤镜效果对比

8.14 艺术效果滤镜

该滤镜滤镜可以多种艺术效果，它包含 15 个滤镜命令。所有的【艺术效果】滤镜都可以通过选择【滤镜】|【滤镜库】菜单命令来应用，打开的【滤镜库】对话框如图 8-80 所示。

图8-80 【滤镜库】对话框

8.14.1 壁画

该滤镜使用短而圆的、粗略轻涂的小块颜料，可以制作出壁画的效果。使用【壁画】滤镜的对比效果如图 8-81 所示。

图8-81 【壁画】滤镜效果对比

8.14.2 彩色铅笔

该滤镜可以模拟出彩色铅笔的绘画效果，纯色背景色则透过比较平滑的区域显示出来。使用【彩色铅笔】滤镜的对比如图 8-82 所示。

图8-82 【彩色铅笔】滤镜效果对比

8.14.3 粗糙蜡笔

该滤镜可以将图像创建为粗糙的蜡笔效果。使用【粗糙蜡笔】滤镜的对比效果如图 8-83 所示。

图8-83 【粗糙蜡笔】滤镜效果对比

8.14.4 底纹效果

该滤镜可以根据设置的纹理在图像中产生一种纹理涂抹的效果，同时也可以用来创建布料或者油画的效果。使用【底纹效果】滤镜的对比效果如图 8-84 所示。

图8-84 【底纹效果】滤镜效果对比

8.14.5 调色刀

该滤镜可以制作出类似于利用调色刀绘画的效果，用来减少图像中的细节，以生成描绘的很淡的画布效果，并可以显示出下面的纹理；描边值越大，图像效果越模糊。使用【调色刀】滤镜效果对比效果如图 8-85 所示。

图8-85 【调色刀】滤镜效果对比

8.14.6 干画笔

该滤镜可以使图像表现出介于水彩和油彩之间的效果，并通过将图像的颜色范围降到普通颜色范围来简化图像。使用【干画笔】滤镜的对比效果如图 8-86 所示。

图8-86 【干画笔】滤镜效果对比

8.14.7 海报边缘

该滤镜可以根据设置的海报化选项减少图像中的颜色数量（色调分离），并查找图像的边缘，然后在边缘上形成黑色线条。使用【海报边缘】滤镜的对比效果如图 8-87 所示。

图8-87 【海报边缘】滤镜效果对比

8.14.8 海绵

使用颜色对比强烈、纹理较重的区域创建图像，使图像看上去好像是用海绵绘制的。【海绵】滤镜的对比效果如图 8-88 所示。

图8-88 【海绵】滤镜效果对比

8.14.9 绘画涂抹

该滤镜可以选取各种大小（从 1~50）和类型的画笔来创建绘画效果。画笔类型包括简单、未处理光照、未处理深色、宽锐化、宽模糊和火花等。【绘画涂抹】滤镜的对比效果如图 8-89 所示。

图8-89 【绘画涂抹】滤镜效果对比

8.14.10　胶片颗粒

该滤镜将平滑图案应用于图像的阴影色调和中间色调，将一种更平滑、饱和度更高的图案添加到图像的亮区。在消除混合的条纹和将各种来源的图素在视觉上进行统一时，此种滤镜非常有用。【胶片颗粒】滤镜的对比效果如图 8-90 所示。

图8-90　【胶片颗粒】滤镜效果对比

8.14.11　木刻

该滤镜将图像描绘成好像是由从彩纸上减下的边缘粗糙的剪纸片组成的。高对比度的图像看起来呈剪影状,而彩色图像看上去则由几层彩纸组成的。【木刻】滤镜的对比效果如图 8-91 所示。

图8-91　【木刻】滤镜效果对比

8.14.12　霓虹灯光

该滤镜将各种类型的光添加到图像中的对象上，这在柔化图像外观时给图像着色很有用。若要选择一种发光颜色，可单击【发光颜色】后面的方框，然后从拾色器中选择一种颜色。【霓虹灯光】滤镜的对比效果如图 8-92 所示。

图8-92　【霓虹灯光】滤镜效果对比

8.14.13 水彩

该滤镜以水彩的风格绘制图像，简化了图像细节，使用蘸了水和颜色的中号画笔绘制。当边缘有显著的色调变化时，会使颜色饱满。【水彩】滤镜的对比效果如图 8-93 所示。

图8-93 【水彩】滤镜效果对比

8.14.14 塑料包装

该滤镜可以给图像涂上一层光亮的塑料，以强调表面细节。【塑料包装】滤镜的对比效果如图 8-94 所示。

图8-94 【塑料包装】滤镜效果对比

8.14.15 涂抹棒

该滤镜使用短的对角描边涂抹图像的暗区以柔化图像，这样亮区会变得更亮，以致失去细节。【涂抹棒】滤镜的对比效果如图 8-95 所示。

图8-95 【涂抹棒】滤镜效果对比

8.15 模糊滤镜

模糊滤镜组中包含有 14 种模糊的效果，在场景中可以利用该组滤镜对图像进行模糊和柔化处理。所有的【模糊】滤镜都可以通过选择【滤镜】|【模糊】菜单命令来应用。

8.15.1 场景模糊

该滤镜对图片进行焦距调整，可以对一副照片全局或多个局部进行模糊处理，和拍摄原理一样，选定主体以后，主体之前或之后的物体就会相应的模糊。使用【场景模糊】滤镜的对比效果如图 8-96 所示。

图8-96 【场景模糊】滤镜效果对比

8.15.2 光圈模糊

该滤镜就是用类似相机的镜头来对焦，焦点周围的图像会相应的模糊。使用【光圈模糊】滤镜的对比效果如图 8-97 所示。

图8-97 【光圈模糊】滤镜效果对比

8.15.3 倾斜偏移

此滤镜用来模仿微距图片拍摄的效果。使用【倾斜偏移】滤镜的对比效果如图 8-98 所示。

图8-98 【倾斜模糊】滤镜效果对比

8.15.4 表面模糊

该滤镜用来创建特殊效果并消除杂色或颗粒，可以将图像表面进行模糊。使用【表面模糊】滤镜的对比效果如图 8-99 所示。

- 【半径】：决定了模糊取样区域的大小。
- 【阈值】：该选项用来控制色调值差小于阈值的像素将被排除在模糊之外。

图8-99 【表面模糊】滤镜效果对比

8.15.5 动感模糊

该滤镜可以沿指定的方向和指定的强度模糊图像，在表现对象的速度感时经常会用到该滤镜。使用【动感模糊】滤镜的对比效果如图 8-100 所示。

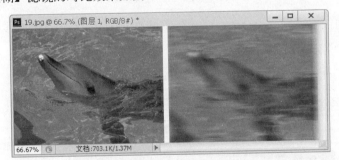

图8-100 【动感模糊】滤镜效果对比

- 【角度】：设置模糊的方向。
- 【距离】：设置图像模糊时像素的移动数量。

8.15.6 方框模糊

该滤镜可基于相邻像素的平均颜色值来模糊图像。使用【方框模糊】滤镜对比效果如图 8-101 所示。

对话框中的【半径】选项设置用于计算像素平均值的大小。

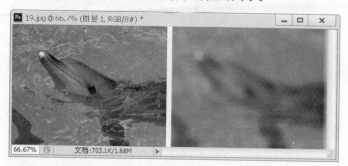

图8-101 【方框模糊】滤镜效果对比

8.15.7 高斯模糊

该滤镜可以为图像添加低频细节，使图像产生一种朦胧的感觉。使用【高斯模糊】滤镜对比效果如图 8-102 所示。

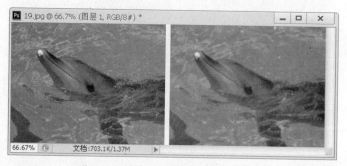

图8-102 【高斯模糊】滤镜效果对比

8.15.8 进一步模糊

该滤镜可以将图像进行模糊处理，以在图像中消除杂色。使用【进一步模糊】滤镜对比效果如图 8-103 所示。

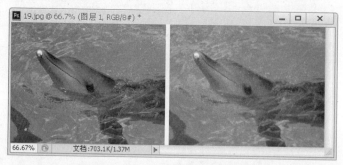

图8-103 【进一步模糊】滤镜效果对比

8.15.9　径向模糊

该滤镜可以处理出不同方向和不同方式的模糊效果,对图像进行旋转或者进行缩放模糊。【径向模糊】对话框中包含一个【中心模糊】设置框,单击可以将单击点设置为模糊的原点,原点的位置不同,模糊的效果也不相同。使用【径向模糊】滤镜的对比效果如图 8-104 所示。

- 【数量】:设置模糊的强度,值越高模糊的效果越强。
- 【模糊方法】:选择一种模糊方式,不同模糊方式会出现不同的模糊效果。
- 【品质】:设置模糊后的效果品质。
- 【中心模糊】:移动设置框内的中心点可以移动模糊的原点。

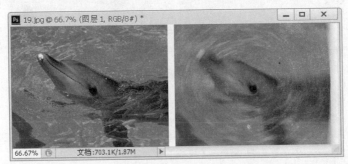

图8-104　【径向模糊】滤镜效果对比

8.15.10　镜头模糊

该滤镜通常用来向图像中添加模糊,以产生更窄的景深效果,使图像中的一些对象在焦点内,而使另一些区域变模糊。使用【镜头模糊】滤镜的对比效果如图 8-105 所示。

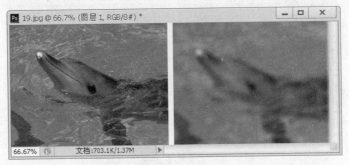

图8-105　【镜头模糊】滤镜效果对比

- 【更快】:提高图像在预览区域预览时的速度。
- 【更加准确】:查看图像的最后预览效果。
- 【源】:设定迷糊的内容。
- 【模糊焦距】:设置位于焦点内像素的深度。
- 【反向】:反转蒙版和通道,然后反向选择需要进行模糊的物体。
- 【光圈】:设置迷糊的显示方式。
- 【镜面高光】:设置镜面高光的范围。
- 【杂色】:左右拖动滑块可以对图像添加或减少杂色。

- 【分布】：调整杂色的分布方式，包含有平均分布和高斯分布。
- 【单色】：可以在图像中添加杂色而不影响图像。

8.15.11　模糊

该滤镜可以对图像进行模糊处理，也可以对图像进行消除杂色处理，可以在对比度过大的区域进行光滑处理并使其产生轻微的模糊效果。使用【模糊】滤镜的对比效果如图 8-106 所示。

图8-106　【模糊】滤镜效果对比

8.15.12　平均

该滤镜可以找出图像或选区的平均颜色，然后用该颜色填充图像。使用【平均】滤镜的对比效果如图 8-107 所示。

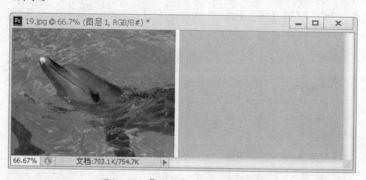

图8-107　【平均】滤镜效果对比

8.15.13　特殊模糊

该滤镜可以为图像进行更精确的模糊，对话框中包括【半径】、【阈值】和模糊【品质】等设置选项，可更加精确地模糊图像。使用【特殊模糊】滤镜的对比效果如图 8-108 所示。

- 【半径】：设置模糊的范围，值越高，模糊的效果越明显。
- 【阈值】：确定像素之间有多大的差异之后才会被模糊处理。
- 【品质】：设置图像模糊后的品质。
- 【模式】：为模糊的效果添加特殊的效果。

图8-108 【特殊模糊】滤镜效果对比

8.15.14 形状模糊

该滤镜可以使用提供的形状进行模糊处理。使用【形状模糊】滤镜的对比效果如图 8-109 所示。

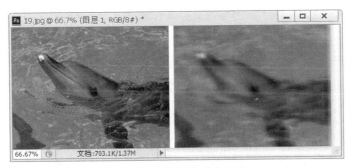

图8-109 【形状模糊】滤镜效果对比

8.16 杂色滤镜

杂色滤镜组可以为图像添加或移去杂色或带有随机分布色阶的像素，可以创建与众不同的纹理效果或移去图像中有问题的区域，如灰尘和划痕。该组滤镜包含了 5 个滤镜命令。

8.16.1 减少杂色

该滤镜命令可以将图像中一些无关像素进行弱化或者消除。执行【滤镜】|【模糊】|【减少杂色】命令，打开【减少杂色】对话框，如图 8-110 所示。使用【减少杂色】滤镜的对比效果如图 8-111 所示。

- 【强度】：设置所有图像通道的亮度杂色的减少量。
- 【保留细节】：设置图像边缘的细节保留程度。
- 【减少杂色】：移去随机的颜色像素。值越大，减少的颜色杂色越多。
- 【锐化细节】：对图像进行锐化。移去杂色将会降低图像的锐化程度。可使用对话框中的锐化控件或其他 Photoshop 锐化滤镜来恢复锐化程度。

- 【移去 JPEG 不自然感】：移去由于使用低 JPEG 品质设置存储图像而导致的斑驳的图像伪像和光晕。

图像杂色可能会以如下两种形式出现：亮度（灰度）杂色，这些杂色使图像看起来斑斑点点；颜色杂色，这些杂色通常看起来像是图像中的彩色伪像。

图8-110 【减少杂色】对话框

图8-111 【减少杂色】滤镜效果对比

8.16.2 蒙尘与划痕

该滤镜可以通过更改图像中或选区中相异的像素，并将其融入周围的图像中去来减少杂色。为了在清晰化和隐藏瑕疵之间取得平衡，可尝试【半径】与【阈值】设置的各种组合。执行【滤镜】|【杂色】|【蒙尘与划痕】菜单命令，可打开【蒙尘与划痕】对话框，如图 8-112 所示。使用【蒙尘与划痕】滤镜的对比效果如图 8-113 所示。

- 【半径】：控制捕捉相异像素的范围。
- 【阈值】：用于确定像素的差异究竟达到多少时才被消除。

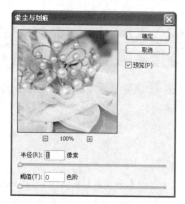

图8-112 【蒙尘与划痕】对话框

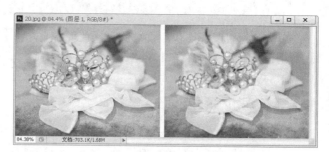

图8-113 【蒙尘与划痕】滤镜效果对比

8.16.3 去斑

该滤镜可以模糊并去除图像中的杂色。它会检测图像的边缘（发生显著颜色变化的区域）并模糊，除去那些边缘外的所有选区，同时保留细节。执行【滤镜】|【杂色】|【去斑】菜单命令，就可以查看此滤镜的效果。

8.16.4 添加杂色

该滤镜可以将一定数量的杂色以随机的方式添加到图像中，模拟在高速胶片上拍照的效果。也可用于减少羽化选区或渐进填充中的条纹，或使经过重新修饰的区域看起来更真实。执行【滤镜】|【杂色】|【添加杂色】菜单命令，可打开【添加杂色】对话框，如图 8-114 所示。使用【添加杂色】滤镜的对比效果如图 8-115 所示。

- 【数量】：设置添加的杂色的数量。
- 【分布】：选择杂色分布的方式。
- 【单色】：勾选该选项，则加入的杂色为单色。

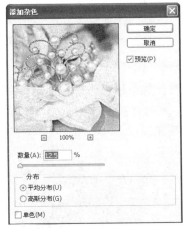

图8-114 【添加杂色】对话框

图8-115 【添加杂色】滤镜效果对比

8.16.5 中间值

该滤镜可以通过混合选区中像素的亮度来减少图像的杂色。它会搜索像素选区的半径范围，以查找亮度相近的像素，扔掉与相邻像素差异太大的像素，此滤镜在消除或减少图像的动感效果时非常有用。执行【滤镜】|【杂色】|【中间值】菜单命令，打开【中间值】对话框，如图 8-116 所示。使用【中间值】滤镜的对比效果如图 8-117 所示。

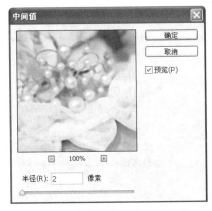

图8-116 【中间值】滤镜对话框

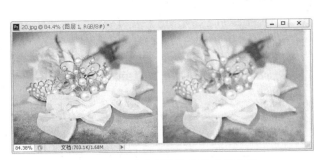

图8-117 【中间值】滤镜效果对比

8.17 像素化滤镜

该组滤镜滤镜可以将图像通过使用颜色相近的像素，以块的变现方式来表现图像。该组滤镜包括 7 个滤镜。

8.17.1 彩块化

该滤镜使纯色或相近颜色的像素结成相近颜色的像素块，效果一般不太明显，需要将图像放大后才可以看出图像的具体变化。执行【滤镜】|【像素化】|【彩块化】菜单命令，可查看该滤镜效果。

8.17.2 彩色半调

该滤镜会在每个通道中将图像划分出矩形区域，并用圆形替换每个矩形。圆形的大小与矩形的亮度成比例。执行【滤镜】|【像素化】|【彩色半调】菜单命令，可打开【彩色半调】对话框，如图 8-118 所示。使用【彩色半调】滤镜的效果对比如图 8-119 所示。

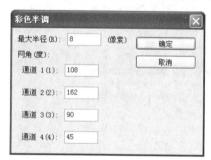

图8-118 【彩色半调】对话框

图8-119 【彩色半调】滤镜效果对比

8.17.3 点状化

该滤镜可以将图像中的颜色进行分解，创建出类似于点绘的效果，并使用背景色填充网点之间的画布区域。执行【滤镜】|【像素化】|【点状化】菜单命令，可打开【点状化】对话框，如图 8-120 所示。使用【点状化】滤镜的效果对比如图 8-121 所示。

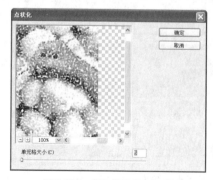

图8-120 【点状化】对话框

图8-121 【点状化】滤镜效果对比

8.17.4 晶格化

该滤镜可以将图像中的像素结块形成多边形纯色。执行【滤镜】|【像素化】|【晶格化】菜单命令，打开【晶格化】对话框，如图 8-122 所示。使用【晶格化】滤镜的对比效果如图 8-123 所示。

图8-122 【晶格化】滤镜效果对比

图8-123 【晶格化】滤镜效果对比

8.17.5 马赛克

该滤镜可以使像素结为方形块，呈现马赛克的效果。使用【马赛克】滤镜的对比效果如图 8-124 所示。

图8-124 【马赛克】滤镜效果对比

8.17.6 碎片

该滤镜可以将图像处理出模糊的效果。使用【碎片】滤镜的对比效果如图 8-125 所示。

图8-125 【碎片】滤镜效果对比

8.17.7 铜版雕刻

该滤镜可以将图像用不规则的直线、斑点等表现出金属的质感。执行【滤镜】|【像素化】|【铜版雕刻】菜单命令，可打开【铜版雕刻】对话框，如图 8-126 所示。使用【铜版雕刻】滤镜的对比效果如图 8-127 所示。

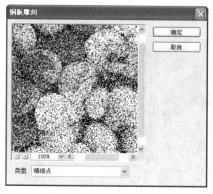

图8-126 【铜板雕刻】对话框

图8-127 【铜板雕刻】滤镜效果对比

8.18 渲染滤镜

该组滤镜可以处理图像中类似云彩的效果，还可以模拟出光照效果。可以通过执行【滤镜】|【渲染】菜单命令，为图像添加该组滤镜。

8.18.1 分层云彩

第一次使用此滤镜时，图像的某些部分被反相为云彩图案；多次应用此滤镜之后，则会创建出与大理石的纹理相似的图案。应用【分层云彩】滤镜时，当前图层上的图像数据会被替换，使用随机生成的介于前景色与背景色之间的值生成云彩图案。使用此滤镜的对比效果如图 8-128 所示。

图8-128 【分层云彩】滤镜效果对比

8.18.2 镜头光晕

该滤镜可以模拟出日光光晕的效果。单击图像缩览图的任一位置或拖动其十字线，可以指定光晕中心的位置。【镜头光晕】滤镜对比效果如图 8-129 所示。

图8-129 【镜头光晕】滤镜效果对比

8.18.3 纤维

该滤镜可以使用前景色和背景色制作出任意编织的图案。执行【滤镜】|【渲染】|【纤维】菜单命令，可打开【纤维】对话框。使用【纤维】滤镜的对比效果如图 8-130 所示。

图8-130 【纤维】滤镜效果对比

- 【差异】：设置颜色的变换方式。
- 【强度】：设置每根纤维的外观。
- 【随机化】：可以更改图案的外观。

8.18.4 云彩

该滤镜利用前景色和背景色的颜色，可以表现出不用的云彩效果。应用【云彩】滤镜时，当前图层上的图像数据会被替换。使用此滤镜的对比效果如图 8-131 所示。

图8-131 【云彩】滤镜效果对比

8.19 锐化滤镜

该组滤镜主要通过增加相邻像素之间的对比度来聚焦模糊图像，使图像变得清晰。该组滤镜主要包含有 5 种锐化滤镜命令：锐化、进一步锐化、锐化边缘、USM 锐化和智能锐化。通过执行【滤镜】|【锐化】菜单命令，可以为图像添加该组的滤镜。

8.19.1 锐化和进一步锐化

【进一步锐化】滤镜比【锐化】滤镜有更强的锐化效果，【锐化】滤镜的效果一般不明显。

8.19.2 锐化边缘和USM锐化

【锐化边缘】滤镜可以查找并锐化图像的边缘，同时保留总体的平滑度，使用此滤镜可在不指定数量的情况下锐化边缘，【锐化边缘】滤镜的对比效果如图 8-132 所示。【USM 锐化】滤镜可以调整边缘细节的对比度，并在边缘的每一侧生成一条亮线和一条暗线，此过程将使边缘突出，从而造成图像更加锐化的错觉，使用【USM 锐化】滤镜的对比效果如图 8-133 所示。

对话框中的选项功能如下。

- 【数量】：设置锐化效果的强度，值越高则锐化效果越明显。
- 【半径】：设置像素点的锐化范围，值越高则锐化范围越大。
- 【阈值】：设置相邻像素之间的差值达到该值才可以被锐化处理，而低于此反差值就不做锐化，因此值越高，被锐化的像素就越小。

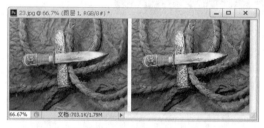

图8-132 【锐化边缘】滤镜效果对比

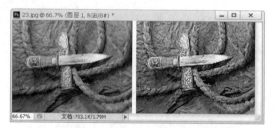

图8-133 【USM锐化】滤镜效果对比

8.19.3 智能锐化

该滤镜可以进行更加全面的锐化。执行【滤镜】|【锐化】|【智能锐化】菜单命令，打开【智能锐化】的对话框，在该对话框中包含有【基本】和【高级】两个选项，不用的选择可以制作出不同的锐化效果，如图 8-134 所示。使用该滤镜的对比效果如图 8-135 所示。

对话框中的选项功能如下。

- 【数量】：设置锐化量。较大的值将会增强边缘像素之间的对比度，从而看起来更加锐利。
- 【半径】：确定边缘像素周围受锐化影响的像素数量。半径值越大，受影响的边缘就越宽，锐化的效果也就越明显。
- 【移去】：设置用于对图像进行锐化的锐化算法。【高斯模糊】是【USM 锐化】滤镜使用的方法。【镜头模糊】将检测图像中的边缘和细节，可对细节进行更精细的锐化，并减少了锐化光晕。【动感模糊】将尝试减少由于相机或主体移动而导致的模糊效果。如果选取了【动感模糊】，应设置【角度】值。

- 【角度】：为【移去】下的【动感模糊】选项设置运动方向。
- 【更加准确】：花更长的时间处理文件，以便更精确地移去模糊。

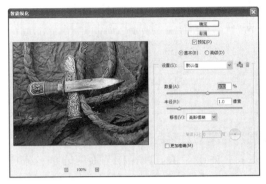

图8-134 【智能锐化】对话框

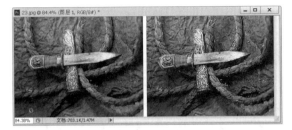

图8-135 【智能锐化】滤镜效果对比

8.20 视频及其他滤镜

【视频】子菜单中包含【逐行】和【NTSC 颜色】等菜单项。【其他】滤镜子菜单中包含【高反差保留】、【位移】、【自定】、【最大值】与【最小值】选项。

8.20.1 逐行

该滤镜通过移去视频图像中的奇数或偶数隔行线，使在视频上捕捉的运动图像变得平滑。可以选择通过复制或插值来替换扔掉的线条。

8.20.2 NTSC 颜色

该滤镜将色域限制在电视机重现可以接受的范围内，以防止过饱和颜色渗到电视扫描行中。

8.20.3 高反差保留

该滤镜可以将图像中发生强烈转折的地方按指定的半径保留边缘细节，并且不显示图像的其余部分（0.1 像素半径仅保留边缘像素）。使用此滤镜可移去图像中的低频细节，效果与【高斯模糊】滤镜相反。执行【滤镜】|【其他】|【高反差保留】菜单命令，可打开【高反差保留】对话框，如图 8-136 所示。

注意 在使用【阈值】命令或将图像转换为位图模式之前，将【高反差保留】滤镜应用于色调的图像会很有帮助。此滤镜对于从扫描图像中取出艺术线条和大的黑白区域非常有用。

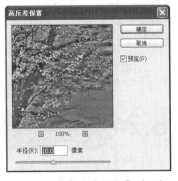

图8-136 【高反差保留】对话框

8.20.4　位移

该滤镜可以将图像在水平或者垂直方向上偏移图像，而选区的原位置变成空白区域。可以用当前背景色、图像的另一部分填充这块区域；如果选区靠近图像边缘，也可以使用所选择的填充内容进行填充。如图 8-137 所示的是打开的【位移】对话框。

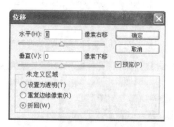

图8-137　【位移】对话框

8.20.5　自定

该滤镜可以使用用户自己设计的滤镜效果。根据预定义的数学运算，可以更改图像中每个像素的亮度值，然后根据周围的像素值为每个像素重新指定一个值。此操作与通道的加、减计算类似。执行【滤镜】|【其他】|【自定】菜单命令，打开【自定】对话框，如图 8-138 所示。使用【自定】滤镜的对比效果如图 8-139 所示。

图8-138　【自定】对话框

图8-139　【自定】滤镜对话框

8.20.6　最大值与最小值

【最大值】滤镜可使图像中亮的区域扩大，暗的区域缩小，使用【最大值】滤镜的对比效果如图 8-140 所示。【最小值】滤镜可使图像中暗的区域扩大，亮的区域缩小，使用【最小值】滤镜的对比效果如图 8-141 所示。

图8-140　【最大值】滤镜效果对比

图8-141　【最小值】滤镜效果对比

8.21　拓展练习——霓虹灯效果的制作

霓虹灯效果的制作步骤如下。

STEP 01 启动Photoshop CS6软件，按【Ctrl+O】组合键，在弹出的【打开】的对话框中，选择随书附带光盘中【素材\第8章\25.jpg】文件，然后单击【打开】按钮，如图8-142所示。

STEP 02 打开文件后，在菜单栏中选择【滤镜】|【模糊】|【高斯模糊】命令，如图8-143所示。

STEP 03 在弹出的【高斯模糊】对话框中，将【半径】设置为1，单击【确定】按钮，如图8-144所示。

图8-142　打开文件素材　　　图8-143　选择【高斯模糊】命令　图8-144　【高斯模糊】对话框

STEP 04 在菜单栏中选择【滤镜】|【风格化】|【查找边缘】命令，如图8-145所示。

STEP 05 添加【查找边缘】滤镜，效果如图8-146所示。

STEP 06 图像轮廓勾勒后，在菜单栏中选择【图像】|【调整】|【反相】命令，效果如图8-147所示。

图8-145　选择【查找边缘】命令　图8-146　【查找边缘】滤镜效果　　图8-147　添加【反相】滤镜

STEP 07 添加【反相】滤镜后，效果如图8-148所示。

STEP 08 在菜单栏中选择【滤镜】|【其他】|【最大值】命令，如图8-149所示。

STEP 09 在弹出的【最大值】对话框中，将【半径值】设置为2，单击【确定】按钮，如图8-150所示。

STEP 10 添加【最大值】滤镜后，最终效果如图8-151所示。

STEP 11 场景制作完成，选择【文件】|【存储为】菜单命令，在弹出的【存储为】对话框中，为其输入名称【霓虹灯效果的制作】，将【格式】设置为【Photoshop（*.PSD；*.PDD）】格式，

并为其指定存储路径，然后单击【保存】按钮，如图 8-152 所示。

STEP 12 场景保存后,选择【文件】|【存储为】菜单命令,在弹出的【存储为】对话框中,将【格式】设置为【JPEG（*JPG;*.JPEG;*.JPG)】格式,并为其指定存储路径,然后单击【保存】按钮;在弹出的【JPEG 选项】对话框中，保持默认设置，如图 8-153 所示。

图8-148 【反相】滤镜效果

图8-149 添加【最大值】命令

图8-150 【最大值】对话框

图8-151 最终效果

图8-152 保存场景

图8-153 导出图片

8.22 习题

一、填空题

（1）表面模糊滤镜中（ ）决定了模糊区域的大小。

（2）铜板雕刻可以将图像用（ ）、（ ）等表现出金属的质感。

（3）锐化滤镜主要包含有 5 种锐化滤镜命令：（ ）、（ ）、（ ）、（ ）和（ ）。

二、问答题

（1）什么是滤镜?

（2）风格化滤镜组中包含几种滤镜?

第 **9** 章

陷阱分析

Chapter

09

本章要点:

　　本章讲解在设计印刷品时经常会遇到的印刷露白问题,在 Photoshop 中正确使用文字的方法,以及如何正确处理带有文字的图片所带来的各种问题。

主要内容:

- 陷印与镂空
- 文字陷阱
- 颜色处理陷阱
- 正确的输出

9.1　陷印与镂空

在设计一个印刷品时，经常会遇到印刷露白的问题，这通常不是印刷错误，而是在设计过程中没有做好陷印。下面将对这类问题进行简单的讲解。

9.1.1　基本概念

1. 叠印

一个色块叠印在另一个色块上，印刷机通过黄、洋红、青、黑的叠印来还原颜色，如绿色是由青和黄叠印而成的。叠印前与叠印后的效果如图9-1所示。

图9-1　叠印前与叠印后的效果

2. 套印

指多色印刷时要求各色版图案印刷时重叠套准。

下面以一个由青、洋红、黄组成的图像为例进行说明。四色印刷机有 4 个机组，分别控制青、洋红、黄、黑，当纸张经过印刷青色的机组时，被印上了青色，如图9-2所示；当纸张经过印刷洋红色机组时，被印上了洋红色，如图9-3所示；当纸张经过印刷黄色的机组时，被印上了黄色。这 3 个颜色因为没有重叠在一起，所以不是【叠印】，而被称为【套印】，如图9-4所示。

图9-2　当纸张经过印刷青色的机组时　　　图9-3　当纸张经过印刷洋红色机组时

如图 9-4 所示的情况，在印刷行业内被称为【严套】或者【死套】，就是说每个颜色都没有任何偏差。要做到【死套】，对印刷机的套印精度要求非常苛刻，并且印刷工人需要很长的时间才能够调整合适。在实际生产过程中，由于制版和印刷过程很难达到 100% 精确，因而会出现漏白边或颜色重叠的现象，这样会严重影响印刷品的质量（如图 9-5 所示），当印刷品出现质量问题时，即可发现在黄色周围出现了非常严重的颜色重叠现象。

图9-4　套印效果　　　　　　　图9-5　印刷时出现的颜色重叠问题

3. 陷印

陷印也叫补漏白，又称为扩缩，主要是为了弥补因印刷套印不准而造成两个相邻的不同颜色之间的漏白。当人们面对印刷品时，总是感觉深色离人眼近，浅色离人眼远，因此，在对原稿进行陷印处理时，总是设法不让深色下的浅色露出来，而上面的深色保持不变，以保证不影响视觉效果。

利用软件在不同色版交界的部位扩大或缩小一定的边界，使两个色版之间产生一个极小的重叠，可达到覆盖白边的目的。

一般来说，在两种以上色彩差异较大的色块相接时，就需要进行陷印处理（如相邻的青色块和洋红色块），如果两个相邻色块都含有某一种相同的颜色成分，而且其他颜色成分差异也很小，就没有必要陷印了。

4. 挖空

如两色块重叠，则在下层色块的重叠部分作为挖空处理，如 Y 色块叠在 M 色块上，在 M 版上挖空重叠部分，印刷结果仍为 Y 色，效果如图 9-6 所示；如果不挖空，则重叠部分会进行叠印，其效果如图 9-7 所示。

图9-6　挖空效果

图9-7　不挖空所产生的叠印效果

9.1.2 在Photoshop中制作印刷

根据材料、颜色的不同，陷印的方式也有所不同。下面将针对Photoshop陷印处理进行详细的讲解。

1. 陷印的基本原则

陷印遵循由浅入深的原则。

通过内缩和外延使相邻色块进行叠印，某一色块尺寸不变，另一色块尺寸改变，叠印部分的颜色将自动形成并取决于暗色调的色块。颜色的内缩和外延的方向取决于该颜色是亮还是暗。色块的内缩和外延有一个规律：从亮色延伸到暗色，即由浅入深。

较亮的前景色重叠在较暗的背景上时，前景对象延伸到了背景中；较暗的前景对象重叠在较亮的背景上时，则背景颜色延伸到前景对象。

2. 陷印值

在有两种颜色交接的地方进行陷印设置时，其前景（背景）的收缩或扩张、挖空的程度都被称作陷印值。为了避免连接处的露白，陷印值应该比印刷机四色套准精度略大，由于各种彩色印刷品采用的印刷工艺及纸张、印刷机械的精度不尽相同，印刷品越精密，套准精度越高，陷印值越低。表9-1列举了一些典型的陷印值。

表9-1 一些典型的陷印值

印刷方式	承印材料	网点线数（LPI）	陷印值（mm）
单张纸胶印	铜版纸	175	0.05
单张纸胶印	胶版纸	150	0.08
滚筒胶印	铜版纸	150	0.10
滚筒胶印	新闻纸	100	0.20
柔性印刷	有光材料	133	0.15
柔性印刷	新闻纸	100	0.20
柔性印刷	瓦楞纸	150	0.25
丝网印刷	纸和纺织品	100	0.15
凹版印刷	膜材料	150	0.08

3. 典型陷印案例分析

- 相邻色块的处理：这是最明显也是最常见的陷印实例，在制作时要遵循由浅入深的原则。
- 细小的文字和细线：细小的文字和细线尽量不要使用复合颜色，最好使用单一颜色，以便和底色压印，因为陷印会导致细小的文字边缘有一定程度的模糊，甚至会全部或部分地被覆盖。
- 图像或渐变上叠加单色文字：由于背景颜色的亮度变化会改变陷印的方向，建议在软件中使用自动陷印，软件会选择最好的陷印方式。
- 陷印制作：拼合图层后，在菜单栏中选择【图像】|【陷印】命令，在弹出的对话框中设置陷印的数值，如图9-8所示。

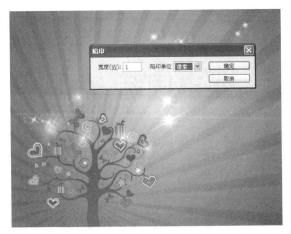

图9-8 【陷印】对话框

提示 在Photoshop CS6中，只有当图像模式为【CMYK】时，【陷印】命令才可用。

9.2 文字陷阱

虽然 Photoshop CS6 提供了文字功能，但是在 Photoshop CS6 中进行大量的文字排版是错误的。本节将介绍如何正确地在 Photoshop CS6 中使用文字功能。

9.2.1 四色文字陷阱

当文字在 Photoshop 中被存储为 JPG、TIFF 格式时，将会被栅格化，变为图像，不仅无法再次编辑，而且会降低文字的品质。如果较小的文字包含了多种颜色，很容易套印不准，导致文字很模糊。

在设计过程中，初学者经常用默认的黑色来设定黑色文字的颜色，这是导致四色黑文字的最常见的原因。

修正做法如下。

STEP 01 在工具箱中单击【默认前景色和背景色】按钮 ，然后在工具箱中选择【横排文字工具】，在文档中输入【盛丰国际】，如图 9-9 所示。

STEP 02 打开【通道】面板，在该面板中可以看到，在青、洋红、黄、黑四个通道中都有相应的颜色信息，说明该文字是四色文字，如图 9-10 所示。如果是较小的文字，很容易发生套印不准。

STEP 03 Photoshop CS6 默认的黑色，是一个四色的黑，单击前景色按钮弹出【拾色器】对话框，在该对话框中可以看到，黑色的默认数值为 C=93，M=88，Y=89，K=80，如图 9-11 所示。

STEP 04 所以在制作印刷品时，设定颜色要慎用默认的黑色，正确的做法应该是，在拾色器中设定颜色数值或在颜色面板中输入 CMYK 值来确定颜色，如图 9-12 所示。

图9-9 输入文字

图9-10 【通道】面板

图9-11 黑色的默认数值

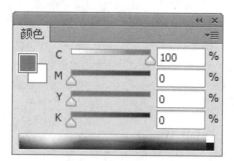

图9-12 【颜色】面板

9.2.2 段落文字陷阱

Photoshop 中的大段文字，不仅修改不方便，而且 Photoshop 的文字功能不支持大多数中文排版功能，如标点积压段落样式、复合字体等，排出来的文字很不美观。所以，大量的文字排版工作一定不要在 Photoshop 中进行，而应该交给 Illustrator、InDesign 等软件来完成。

9.2.3 像素文字和矢量文字的区别

因为 Photoshop 是图像处理软件，所以在 Photoshop 中处理的文字具有像素图的特点，是由像素点组成的；而在 InDesign 等排版软件中，文字具有矢量图的特征，如图 9-13 所示。

在印刷时，矢量软件处理的文字比 Photoshop 更加清晰、美观。

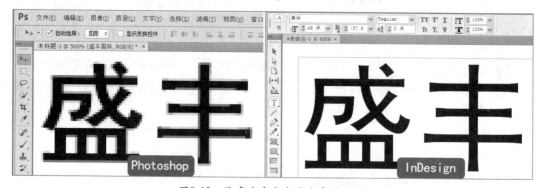

图9-13 像素文字和矢量文字的区别

9.3 颜色处理陷阱

在处理一些带有文字的图片时，经常会发生各种问题。本节将针对常见的两种情况进行讲解。

9.3.1 在Photoshop CS6中处理文字

如果设计作品要用于印刷，通常大量的文字都是在 Illustrator、InDesign 等排版软件中完成，很少在 Photoshop 中进行处理。这是因为 Photoshop 中处理的小文字，容易在印刷时发生套印不准、漏白等印刷事故。

但是如果客户提供的源文件有一些文字，但时间紧迫来不及在排版软件重新输入，或者文字数量较少，没必要再使用排版软件，这就需要在 Photoshop 中对文字进行一些特殊处理，以保证印刷质量。

本例是客户提供的 CMYK 模式的设计稿，由于时间仓促，没办法在排版软件中重新录入文字，这就需要设计师在 Photoshop 中进行处理。

STEP 01 启动Photoshop CS6软件，在菜单栏中选择【文件】|【打开】命令，在弹出的对话框中选择随书附带光盘中的【素材\第9章\01.psd】，如图9-14所示。

STEP 02 选择完成后，单击【打开】按钮，即可打开选中的素材文件，如图 9-15 所示。

图9-14 选择素材文件

图9-15 打开的素材文件

STEP 03 使用【缩放工具】 在文档中对其进行放大，如图 9-16 所示。

图9-16 放大后的效果

STEP 04 按【F7】键打开【图层】面板，双击该文字图层，选中所有文字，如图9-17所示。

图9-17　选中文字

STEP 05 在菜单栏中选择【窗口】|【字符】命令，打开【字符】面板。在【字符】面板中单击【颜色】右侧的色块，在弹出的拾色器中查看当前文字的颜色数值，如图9-18所示，可以看到文字的颜色为四色黑。查看后单击【确定】按钮。

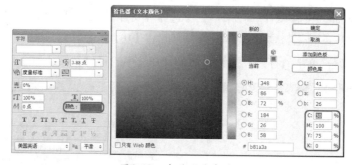

图9-18　查看文本颜色

STEP 06 在菜单栏中选择【窗口】|【通道】命令，在【通道】面板中可以观察这些文字在四色通道中的信息，如图9-19所示。

图9-19　【通道】面板

STEP 07 打开【字符】面板，单击【颜色】右侧的色块，在弹出的【拾色器】对话框中将CMYK值设置为0、0、0、100，如图9-20所示。设置完成后单击【确定】按钮，这样文字变成了单色黑，可以很好地避免由于小文字带来的印刷事故。

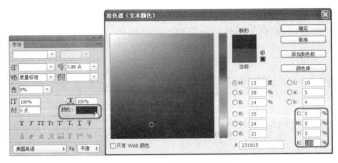

图9-20　设置文本颜色

提示　在CMYK的颜色通道中，黑色的部分表示100%的颜色信息，白色的部分表示0%的信息，灰色的部分表示0%～100%的颜色信息。

STEP 08 按【F7】键打开【图层】面板，选择第一个文字层，将其混合模式设置为【正片叠底】，如图9-21所示。此时在图像上看不到任何变化，这是因为当对黑色设置正片叠底后，无论黑色的下方图层是什么颜色，得到的结果都是黑色。

图9-21　设置图层混合模式

STEP 09 打开【通道】面板，再次观察这些文字在四色通道中的信息，如图9-22所示。可以看到，在C、M、Y、K四个通道中，C、M、Y三个通道都没有文字的痕迹，只有在K通道中有文字。说明其他的颜色通道没有被文字【挖空】，在实际印刷过程中，经过此种方法处理后的黑色文字直接覆盖在了其他颜色之上，不会产生印刷事故。

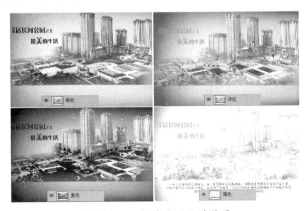

图9-22　四色通道不同的效果

> **提示** 在印刷过程中，任何颜色和黑色混合得到的都是黑色。

在实际工作过程中，难以避免在 Photoshop 中处理一些文字，很多设计师都会遇到在 Photoshop 中处理文字造成印刷事故的文字，如露白、套印不准。本例利用【正片叠底】处理黑色的小文字，可以很好地避免这样的印刷事故。

9.3.2　图片的处理

图片中的文字不可能都在图像上一一擦掉，只需要在 Photoshop 软件中进行颜色转换即可使文字清晰，操作方法如下。

STEP 01 按【Ctrl+O】组合键，在弹出的【打开】对话框中选择随书附带光盘中的【素材\第9章\001.jpg】，如图9-23所示。

STEP 02 选择完成后，单击【打开】按钮，将选中的素材文件打开，如图 9-24 所示。

图9-23　选择素材文件

图9-24　打开的素材文件

STEP 03 在菜单栏中选择【编辑】|【颜色设置】命令，打开【颜色设置】对话框。在【工作空间】选项组中单击【CMYK】右侧的下三角按钮，在弹出的下拉列表中选择【自定 CMYK】选项，如图 9-25 所示。

STEP 04 在弹出的对话框中将【黑版产生】设置为【最大值】，如图 9-26 所示。

图9-25　选择【自定义CMYK】命令

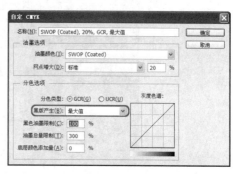

图9-26　设置为【最大值】

05 设置完成后，单击【确定】按钮，再在【颜色设置】对话框中单击【确定】按钮。

06 在菜单栏中选择【图像】|【模式】|【CMYK 颜色】命令，如图 9-27 所示。在弹出的对话框中单击【确定】按钮，打开【通道】面板，在该面板中可以看到，面板上的文字信息基本上都集中到了黑通道中，如图 9-28 所示，这避免了四色小字的问题，使截屏的文字更加清晰。

图9-27 选择【CMYK颜色】命令

图9-28 【通道】面板

9.4 正确的输出

9.4.1 Photoshop的常用输出格式

Photoshop 常见的输出格式包括 JPG、EPS、PSD、DCS、TIFF，根据排版物的要求不同，图片存储的格式也是有差异的。

1. PSD 格式

PSD 格式是 Adobe Photoshop 软件自身的格式。

这种格式可以存储 Photoshop 中所有的图层、通道、参考线、注解、颜色模式、专色、蒙版、路径等信息。在保存图像时，若图像中包含有图层，则一般都用 Photoshop（PSD）格式保存。由于 Adobe 产品之间是紧密集成的，因此其他 Adobe 应用程序（如 Adobe Illustrator、Adobe InDesign、Adobe Premiere、Adobe After Effects 和 Adobe GoLive）可以直接导入 PSD 文件并保留许多 Photoshop 功能。要将一个文档存储为 PSD 格式，在菜单栏中选择【文件】|【存储为】命令，在弹出的【存储为】对话框中选择 PSD。

PSD 格式无法保存历史记录、快照等临时信息，这些信息会在文件关闭时被删除。另外，Photoshop 无法保存超过 2GB 的 PSD 格式文件。

建议如果制作的图像包含多个图层、通道、蒙版等 Photoshop 特有功能，并且还需要较多的调整和修改，建议使用 PSD 格式。

优点是由于 PSD 文件保留所有原图像数据信息，因而修改起来较为方便。

缺点是不支持超过 2GB 的大文件，并且文件要比 TIFF 等格式大。

（1）在 InDesign 中置入带有文字图层的 PSD 文件

01 启动Photoshop CS6软件，在菜单栏中选择【文件】|【打开】命令，在弹出的对话框中选择随书附带光盘中的【素材\第9章\02.psd】，如图9-29所示。

STEP 02 选择完成后，单击【打开】按钮，打开选中的素材文件，如图9-30所示，在该文档中进行练习。

STEP 03 启动InDesign CS6软件，在菜单栏中选择【文件】|【新建】|【文档】命令，在弹出的【新建文档】对话框中单击【边距和分栏】按钮，再在弹出的对话框中单击【确定】按钮。按【Ctrl+D】组合键打开【置入】对话框，在弹出的对话框中选择随书附带光盘中的【素材\第9章\02.psd】，将其置入文档中，并调整其大小，如图9-31所示。

图9-29　选择素材文件

图9-30　打开的素材文件

图9-31　将素材文件置入到文档中

STEP 04 在InDesign的工具箱中选择【选择工具】，在【02.psd】上单击，将其选中，然后在菜单栏中选择【对象】|【对象图层选项】命令，如图9-32所示。

STEP 05 在弹出的【对象图层选项】对话框中单击如图9-33所示的按钮，取消该图层的显示。

STEP 06 设置完成后，单击【确定】按钮，效果如图9-34所示。

图9-32　选择【对象图层选项】命令

图9-33　【对象图层选项】对话框

图9-34　设置后的效果

（2）在 InDesign 中置入带有透明部分的 PSD 文件

STEP 01 继续上面的操作，启动Photoshop CS6软件，按【Ctrl+O】组合键，在弹出的对话框中选择随书附带光盘中的【素材\第9章\002.png】，如图9-35所示。在文档中可以看到该图层中包含透明的部分。

STEP 02 在InDesign CS6中按【Ctrl+D】组合键打开【置入】对话框，在弹出的对话框中选择随书附带光盘中的【素材\第9章\002.png】，将其置入到文档中并调整其大小，如图9-36所示。置入后，PSD文件的透明部分被保留，能够正确地显示InDesign中的底色，无须再做繁琐的剪贴路径。

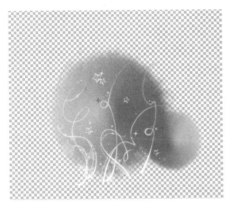

图9-35　在Photoshop中查看素材

图9-36　将素材置入到InDesign中

2. PSB 格式

大型文档格式 PSB 是支持任何像素大小和任何文件大小的文档，全部 Photoshop 功能在 PSB 文件中都会保留。要将一个文档存储为 PSB 格式，执行【文件】|【存储为】菜单命令，在弹出的【存储为】对话框中选择 PSB。

优点是支持超过 2GB 的大文档，保留全部 Photoshop 功能。

缺点是文件过大，存储较慢，复制文件不方便。

提示　只有Photoshop CS以上的版本才支持PSB文件。

3. TIFF 格式

TIFF 的英文全名是 Tagged Image File Format（标记图像文件格式），它是一种无损压缩格式，这种格式便于应用程序之间和计算机平台之间图像数据交换。因此，TIFF 格式除了是应用非常广泛的一种图像格式，也可以在许多图像软件和平台之间交换。TIFF 格式除了支持 RGB、CMYK 和灰度 3 种颜色模式外，还具有支持使用通道、图层和裁切路径的功能，它可以将图像中裁切路径以外的部分在置入到排版软件中（如 PageMaker、InDesign）时变为透明。TIFF 最大支持 4GB 的文档。在菜单栏中选择【文件】|【存储为】命令，在弹出的【存储为】对话框中选择 TIFF 即可。

在保存 TIFF 格式时，可以选用用 LZW 压缩保存的图像文件。LZW 是一种无损压缩格式，可以减小 TIFF 图片的大小并不破坏图片的质量。

优点是与 PSD、PSB 文件相比，TIFF 支持大多数 Photoshop 功能，如通道、图层、路径等，并且文件较小；与 JPG 相比，TIFF 能够更好地保留图像的细节，支持图层、通道等 Photoshop 功能。

　　缺点是对 Photoshop 功能的支持不如 PSD、PSB 完美，如 TIFF 虽然可以存储图层，但在 InDesign 中无法控制图层的显示和隐藏，且 TIFF 文件比 JPG 文件大。

4. JPEG 格式

　　JPEG 的英文全名是 Jont Picture Expert Group（联合图像专家组），它是一种有损压缩格式。此格式的图像通常用于图像预览和一些超文本文档中（HTML 文档）。JPEG 格式的最大特色就是文件比较小，可以进行高倍率的压缩，是目前所有格式中压缩率最高的格式之一。JPEG 格式在压缩保存的过程中会以失量最小的方式丢掉一些肉眼不易察觉的数据，因而保存的图像与原图有所差别，没有原图的质量好，印刷品最好不要用此图像格式。

　　JPEG 格式支持 CMYK、RGB 和灰度等颜色模式，但不支持 Alpha 通道。将一个图像另存为 JPEG 的图像格式时，会打开 JPEG Options 对话框，从中可以选择图像的品质和压缩比例，通常情况下选择【最大】来压缩图像，其产生的图像品质与原来图像的质量差别不大，但文件大小会减少很多。

　　优点是文件小、存储快、方便复制。

　　缺点是图片质量较差，不适合用于高档印刷品。

提示　虽然 JPG 格式为有损压缩格式，但是数码相机拍摄得到的 JPG 图片如果没有在电脑上经过过大的有损压缩处理，通常是可以用于印刷的。判断一幅图片符合不符合印刷要求，应该从图片的分辨率、清晰度、平滑度 3 个方面进行考察。

5. EPS 格式

　　EPS（Encapsulated PostScript）是处理图像工作中的最重要的格式，它在 Mac 和 PC 环境下的图形和版面设计中广泛使用，可在 PostScript 输出设备上打印。几乎每个绘画程序及大多数页面布局程序，都允许保存 EPS 文档。在 Photoshop 中，尺寸很大的图像建议使用 EPS 格式进行存储。

6. DCS 格式

　　DCS 是 Quark 开发的一个 EPS 格式的变种，全称为 Desks Color Separation（DCS），在支持这种格式的 QuarkXPress 和其他应用软件上工作。DCS 便于分色打印，而 Photoshop 在使用 DCS 格式时，必须转换成 CMYK 四色模式。

7. PDF 格式

　　PDF 格式是 Adobe 公司开发的用于 Windows、Mac OS、UNIX 和 DOS 系统的一种电子出版软件的文档格式，适用于不同的平台。它以 PostScript 语言为基础，因此可以覆盖矢量式图像各个点阵图像，并支持超链接。

　　PDF 文件是由 Adobe Acrobat 软件生成的文件格式，该格式文件可以存有多页信息，其中包含图形文件的查找和导航功能。因此，使用该软件不需要排版或图像软件即可获得图文混排的版面。由于该格式支持超文本链接，因此是网络下载经常使用的文件。

　　PDF 格式支持 RGB、索引颜色、CMYK、灰度、位图和 Lab 颜色模式，并支持通道、图层等数据信息。并且 PDF 格式还支持 JPEG 和 ZIP 的压缩格式（位图颜色模式不支持 ZIP 压缩格式保存），保存时会出现对话框，从中可以选择压缩方式，当选择 JPEG 压缩时，还可以选择不同的压缩比例来控制图像品质。若选中 Save Transparency（保存透明）复选框，则可以保存图像透明的属性。

优点是适用不同的平台、文件小、支持多种 Photoshop 功能。

缺点是在 PDF 存储选项设置上没有 Illustrator、InDesign 功能完善。

8. BMP 格式

BMP 文件格式是一种 Windows 或 OS2 标准的位图式图像文件格式,它支持 RGB、索引颜色、灰度和位图等模式,但不支持 Alpha 通道。该文件格式还可以支持 1 ～ 24 位的格式,其中对于 4 ～ 8 位的图像,使用 Run Length Encodlng (RLE,运行长度编码) 压缩方案,这种压缩方案不会损失数据,是一种非常稳定的格式。BMP 格式不支持 CMYK 模式的图像。

优点是无损压缩图片。

缺点是不支持 CMYK 模式,无法用于印刷。

9.4.2 输出常见问题及注意事项

本节将重点介绍在输出过程中经常遇到的问题、正确的输出方法,以及在输出时要注意的一些事项。

1. PSD 和 TIFF 格式的选择

PSD 和 TIFF 格式对 Photoshop 和 InDesign 的支持是最强大的,可以包含路径、通道、图层、蒙版等 Photoshop 特有功能,并且能正确地导入到 InDesign 中进行排版。

如果机器配置较高,磁盘空间足够大,可以使用 PSD 格式进行存储,这样可以加快打开图片的速度,并且可以避免文件损坏。

由于 PSD 格式占用磁盘空间较大,如果需要占用较少的磁盘空间,可以选择 LZW 压缩的 TIFF 作为存储格式。

2. 格式转换问题

在处理图片的过程中,尽量避免过多的图像格式转换,因为每一次图像格式转换都会造成一定的颜色损失。

3. 剪贴路径

剪贴路径可以遮挡画面中不需要显示的部分,经常用于排版软件中的文本绕排。

9.5 习题

一、填空题

(1) 叠印是指一个色块叠印在另一个色块上,印刷机通过黄、( )、青、黑的叠印来还原颜色。

(2) 陷印的基本原则是指通过内缩和外延使相邻色块进行 ( )。

(3) 当文字在 Photoshop 中被存储为 JPG、TIFF 格式时,将会被 ( ) 变为图像,不仅无法再次编辑,而且会降低文字的品质。

二、问答题

(1) Photoshop 的常用输出格式有哪几种?

(2) 输出常见问题及注意事项有哪几种?

Chapter
10

第 **10** 章

提高工作效率

本章要点:

在 Photoshop 中，经常会使用同样的方法处理数张图像，重复性的步骤使工作枯燥乏味且效率不高。

本章讲解通过对 Photoshop 快捷键的使用来提高效率的途径，运用 Photoshop 强大的批处理功能，使设计师将一系列重复操作制作成【动作】来提高效率，以及合理、高效使用网络上的图片素材的方法等。

主要内容:

- 认识【动作】面板
- 使用内置动作
- 动作功能的运用
- 使用批处理
- 脚本处理器
- 联系表 II
- 【滚动所有窗口】的应用
- 设置软件参数

10.1 认识【动作】面板

通过【动作】面板可以快速地使用一些已经设定的动作，也可以设定一些自己的动作。

执行菜单栏中的【窗口】|【动作】命令，即可打开【动作】面板，如图10-1所示。

【动作】面板中各个选项的功能如下。

- 【切换项目开 / 关】☑。如果面板上的动作的左边有该图标的话，这个动作就是可执行的，否则这个动作是不可执行的。

- 【展开工具】▶。单击小三角形，如果是一个序列的话，那么它将会把所有的动作都展开；如果是一个动作，它将会把所有的操作步骤都展开；而如果是一个操作的话，它将把执行该操作的参数设置展开。可见，动作是由一个个的操作序列组合到一起形成的。

- 【切换对话开 / 关】▢。若在该选框中出现▢图标，则在执行该图标所在的动作时，会暂时停在有▢图标的位置。在弹出对话框中单击【继续】按钮，动作则继续往下执行。若没有▢图标，动作则按照设定的过程逐步地进行操作，直至到达最后一个操作完成动作。有的图标是红色的，那就表示该动作中只有部分动作是可执行的，此时在该图标上单击，它会自动地将动作中所有的不可执行的操作全部变成可执行的操作。

- 【停止播放 / 记录按钮】■。这一行按钮的使用很像一台收音机，■按钮就是停止录制动作和停止播放动作的按钮。它只有在新录制、播放动作时才是可用的。

- 【开始记录按钮】●。单击该按钮，Photoshop 开始录制一个新的动作。处于录制状态时，按钮呈现红色●。

- 【动作名】列。显示的是当前的动作所在的文件夹的名称。图中的默认动作文件夹是 Photoshop 默认的设置，它的图标很像一个文件夹，里面包含了许多的动作。

- 单击▤按钮，将会弹出【动作】面板的下拉菜单，如图10-2所示。

图10-1 【动作】面板

图10-2 【动作】面板的下拉菜单

- 【删除按钮】🗑。单击🗑图标，可以将当前的动作或序列，或者动作的某一步操作删除。

- 【创建新动作按钮】🗔。单击该图标，可以在面板上新建一个动作。

- 【播放选定的动作按钮】▶。当做好一个动作时，可以单击▶图标观看动作执行的效果。如果中间要停下来，可以单击■图标停止。

- 【创建新组按钮】🗀。单击该按钮图标，可以新建一个序列。

10.2 使用内置动作

用户可以利用 Photoshop CS6 已经创建好的动作来快速地实现一系列的动作，这样能够大大地提高工作的效率。

10.2.1 使用默认动作

在【动作】面板中选择想要的默认动作命令，然后单击 ▶ 按钮即可实现一种效果。图 10-3 是应用默认动作中的【木质画框】效果。

图10-3 添加【木质画框】效果

10.2.2 影像中的文字特效

Photoshop CS6 还提供有许多专门针对文字的动作效果。单击【动作】面板上的 ▼■ 按钮打开下拉菜单，从中选择【文字效果】命令即可添加文字效果动作。

输入"雨梦碧荷"，将【字体】设为【华文楷体】，【大小】设为【120点】，【颜色】设为【红色】，选择【动作】面板中的【水中倒影（文字）】动作，然后单击 ▶ 按钮，即可为文字添加水中倒影效果，如图 10-4 所示。

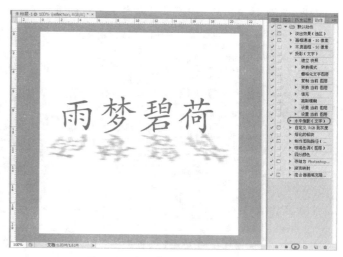

图10-4 为文字添加水中倒影效果

10.2.3 为照片添加多彩的边框

给图片添加一个多彩的边框可以使图片表现得更加完美。在 Photoshop CS6 的动作中提供了一系列的边框命令，用于添加图片的边框。

单出【动作】面板上的 ▤ 按钮打开下拉菜单，选择其中的【画框】命令，即可在【动作】面板中添加一个【画框】动作文件夹，如图10-5所示。

图10-6是应用【画框】中【照片卡角】动作的效果。

图10-5 添加"【画框】动作文件夹

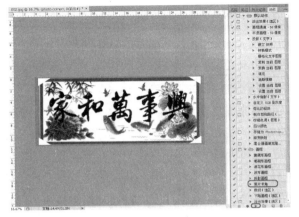

图10-6 【照片卡角】效果

10.2.4 影像的色彩变幻

利用【动作】面板提供的各种针对色彩调整的动作，能够为图像调整出各种不同的特殊效果。单击【动作】面板上的 ▤ 按钮，选择下拉菜单中的【图像效果】命令，即可添加【图像效果】动作文件夹，如图10-7所示。

打开随书附带光盘中【素材\第10章\003.jpg】文件，如图10-8所示，为该图像执行【图像效果】中的【仿旧照片】动作，完成后的效果如图10-9所示。

图10-7 添加【图像效果】动作

图10-8 打开素材文件

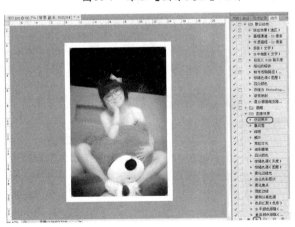

图10-9 添加【仿旧照片】效果

10.3 动作功能的运用

10.3.1 动作

有时候 Photoshop CS6 提供的默认动作并不能够满足需要，为了适应工作环境的要求，可以自己手动来完成一些动作的录制。

1. 图像分辨率和颜色模式

印刷通常需要图片分辨率为 300 像素／英寸，颜色模式为 CMYK，但大多数数码相机拍摄出来的分辨率都是 72 像素／英寸、如果都要动手完成更改，将浪费很多时间，而用 Photoshop 能够很好地解决这个问题，操作步骤如下。

01 打开随书附带光盘中的【素材\第10章\004.jpg】文件，如图10-10所示。

02 在菜单栏中选择【窗口】|【动作】命令，打开【动作】面板，如图 10-11 所示。

图10-10　打开素材文件

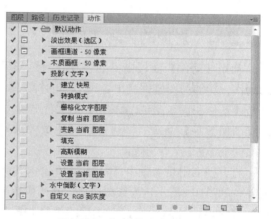

图10-11　打开【动作】面板

03 单击【动作】面板中的 button 按钮，在弹出的【新建组】对话框中使用其默认名，单击【确定】按钮，如图 10-12 所示。

04 选中【组 1】后单击 button 按钮，创建一个新的动作，并命名为【分辨率 300】，单击【记录】按钮，如图 10-13 所示。

图10-12　【新建组】对话框

图10-13　新建动作并为其命名

05 在菜单栏中选择【图像】|【图像大小】命令，在弹出的【图像大小】对话框中，去掉【重定图像像素】前的对勾，并设置【分辨率】为 300，如图10-14所示，完成后单击【确定】按钮。

06 在菜单栏中选择【图像】|【模式】|【CMYK 颜色】命令，如图10-15 所示。

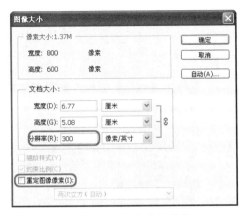

图10-14 设置图像的分辨率

图10-15 设置为【CMYK】颜色模式

STEP 07 单击【动作】面板上的■按钮，结束录制动作，这样一个动作就制作完成了，如图 10-16 所示。

STEP 08 打开随书附带光盘中【素材\第10章\005.jpg】文件，如图10-17所示。

图10-16 结束录制动作

图10-17 打开素材文件

STEP 09 在【动作】面板中单击【分辨率 300】动作，再单击【播放按钮】│ ▶ │，如图 10-18 所示。

STEP 10 【002.jpg】图像分辨率变为了【300 像素／英寸】，如图 10-19 所示。

图10-18 再次播放

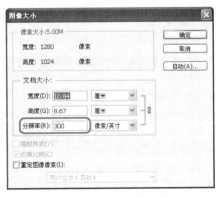

图10-19 更改的分辨率

2. 调整色相和饱和度

具体操作步骤如下。

STEP 01 打开随书附带光盘中【素材 \ 第 10 章 \006.jpg】文件，如图 10-20 所示。

STEP 02 在菜单栏中选择【窗口】|【动作】命令，随后会弹出【动作】面板，如图 10-21 所示。

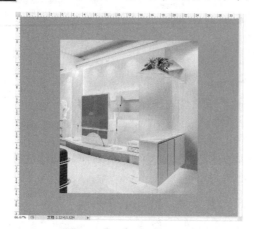

图10-20 打开素材文件

图10-21 【动作】面板

STEP 03 在【动作】面板中单击 □ 按钮，在随后弹出的【新建组】对话框中新建一个组，使用其默认名，单击【确定】按钮，如图 10-22 所示。

STEP 04 再单击 □ 按钮，在弹出的【新建动作】对话框中，新建一个动作，使用其默认名，单击【记录】按钮，如图 10-23 所示。

图10-22 【新建组】对话框

图10-23 【新建动作】对话框

STEP 05 在菜单栏中选择【图像】|【调整】|【色相和饱和度】命令，在弹出的【色相 / 饱和度】对话框中，将【色相】设为 30，【饱和度】设为 15，单击【确定】按钮，如图 10-24 所示。

STEP 06 单击【动作】面板中的 ■ 按钮，结束录制动作，这样一个动作就完成了，如图 10-25 所示。

图10-24 设置参数

图10-25 结束录制动作

10.3.2 拓展练习——雷达扫屏动画

本例将介绍雷达扫屏动画的制作方法。雷达扫屏动画主要是通过创建选区，并为选区添加【描边】和【渐变】，然后执行动作来完成制作的，完成后的效果如图 10-26 所示。

STEP 01 启动 Photoshop CS6 软件，按【Ctrl+N】组合键打开【新建】对话框，在该对话框中设置【宽度】和【高度】参数为【400 像素】，将【分辨率】参数设置为【72 像素 / 英寸】，设置完成后单击【确定】按钮，如图 10-27 所示。

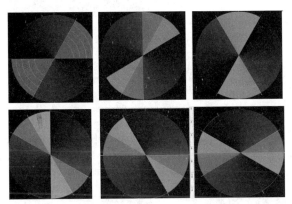

图10-26 雷达扫屏效果

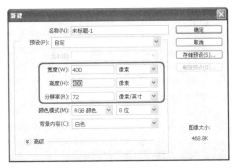

图10-27 新建文档

STEP 02 在场景中按【Ctrl+Delete】组合键，将【背景】图层填充为【黑色】，效果如图 10-28 所示。

STEP 03 在【图层】面板中单击 按钮，新建【图层 1】，并按【Ctrl+R】组合键显示标尺，然后在水平和垂直标尺中各拖出一条参考线，使其位于画布的中间，效果如图 10-29 所示。

图10-28 为图层填充【黑色】效果

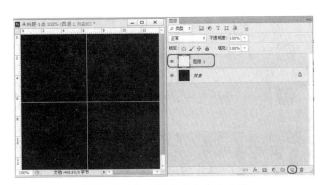

图10-29 显示标尺并拖拽参考线

STEP 04 单击【图层】面板下方的 按钮，新建【图层 2】，在工具箱中选择 工具，然后在场景中按【Alt+Shift】组合键的同时从画布中心向外拖曳出一个如图 10-30 所示的正圆选区。

STEP 05 按【Alt+E+S】组合键打开【描边】对话框，在该对话框中将【描边】选项组的【宽度】参数设置为【1 像素】，将【颜色】定义为绿色，然后在【位置】选项组单击【居中】单选按钮，设置完成后单击【确定】按钮，如图 10-31 所示。

STEP 06 描边完成后按【Ctrl+D】组合键取消选区选择，效果如图 10-32 所示。

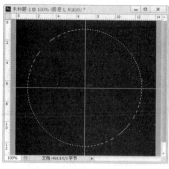

图10-30 创建正圆选区效果

图10-31 设置【描边】参数

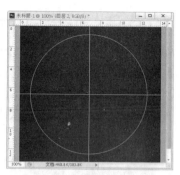

图10-32 取消选择选择

STEP 07 使用上面的方法创建出 3/4、1/2 和 1/4 半径的 3 个圆,效果如图 10-33 所示。

STEP 08 在【图层】面板中选择【图层 1】,在工具箱中选择 工具,选择水平参考线所在的选区,然后为其描边,效果如图 10-34 所示。

STEP 09 同样,使用 工具选择垂直参考线所在的选区并描边,然后在菜单栏中选择【视图】|【显示额外内容】命令,取消参考线的显示,效果如图 10-35 所示。

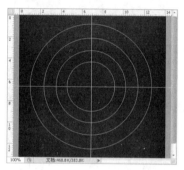

图10-33 创建圆效果

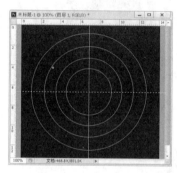

图10-34 创建选区并描边

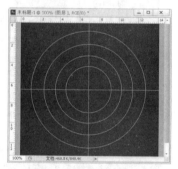

图10-35 取消参考线的显示

STEP 10 新建【图层 3】,将其拖曳至【图层 2】的上方,在工具箱中选择 工具,设置前景色为【红色】,在工具选项栏中选择【画笔】为 9,然后在场景中单击,创建如图 10-36 所示的圆点。

STEP 11 在工具选项栏中选择【画笔】为 13,然后在场景中适当的位置单击,效果如图 10-37 所示。

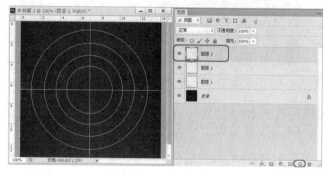

图10-36 创建小圆点效果

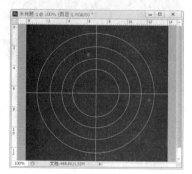

图10-37 再次创建圆点效果

STEP 12 在【图层】面板中新建【图层 4】,在工具箱中选择 工具,在垂直的标线所在的位置创建选区,然后在菜单栏中选择【选择】|【变换选区】命令,在选项栏中将【角度】参数设置

为30°，设置完成后按【Enter】键确定该操作，如图 10-38 所示。

13 为变换后的选区添加【描边】效果，将描边颜色设置为【绿色】，然后按【Ctrl+D】组合键取消选区选择，效果如图 10-39 所示。

14 在工具箱中选择◎工具，在场景中按住【Alt+Shift】组合键的同时创建如图 10-40 所示的正圆选区。

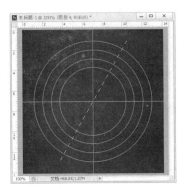 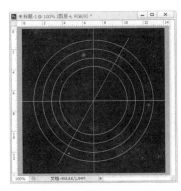 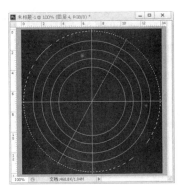

图10-38　创建并变换选区　　　　图10-39　描边选区效果　　　　图10-40　创建正圆选区效果

15 在工具箱中选择☑工具，按【Alt】键的同时选择正圆选区的一半，将这部分选区从整个选区中减去，效果如图 10-41 所示。

16 在工具箱中选择▣工具，在工具选项栏中设置一种渐变，在【渐变编辑器】中设置【不透明度】为50%，并单击▣按钮，然后在场景中从中心向右方拖曳鼠标，为选区填充渐变，效果如图 10-42 所示。

17 按【Ctrl+J】组合键将选区中的内容复制到新的图层【图层 5】上，按【Ctrl+T】组合键对对象进行自由变换，在工具选项栏中将【角度】设置为180°，然后按【Enter】键确定该操作，效果如图 10-43 所示。

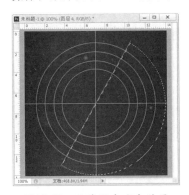 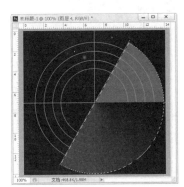 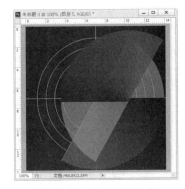

图10-41　从选区中减去效果　　　　图10-42　添加渐变效果　　　　图10-43　自由变换对象

18 使用▸┼工具将旋转后的图像移动到对称的位置，效果如图 10-44 所示。

19 按【Ctrl+E】组合键将【图层 5】和【图层 4】合并为一个图层【图层 4】，效果如图 10-45 所示。

20 在【动作】面板中，单击下方的▭按钮，新建【组 1】，然后再单击该面板下方的▭按钮，新建【动作 1】，此时系统开始自动记录后面的操作，效果如图 10-46 所示。

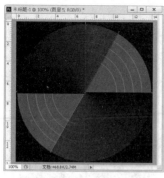

图10-44　调整对象的位置效果　　　　图10-45　合并图层效果　　　　图10-46　新建动作组及动作

21 在【图层】面板中将【图层4】拖至下方的 按钮上，复制出【图层4副本】，此时【动作】面板中会记录这一操作，如图10-47所示。

22 按【Ctrl+T】组合键对【图层4副本】进行自由变换，在工具选项栏中将【角度】参数设置为-30°，设置完成后按【Enter】键确定该操作，在【动作】面板中同样会记录这一操作，然后单击【动作】面板下方的 按钮，效果如图10-48所示。

23 单击【动作】面板下方的 按钮4次，在【图层】面板中会创建4个新复制的图层，效果如图10-49所示。

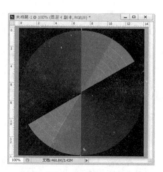

图10-47　复制图层副本　　　　图10-48　旋转对象效果　　　　图10-49　复制对象效果

24 在【图层】面板中将【图层4】的副本图层全部隐藏，效果如图10-50所示。

25 在菜单栏中选择【窗口】|【时间轴】命令，打开【时间轴】面板，在该面板中会显示出已经创建的第一帧画面，效果如图10-51所示，单击【0秒】右下方的小三角设置为【无延迟】。

图10-50　隐藏对象效果　　　　图10-51　打开的【时间轴】面板

STEP 26 单击【时间轴】面板下方的 ▣ 按钮，新建一帧画面，在【图层】面板中显示【图层4副本】，隐藏【图层4】，其他图层保持不变，效果如图10-52所示。

STEP 27 依此类推，使用上面的方法共产生6帧动画画面，效果如图10-53所示。单击该面板下面的 ▶ 按钮，生成预览动画，观察动画有无差错。

图10-52 新建一帧画面效果

图10-53 新建多帧画面效果

STEP 28 至此，雷达扫屏动画效果就制作完成了，将制作完成后的场景文件进行保存。

10.4 使用批处理

使用【批处理】命令能够对一批文件执行一个动作或者对一个文件执行一系列动作，这样能够避免许多重复性的操作。

10.4.1 认识【批处理】对话框

选择【文件】|【自动】|【批处理】菜单命令，打开【批处理】对话框，如图10-54所示。

下面就对【批处理】对话框中的设置作一些简单的介绍。

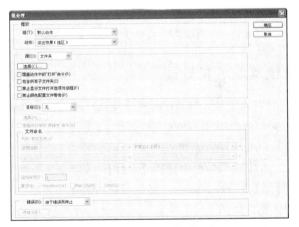

图10-54 【批处理】对话框

- 【播放】设置区：用于选择需要执行的动作命令。
  - ◆【组】下拉列表框：用于选择动作序列，这取决于用户在【动作】面板中加载的动作序列。如果用户在【动作】面板中只加载了默认动作序列，那么在此下拉列表框中就只有该动作序列可以选择。
  - ◆【动作】下拉列表框：用于从动作序列中选择一个具体的动作。
- 【源】下拉列表框：选择将要处理的文件来源。它可以是一个文件夹中的所有图像，也可以是导入或打开的图像。
  - ◆ 当在【源】下拉列表框中选择"文件夹"时，此选项组中提供有以下选项。
    - ▲【选择】按钮：单出该按钮可以浏览并选择文件夹。
    - ▲【覆盖动作中的"打开"命令】复选框：忽略动作中的【打开】命令。

▲【包含所有子文件夹】复选框：对该文件夹内所有子目录下的图像同样执行动作。

▲【禁止显示文件打开选项对话框】以及【禁止颜色配置文件警告】复选框等。

◆ 当在【源】下拉列表框中选择【导入】选项时，在【自】下拉列表框中可以选择文件类型。

◆ 当在【源】下拉列表框中选择【打开的文件】选项时，此选项组中不提供任何选项，此时批处理命令只处理在 Photoshop 中打开的文件。

● 【目标】下拉列表框：选择【文件夹】选项时，几个选项将被激活，如图 10-55 所示。

◆【选择】按钮：单击此按钮可以浏览选择文件夹。

◆【覆盖动作中的"存储为"命令】复选框。

◆【文件命名】设置区：用于确定文件命名的方式，在该选框中提供有多种命名的方式，这样可以避免重复并且便于查找。

◆【错误】下拉列表框：提供遇到错误时的两种处理方案：一是由于错误而停止，二是将错误记录到文件，如图 10-56 所示。

图10-55　选择【文件夹】选项

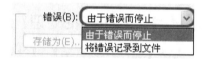

图10-56　【错误】下拉列表框

10.4.2　批处理

如果有大量的图片需要重复执行某一动作，可以用 Photoshop 的批处理功能完成，操作方法如下。

STEP 01 在菜单栏中选择【文件】|【自动】|【批处理】命令，弹出【批处理】对话框，如图 10-57 所示。

STEP 02 在【组】选项中选择【组1】，在【动作】选项中选择【旋转90度】，在【源】选项中选择【文件夹】，并在【选择】选项中找到要批处理的文件夹。如图 10-58 所示。

STEP 03 在【目标】选项中，指定批处理后图像的存储位置。设定完成后，单击【确定】按钮，所有的图片就会自动完成指定的动作，如图 10-59 所示。

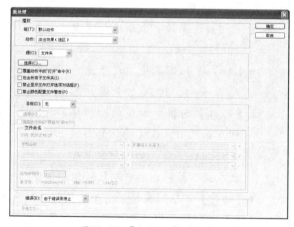

图10-57　【批处理】对话框

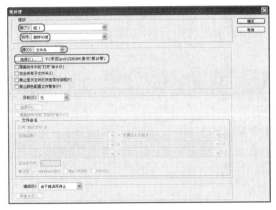

图10-58　设置选项

图10-59　设置后的效果图

10.4.3　使用快捷批处理

创建快捷批处理命令，即创建一个具有
批处理功能的可执行程序。

快捷批处理用来将动作加载到一个文件
或者一个文件夹中的所有文件之上，当然，
要完成执行的过程，还需要启动 Photoshop
程序并在其中进行处理。但是如果要高频率
地对大量的图像进行同样的动作处理，那么
应用快捷批处理就可以大幅度地提高工作的
效率。

执行【文件】|【自动】|【创建快捷批处理】
菜单命令，可打开【创建快捷批处理】对话框，
如图 10-60 所示。

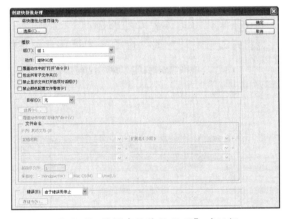

图10-60　【创建快捷批处理】对话框

注意　一定要选中【覆盖动作中的"打开"命令】复选框或【覆盖动作中的"存储为"命令】复
选框。

该对话框与【批处理】对话框十分相似，可以将快捷批处理理解为批处理命令的保存形式。
有了批处理，就可以随时地对一个单独的文件或者一个文件夹内的所有文件进行动作处理，使
源文件的选择更加灵活。

- 【将快捷批处理存储于】设置区：用于选择一个地址，保存生成的快捷批处理。
- 【播放】设置区：选择一个动作序列中的具体动作，这一系列选项与【批处理】对话框
  中的选项相同，在此不再赘述。
- 【目标】设置区：确定如何保存处理过的文件，这一系列选项与【批处理】对话框中的
  选项相同，在此不再赘述。
- 【错误】下拉列表框：与【批处理】对话框相同，在此不再赘述。

所有的选项设置完毕，单击【确定】按钮，这样批处理就会被保存到指定的文件夹中。

使用批处理的方法很简单，只需要将准备处理的文件或文件夹拖动至批处理文件的图标上即可，这时 Photoshop 就会自动地开始对文件夹中的图像文件进行动作处理。

10.5 脚本处理器

当一组图片拿到设计师手中，要进行以下 3 种工作。

- 转换为可以上传到公司网站的 JPG 图像。
- 保存这组图片的图层，以方便修改。
- 存储为合并图层的 TIFF 图像，用于排版。

这样的工作如何进行？需要打开每一幅图像，分别存储为 3 种不同的格式，而使用 Photoshop 的【脚本】|【图像处理器】菜单命令，可以由软件同时完成这 3 项工作。

STEP 01 打开 Photoshop 软件，选择【文件】|【脚本】|【图像处理器】菜单命令，弹出【图像处理器】对话框，如图 10-61 所示。

STEP 02 单击【选择要处理的图像】选项组中的【选择文件夹】按钮，选择要进行处理的图片。打开随书附带光盘中的【素材\第10章】文件夹进行练习，如图10-62所示。

图10-61 【图像处理器】对话框

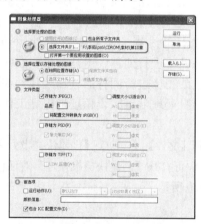

图10-62 设置文件夹

STEP 03 单击【选择位置以存储处理的图像】选项组中的【选择文件夹】按钮，选择要处理完成的图片存放的位置。本例中存储在【桌面】中，如图 10-63 所示。

STEP 04 在【文件类型】选项组中，设计师可以对【存储为 IPEG】、【存储为 PSD】、【存储为 TIFF】进行复选，如图 10-64 所示。

STEP 05 单击【运行】按钮，得到的结果如图 10-65 所示。

图10-63 设置存储位置

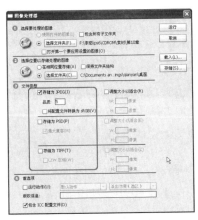

图10-64　选择存储格式

图10-65　单击【运行】按钮后的效果

10.6 联系表Ⅱ

公司收集了大量的案例和参考素材图片，希望能将其分类刻录在光盘上，并且打印一份图库索引，怎样能够快捷地实现？使用联系表命令即可一步完成图库索引的制作。

01 打开 Photoshop 软件，选择【文件】|【自动】|【联系表】菜单命令，弹出【联系表Ⅱ】对话框，如图 10-66 所示．

02 在【源图像】选项组中设置【使用】为【文件夹】并勾选【包含子文件夹】复选框。

03 单击【选择】按钮，在弹出的对话框中选择随书附带光盘中的【素材\第10章】文件夹。其他使用默认值，设置完成后单击【确定】按钮，即可将文件夹下所有的图片整合在一个页面上，如图10-67所示。当图片过多时，Photoshop会自动分为多页。

图10-66　【联系表Ⅱ】对话框

图10-67　设置完成后的效果

提示　对话框中【列】和【行】数值越小，单张图片尺寸越大，改动数值后，右侧的缩览图会发生相应的变化，设计师也可以根据需要自行定义。

10.7 【滚动所有窗口】的应用

在使用 Photoshop 调图时，经常要对比原图和调整后的效果，在工具箱中选择【抓手工具】，但是不勾选【滚动所有窗口】时，需要手动调整其他图片的位置；如果选择了【滚动所有窗口】，当移动其中一个图像时，其他图像也会发生相应的移动，使调图工作更加轻松。另外，组合使用【窗口】|【排列】菜单下的匹配类命令，能够更加便捷地完成工作。

STEP 01 打开 Photoshop 软件，选择【文件】|【打开】菜单命令，打开随书附带光盘中的【素材\第10章\007.jpg】、【008.jpg】、【009.jpg】、【010.jpg】文件，如图10-68所示。

STEP 02 在工具箱中选择【抓手工具】，在工具选项栏中勾选【滚动所有窗口】命令，如图10-69所示。

图10-68　打开文件

图10-69　勾选【滚动所有窗口】复选框

STEP 03 在菜单栏中选择【窗口】|【排列】|【平铺】命令，如图10-70所示。

STEP 04 在工具箱中选择【抓手工具】，在任意一幅图像上拖曳鼠标，其他两幅图像都会自动匹配位置，方便设计师观察效果，如图10-71所示。

图10-70　选择【平铺】效果图

图10-71　使用【抓手工具】查看

STEP 05 在工具箱中单击【放大镜工具】，在【007.jpg】文件上单击，局部放大进行对比观察，如图 10-72 所示。

STEP 06 选择【窗口】|【排列】|【匹配缩放】菜单命令，其他 3 个图像会自动匹配【007.jpg】文件比例进行缩放，如图 10-73 所示，这样设计师能够更加方便地对比调图效果。

图10-72　使用【放大镜工具】

图10-73　选择【匹配缩放】命令后的效果

　　本例主要讲解了如何在调图时方便地对比不同的调图效果，重点是【抓手工具】高级运用技巧【滚动所有窗口】的应用，以及排列命令的配合使用，利用它能够在实际工作中有效地提高工作效率。

10.8　设置软件参数

　　在菜单栏中选择【编辑】|【首选项】|【常规】命令，可以进行常规选项的设定，例如界面、文件处理、性能、光标、透明度与色域等，从而定制自己的工作环境，下面将介绍主要设置参数。

10.8.1　常规设置

　　【常规】面板如图 10-74 所示。下面对主要的参数进行介绍。

● 【拾色器】下拉列表框：如果使用的是 Windows 操作系统，Windows 的拾色器只涉及基本的颜色，而且只允许根据两种色彩模型选出想要的颜色。最好选用 Adobe 拾色器，因为它能根据 4 种颜色模型从整个色谱及 PANTONE 等颜色匹配系统中选择颜色。

● 【图像插值】下拉列表框：当用到【自由变形】或【图像大小】命令时，图像中像素的数目会随着图像形状的改变而改变，这时生成或删除像素的方法就叫插值方法。如果计算机不是太差，则可在【图像插值】中选择【两次立方（适用于平滑渐变）】插值方法，它能进行最精确的处理。

● 【选项】选项组有以下选项。

◆【自动更新打开的文档】复选框：选中
此项，当打开的文件在其他应用程序中
被修改保存时，该文件在 Photoshop 中
将被自动更新。

◆【完成后用声音提示】复选框：选中此
项，执行完一次处理操作后则发出"嘟
嘟"声。

◆【动态颜色滑块】复选框：选中此项，【颜
色】面板中调节滑块的颜色会随着用户
的拖动而发生变化。

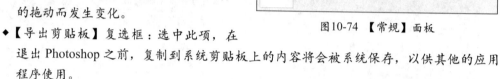

图10-74 【常规】面板

◆【导出剪贴板】复选框：选中此项，在
退出 Photoshop 之前，复制到系统剪贴板上的内容将会被系统保存，以供其他的应用
程序使用。

◆【使用 Shift 键切换工具】复选框：选中此项，可以使用【Shift】键进行成组工具之间
的切换。

◆【缩放时调整窗口大小】复选框：用于决定缩放文件时文件窗口是否相应地调整大小。

● 【历史记录】选项组：用于记录和存储每一步的使用过程，同时可以随时返回到前面做
过的每一步骤。

10.8.2　界面设置

在左侧列表中选择【界面】选项，即可打开【界
面】面板，如图 10-75 所示。

选中【界面】面板中的【显示工具提示】复
选框，当光标停留在工具上时，能出现关于该工具
的简短提示。

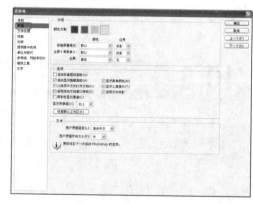

图10-75 【界面】面板

10.8.3　文件处理设置

在左侧列表中选择【文件处理】选项，即可打开【文件处理】面板，如图 10-76 所示。
下面对【文件处理】面板进行简单的介绍。

● 【图像预览】下拉列表框：选择【总是存储】，Photoshop 在保存文件时都会同时保存一
张缩略图。这样在下一次选择【文件】|【打开】菜单命令选择该文件时，对话框中会
显示该文件的缩略图，即提供图像预览。否则，将无法提供图像预览。

● 【文件扩展名】下拉列表框：用于选择文件的扩展名是大写还是小写。

- 【存储分层的 TIFF 文件之前进行询问】复选框：选中该复选框，则会兼容所有的 TIFF 文件。
- 【启用 Version Cue】复选框：选中此项，可以设定以何种方式与服务器联系以便共同处理文件。
- 【近期文件列表包含】参数框：用于确定【文件】|【最近打开文件】菜单命令所包含的最近打开过的文件数。

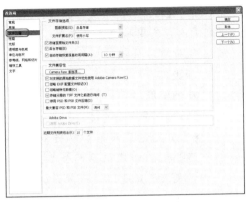

图10-76 【文件处理】面板

10.8.4 光标设置

在左侧列表中选择【光标】选项，即可打开【光标】面板，如图 10-77 所示。

【光标】面板中有【绘画光标】和【其他光标】选项组：选择【标准】单选按钮，使用的工具将以实际形态出现；选择【精确】单选按钮，绘画工具将以十字形光标显示；选择【正常画笔笔尖】单选按钮，光标将以标准的画笔尺寸显示；选择【全尺寸画笔笔尖】单选按钮，光标将以画笔的实际尺寸显示。

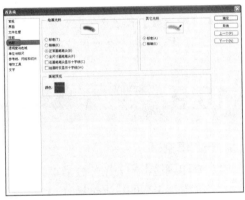

图10-77 【光标】面板

10.8.5 透明度与色域设置

在左侧列表中选择【透明度与色域】选项，即可打开【透明度与色域】面板，如图 10-78 所示。

下面对【透明度与色域】面板进行简单的介绍。

- 【透明区域设置】选项组：在【网格大小】下拉列表框中设定网格大小，在【网格颜色】下拉列表框中为网格选定一种颜色。
- 【色域警告】选项组：当图像中使用了显示器可以显示但在打印机上无法打印的颜色时给出警告。

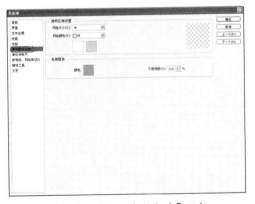

图10-78 【透明度与色域】面板

10.8.6 性能设置

在左侧列表中选择【性能】选项，即可打开【性能】面板，如图 10-79 所示。

下面对【性能】面板进行简单介绍。

- 【内存使用情况】选项组：一般设为 50 %即可。如果计算机的内存不够，则可加大百分比，但这样会影响其他应用程序的使用。

- 【历史记录与高速缓存】选项组：

    ◆【历史记录状态】参数框：用来设置 Photoshop 能记录的最多历史状态数，默认设置是 20。如果计算机的性能较好，可以提高记录数。

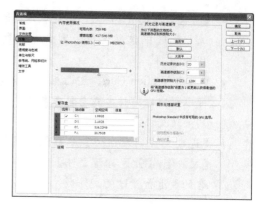

图10-79 【性能】面板

    ◆【高速缓存级别】设置：在进行颜色调整或图层调整时，Photoshop 使用高速缓存来快速地更新屏幕。对于 10MB 以下的文件，【高速缓存级别】设为 4 最佳，否则在进行颜色调整或图层调整时速度缓慢。

- 【暂存盘】设置区：在处理图像的过程中如果内存不足，Photoshop 会将计算机的硬盘分区作为虚拟内存使用，前提是该分区中尚有足够的使用空间。

10.9 习题

一、填空题

(1) 印刷通常需要图片分辨率为（　　　　），颜色模式为（　　　　）。

(2) 常规选项的设定包括（　　　）、（　　　）、（　　　）、（　　　）、（　　　）等。

二、问答题

(1) 怎样打开【常规】面板？

(2) 怎样才能打开【动作】面板？

第 **11** 章 Chapter

综合案例

11

本章要点：

　　通过对前面章节的学习，想必读者对 Photoshop 有了简单的认识，本章将使用前面学习的知识制作常用文字特效、手绘技法、数码照片处理技法、制作宣传海报等 4 个综合案例。

　　本章中的案例都是通过 Photoshop 中简单的工具进行处理和制作的，读者在制作效果时，可参照本章制作的效果，拓展自己的思路，制作出更好的作品。

主要内容：

- 常用文字特效
- 手绘技法
- 数码照片处理技法
- 制作宣传海报

11.1 常用文字特效

在平面设计作品中，文字不仅可以传达信息，还能起到美化版面、强化主题的作用，使画面更加丰富。为文字添加特效，可以使文字在画面中不再千篇一律。

11.1.1 印章刻字

本例介绍印章字的制作，如图 11-1 所示。制作中将涉及各种滤镜的应用，并介绍【色彩范围】以及【画布大小】命令的应用。

01 运行Photoshop CS6，在菜单栏中选择【文件】|【打开】命令，弹出【打开】对话框，打开随书附带光盘中的【素材\第11章\001.jpg】文件，单击【打开】按钮，如图11-2所示。

02 在【图层】面板中选择【背景】图层，并将其拖拽到【新建图层】按钮上，复制出【背景 副本】图层，如图 11-3 所示。

图11-1　印章刻字效果

图11-2　选择素材文件

图11-3　复制图层

03 在工具箱中单击背景色色块，弹出【拾色器（背景色）】对话框，将 R、G、B 值分别设置为 32、32、32，单击【确定】按钮，如图 11-4 所示。

04 在菜单栏中选择【图像】|【画布大小】命令，如图 11-5 所示。

图11-4　设置背景色

图11-5　【画布大小】命令

默认场景的前景色为黑色，默认的背景色为白色，如果将前景色和背景色调乱了，可按
提示 【D】键（英文输入法状态）重置前景色和背景色，恢复默认颜色。

STEP 05 弹出【画布大小】对话框，将【宽度】设置为【24.59 厘米】，将【高度】设置为【35.71
厘米】，将【画布扩展颜色】定义为【背景】，单击【确定】按钮，如图 11-6 所示。

STEP 06 调整画布大小后的素材文件，如图 11-7 所示。

图11-6　调整画布大小

图11-7　画布效果

STEP 07 在工具箱中单击背景色色块，弹出【拾色器（背景色）】对话框，将 R、G、B 值设置
为 201、201、201，单击【确定】按钮，如图 11-8 所示。

STEP 08 在菜单栏中选择【图像】|【画布大小】命令，弹出【画布大小】对话框，将【宽度】
设置为【29.59 厘米】，将【高度】设置为【40.7 厘米】，调整画布的大小，将【画布扩展颜色】
定义为【背景】，单击【确定】按钮，如图 11-9 所示。

图11-8　设置背景色

图11-9　调整画布大小

STEP 09 调整画布后的效果，如图 11-10 所示。

STEP 10 在菜单栏中选择【选择】|【全部】命令，在画面中生成选区，如图 11-11 所示。

STEP 11 在【图层】面板中单击【新建图层】 按钮，新建图层【图层 1】，如图 11-12 所示。

图11-10　画布效果

图11-11　【全选】画布

图11-12　新建【图层1】

STEP 12 在菜单栏中选择【编辑】|【描边】命令,弹出【描边】对话框,将【宽度】参数设置为【20像素】,将【颜色】设置为黑色,选择【位置】为【内部】,单击【确定】按钮,在场景中为选区描边, 如图 11-13 所示。

STEP 13 按【Ctrl+D】组合键,将选区取消选择, 完成描边后的效果如图 11-14 所示。

STEP 14 在【图层】面板中双击【图层 1】,弹出【图层样式】对话框,选择【投影】选项并进入其面板,将【混合模式】设置为【正片叠底】,设置【不透明度】为100%,【距离】为 0、【扩展】为 0、【大小】为 32,其他参数使用默认即可,单击【确定】按钮,如图 11-15 所示。

图11-13　设置描边数值

图11-14　画布效果

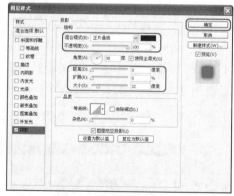

图11-15　设置图层样式

STEP 15 为【图层 1】添加图层样式完成,效果如图 11-16 所示。

STEP 16 完成素材的效果后,下面再制作印章字效果。在菜单栏中选择【文件】|【新建】命令,如图 11-17 所示。

STEP 17 弹出【新建】对话框,将单位定义为【厘米】,设置【宽度】为【10 厘米】,设置【高度】为【10 厘米】,设置【分辨率】为【72 像素 / 英寸】,单击【确定】按钮,如图 11-18 所示。

STEP 18 在工具箱中将前景色设置为黑色,在菜单栏中选择【编辑】|【填充】命令,弹出【填充】对话框,设置【使用】为【前景色】,单击【确定】按钮,如图 11-19 所示。

STEP 19 填充颜色后的场景如图 11-20 所示。

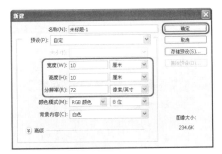

图11-16　设置图层的【图层样式】　图11-17　选择【新建】命令　　图11-18　新建文件

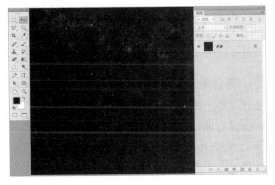

图11-19　填充颜色　　　　　　图11-20　新建文件

STEP 20 在工具箱中选择【矩形工具】 ，在场景中内侧区域创建矩形选区，如图 11-21 所示是选取的位置。

STEP 21 在菜单栏中选择【编辑】|【描边】命令，弹出【描边】对话框，将【宽度】参数设置为【4像素】，将【颜色】设置为红色，将【位置】定义为【居中】，单击【确定】按钮，如图 11-22 所示，然后按【Ctrl+D】组合键将选区取消选择。

STEP 22 继续使用【矩形工具】 工具，在描边的内侧再创建选区，如图 11-23 所示是选区的位置。

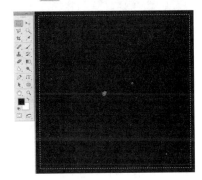

图11-21　填充颜色　　　图11-22　设置【描边】参数　　　图11-23　创建选区

STEP 23 在菜单栏中选择【编辑】|【描边】命令，弹出【描边】对话框，设置【宽度】为【4像素】、

颜色设置为红色，【位置】为【居中】，单击【确定】按钮，如图 11-24 所示，然后按【Ctrl+D】
组合键将选区取消选择。

24 确定工具箱中前景色为红色，继续使用【矩形工具】 ，在场景描边中的右半部分创
建选区，按【Alt+Delete】组合键，将选区填充为前景色红色，如图 11-25 所示。

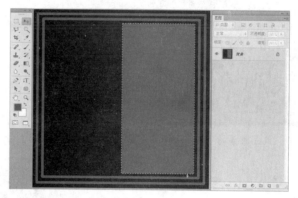

图11-24　设置【描边】参数　　　　　　　图11-25　绘制矩形并填充红色

25 设置前景色为黑色，在工具箱中【文字工具】 处单击鼠标左键，选择【直排文字工
具】 ，在场景中单击并输入文字【富贵】。选中文字，在工具选项栏中，将字体设置为【汉
仪柏青体简】，设置大小为 120，如图 11-26 所示。

26 设置前景色为红色，使用相同的方法，在右边黑色区域创建文字【荣华】，如图 11-27
所示。

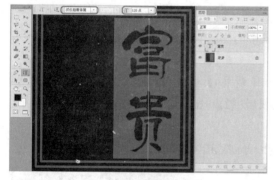

图11-26　创建文字　　　　　　　　　　　图11-27　创建文字

27 在【图层】面板中选择【背景】图层，在工具箱中选择【矩形选框工具】 ，在场景中
创建选区，确定工具箱中前景色为黑色，按【Alt+Delete】组合键将选区填充为黑色，如图 11-28 所示；
按【Ctrl+D】组合键将选区取消选择。

28 选择【荣华】图层，在【图层】面板中单击 按钮，在弹出的快捷菜单中选择【拼合图像】
命令，将图层合并，如图 11-29 所示。

29 合并图层后，在菜单栏中选择【滤镜】|【滤镜库】|【画笔描边】|【喷溅】命令，弹出【喷
溅】对话框，设置【喷溅半径】为 8、【平滑度】为 7，单击【确定】按钮，如图 11-30 所示。

30 设置喷溅后，在菜单栏中选择【滤镜】|【模糊】|【高斯模糊】命令，弹出【高斯模糊】

对话框，设置【半径】为1，单击【确定】按钮，如图 11-31 所示。

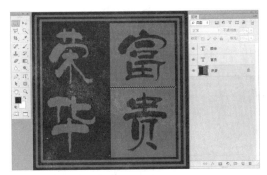

图11-28　绘制矩形

图11-29　创建文字

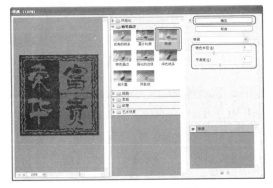

图11-30　设置【喷溅】参数

图11-31　设置【高斯模糊】参数

STEP 31 在菜单栏中选择【选择】|【色彩范围】命令，弹出【色彩范围】对话框，选择场景中的红色，将【颜色容差】参数设置为 200，单击【确定】按钮，如图 11-32 所示。

STEP 32 选择红色区域的效果，将场景中红色区域生成选区，按【Ctrl+C】组合键将选区复制，如图 11-33 所示；然后按【Ctrl+D】组合键将选区取消选择。

图11-32　设置【色彩范围】参数

图11-33　复制红色区域

STEP 33 切换到素材文件中，按【Ctrl+V】组合键将红色的选区粘贴到素材文件中，如图 11-34

所示。

STEP **34** 粘贴到场景素材文件中的印章太大，需要调整印章的大小，在菜单栏中选择【编辑】|【自由变换】命令，如图 11-35 所示。

图11-34　粘贴印章效果　　　　　　　　　　图11-35　选择【自由变换】命令

STEP **35** 选择【自由变换】命令后，在工具选项栏中单击 ⊖ 按钮锁定宽度和高度，设置【W】和【H】为 17%，然后在场景中调整印章的位置，如图 11-36 所示。

STEP **36** 将制作的印章进行存储。在场景中选择制作的印章文件，在菜单栏中选择【文件】|【存储】命令，打开【存储为】对话框，为其指定存储路径，将【文件名】设置为【印章】，并将【格式】定义为 TIFF，如图 11-37 所示。

图11-36　调整印章的大小　　　　　　　　　图3-37　存储【印章】

STEP **37** 单击【保存】按钮，弹出【TIFF 选项】对话框，保持默认设置，单击【确定】按钮，如图 11-38 所示。

STEP **38** 在工具箱中选择【直排文字工具】 ↓T，在素材文件中创建文字【牡丹图】，在工具选项栏中将字体设置为【华文行楷】，设置大小为 36，颜色为黑色，如图 11-39 所示。

STEP **39** 完成的场景文件效果，如图 11-40 所示。

图11-38 【TIFF 选项】对话框　　　图11-39 创建文本　　　　　图11-40 最终效果

STEP 40 场景制作完成后，在菜单栏中选择【文件】|【存储为】命令，弹出【存储为】对话框，为其指定存储路径，将其命名为【印章刻字】，将【格式】设置为 PSD，单击【保存】按钮，将场景文件进行存储，如图 11-41 所示。

STEP 41 在【图层】面板中选择 按钮，在弹出的对话框中选择【拼合图像】命令，将图层进行合并，如图 11-42 所示。

STEP 42 合并图层后，在菜单栏中选择【文件】|【存储为】命令，弹出【存储为】对话框，为其指定一个存储路径，将其命名为【印章刻字】，将【格式】设置为 TIFF，单击【保存】按钮，将效果文件进行存储，如图 11-43 所示。最后弹出【TIFF 选项】对话框，保持默认设置，单击【确定】按钮。

图11-41 存储场景文件　　　　图11-42 最终效果　　　　图11-43 存储场景文件

11.1.2 火焰字

本例介绍火焰字的制作，如图 11-44 所示。通过本例的介绍，读者将对图像【模式】和【曲线】以及【滤镜】有进一步的了解。

STEP 01 启动 Photoshop 软件，在菜单栏中选择【文件】|【新建】命令，如图 11-45 所示。

STEP 02 在弹出的对话框中将【名称】设置为【火焰字】，将【宽度】设置为 30，将单位定义为【厘米】，设置【高度】为【15 厘米】，将【颜色模式】定义为【位图】模式，如图 11-46 所示。

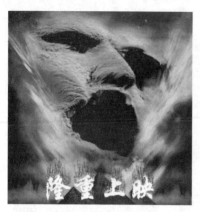

图11-44 最终效果

图11-45 选择【创建】命令

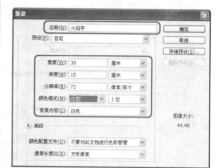

图11-46 【新建】对话框

STEP 03 单击【确定】按钮，即可创建一个空白的文档，如图 11-47 所示。

STEP 04 按【Alt+Delete】组合键填充前景色（默认的黑色），将新建的场景填充为黑色，如图 11-48 所示。

图11-47 新建的空白文档

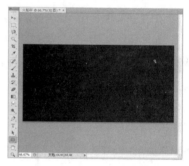

图11-48 填充前景色

STEP 05 在工具箱中选择【文字工具】 T ，在工具选项栏中将字体样式定义为【华文行楷】，大小设置为【170 点】，字体颜色设置为白色，然后在场景中单击并输入文本【隆重上映】，如图 11-49 所示。

STEP 06 在【图层】面板中选择文本图层，单击鼠标右键，在弹出的快捷菜单中选择【栅格化文本】命令，如图 11-50 所示。

图11-49 创建文本

图11-50 选择【栅格化文字】命令

提示 文本图层和形状图层在编辑的时候必须先将其进行栅格化。

STEP **07** 在菜单栏中选择【图像】|【旋转画布】|【90度（顺时针）】命令，如图 11-51 所示。

STEP **08** 执行该命令后的效果如图 11-52 所示。

STEP **09** 在菜单栏中选择【滤镜】|【风格化】|【风】命令，如图 11-53 所示。

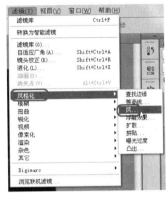

图11-51　选择【90度（顺时针）】命令　　图11-52　执行命令后的效果　　图11-53　选择【风】命令

STEP **10** 在弹出的对话框中定义【方法】为【风】，【方向】为【从左】，单击【确定】按钮，如图 11-54 所示。

STEP **11** 多次执行【滤镜】|【风格化】|【风】命令或按【Ctrl+F】组合键，再次施加风的效果，如图 11-55 所示。

STEP **12** 在菜单栏中选择【图像】|【旋转画布】|【90度（逆时针）】命令，如图 11-56 所示。

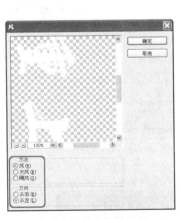

图11-54　【风】对话框　　图11-55　添加风后的效果　　图11-56　选择【90度（逆时针）】命令

STEP **13** 在【图层】面板中选择 按钮，在弹出的快捷菜单中选择【拼合图像】命令，如图 11-57 所示。

STEP **14** 在菜单栏中选择【滤镜】|【滤镜库】命令，在打开的对话框中选择【扭曲】选项组下的【海洋波纹】选项，在右侧的【海洋波纹】选项组下设置【波纹大小】为 7、【波纹幅度】为 2，

如图 11-58 所示。

图11-57　选择【拼合图像】命令　　　　　　　　　　图11-58　滤镜库

STEP 15 在菜单栏中选择【图像】|【模式】|【索引颜色】命令，将场景模式转换为【索引色】模式，如图 11-59 所示。

STEP 16 在菜单栏中选择【窗口】|【通道】命令，查看模式信息，如图 11-60 所示。

STEP 17 在菜单栏中选择【图像】|【模式】|【颜色表】命令，如图 11-61 所示。

图11-59　选择【索引颜色】命令　　　图11-60　查看模式信息　　　　图11-61　选择【颜色表】命令

STEP 18 在弹出的对话框中将【颜色表】定义为【黑体】，如图 11-62 所示。

提示　　只有将场景转换为【索引颜色】模式才能对其进行【颜色表】的设置。

STEP 19 单击【确定】按钮，完成颜色表后的效果如图 11-63 所示。

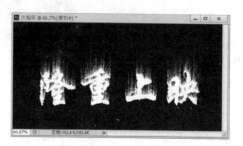

图11-62　【颜色表】对话框　　　　　　　　　　图11-63　完成后的效果

STEP 20 在菜单栏中选择【图像】|【模式】|【RGB 颜色】命令,将场景文件转换为 RGB 颜色模式,如图 11-64 所示。

STEP 21 在菜单栏中选择【图像】|【调整】|【曲线】命令,如图 11-65 所示。

图11-64 选择【RGB颜色】命令

图11-65 选择【曲线】命令

STEP 22 在弹出的【曲线】对话框中调整曲线的形状,如图 11-66 所示。

STEP 23 单击【确定】按钮,完成后的效果如图 11-67 所示。

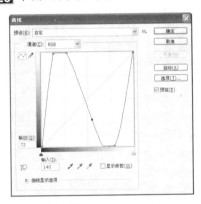

图11-66 【曲线】对话框

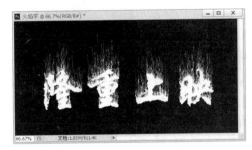

图11-67 完成后的效果

STEP 24 将制作完成的文件进行存储。在菜单栏中选择【文件】|【存储】命令,在弹出的对话框中选择一个正确的路径,为其文件命名并将【格式】定义为 TIFF,如图 11-68 所示。

STEP 25 单击【确定】按钮,将制作的文件进行存储,在弹出的【TIFF 选项】对话框中所有的值保持默认,单击【确定】按钮即可,如图 11-69 所示。

STEP 26 在菜单栏中选择【选择】|【色彩范围】命令,在弹出的对话框中选择背景黑色,设置【颜色容差】为 200,选择【反相】选项,如图 11-70 所示。

STEP 27 单击【确定】按钮,即可将文字选中,按【Ctrl+C】组合键将其复制,按【Ctrl+O】组合键,在弹出的对话框中选择随书附带光盘中的【素材\第11章\火焰字素材.jpg】素材,如图11-71所示。

STEP 28 单击【打开】按钮,即可将选择的素材导入到场景中,如图 11-72 所示。

STEP 29 切换到素材文件,按【Ctrl+V】组合键,将复制的文字粘贴到素材文件中,如图 11-73 所示。

图11-68 【存储为】对话框

图11-69 【TIFF选项】对话框

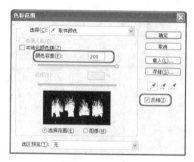

图11-70 【色彩范围】对话框

图11-71 【打开】对话框

图11-72 导入的素材图片

图11-73 粘贴文字

STEP 30 在文件中可以看到文字太大，下面再来调整文字的大小。在菜单栏中选择【编辑】|【自由变换】命令，打开【自由变换】后，在工具选项栏中单击【保持长宽比】 按钮，将【W】和【H】的参数设置为 56%，并在场景中调整其至合适的位置，如图 11-74 所示。然后双击即可。

STEP 31 在【图层】面板中单击 按钮，在弹出的快捷菜单中选择【拼合图像】命令，如图 11-75 所示。

STEP 32 将拼合后的效果进行保存。在菜单栏中选择【文件】|【存储】命令，在弹出的对话框中选择一个正确的路径，为其文件命名并将【格式】定义为 TIFF，如图 11-76 所示。单击【确定】按钮，弹出【TIFF 选项】对话框，保持默认设置，最后单击【确定】按钮即可。

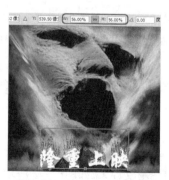

图11-74 调整其位置及大小

图11-75 选择【拼合图像】命令

图11-76 【存储为】对话框

11.1.3 射线字

在本例中将介绍射线字的制作，在制作中将涉及【径向模糊】、【添加杂色】与【图层样式】等工具和命令的应用。如图 11-77 所示为完成射线字的效果。

STEP 01 打开随书附带光盘中的【素材\第11章\射线字素材.jpg】文件，打开的背景素材如图11-78所示。

STEP 02 在工具箱中选择 T 工具，在场景文件中创建文字【PSDEIUXE】，双击文字图层的 T 字样（指示文本图层）选取文本，在工具选项栏中将【字

图11-77　射线字的效果

体】定义为【方正超粗黑简体】，【大小】设置为【60 点】，将颜色设置为黑色，如图 11-79 所示。

图11-78　打开的素材文件

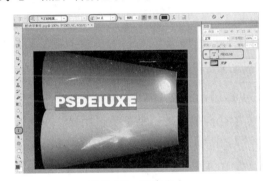

图11-79　创建文本

STEP 03 选择【PS】两个字母，在工具选项栏中将大小设置为【120 点】，调整文本的位置，如图 11-80 所示。

STEP 04 在【图层】面板将文本图层拖曳到 按钮上，复制图层副本。在复制的图层副本上单击鼠标右击，在弹出的快捷菜单中选择【栅格化文字】命令，单击 将文本图层隐藏，如图 11-81 所示。

STEP 05 将栅格化的图层重新命名为【001】，如图 11-82 所示。

图11-80　设置字体的大小

图11-81　栅格化文字

图11-82　重命名图层

STEP 06 选择【001】图层，在菜单栏中选择【滤镜】|【杂色】|【添加杂色】命令，如图 11-83 所示。

STEP 07 在弹出的【添加杂色】对话框中设置【数量】为200%，定义【分布】为【平均分布】，勾选【单色】复选框，如图 11-84 所示，单击【确定】按钮。

STEP 08 添加完杂色后，在菜单栏中选择【滤镜】|【模糊】|【径向模糊】命令，如图 11-85 所示。

图11-83　为图层添加杂色　　图11-84　设置【添加杂色】参数　　图11-85　选择【径向模糊】命令

STEP 09 在弹出的【径向模糊】对话框中设置【数量】为100，选择【模糊方法】为【缩放】，设置【品质】为【好】，单击【确定】按钮，如图 11-86 所示。

STEP 10 径向模糊的效果不是很明显，再次在菜单栏中选择【滤镜】|【径向模糊】命令或按【Ctrl+F】组合键，设置图层的径向模糊效果，如图 11-87 所示。

STEP 11 在【图层】面板中再选择隐藏的文本图层，并将其拖曳到 按钮上复制图层副本，将复制的图层命名为【002】，将其在场景中显示，如图 11-88 所示。

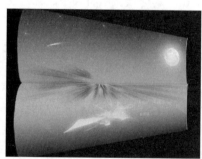

图11-86　设置【径向模糊】参数　　图11-87　再次模糊后的效果　　图11-88　复制并命名图层

STEP 12 在【图层】面板中选择【002】图层，并在其图层上使用鼠标右击，在弹出的快捷菜单中选择【栅格化文字】命令，将文本栅格化，如图 11-89 所示。

STEP 13 设置栅格化文字的大小，在菜单栏中选择【编辑】|【自由变换】命令或按【Ctrl+T】组合键，打开【自由变换】命令，如图 11-90 所示。

STEP 14 打开【自由变换】后，在工具选项中单击 按钮，设置【W】和【H】为30%，如图 11-91 所示。

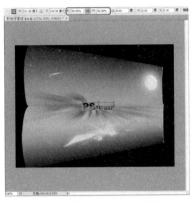

图11-89　栅格化文本　　　　图11-90　选择【自由变换】命令　图11-91　设置文本的【宽】和【高】

15 在【图层】面板中将【002】的【不透明度】设置为15%，如图 11-92 所示。

16 在【图层】面板将【002】图层拖曳到 按钮上，复制得到图层副本，并将副本图层命名为【003】，如图 11-93 所示。

17 确定图层【002】图层处于选择状态,在菜单栏中选择【滤镜】|【杂色】|【添加杂色】命令，在弹出的对话框中设置【数量】为 200%，如图 11-94 所示。

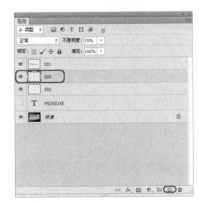

图11-92　设置图层的不透明度　　　图11-93　复制图层　　　图11-94　设置【添加杂色】参数

18 再为其图层设置【径向模糊】，这里我们就不重复操作了，效果如图 11-95 所示。

19 在【图层】面板中单击 按钮，新建并命名图层为【004】，将其放置到【002】图层的下方，如图 11-96 所示。

20 在工具箱中右击 按钮，然后在弹出的列表中选择选择【椭圆工具】，并在场景中创建椭圆选区，设置背景色为白色，按【Ctrl+Delete】组合键将选区填充为白色，如图 11-97 所示。

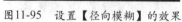

图11-95 设置【径向模糊】的效果　　图11-96 新建图层并命名　　图11-97 填充选区

STEP 21 再为【004】设置【径向模糊】效果，如图11-98所示。

STEP 22 在【图层】面板中将文本图层在场景中显示，并双击文本图层，在弹出的【图层样式】对话框中选择【外发光】选项，设置【不透明度】为100%，【大小】为10，其他参数使用默认，如图11-99所示。

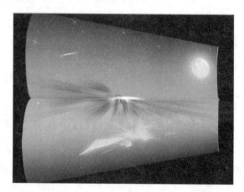

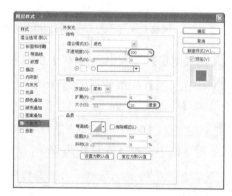

图11-98 设置图层的【径向模糊】　　　　　图11-99 设置【外发光】选项

STEP 23 选择【内发光】选项，设置【不透明度】为100%，【大小】为10，其他参数使用默认，如图11-100所示。

STEP 24 选择【斜面浮雕】选项，设置一个【等高线】，如图11-101所示，其他参数使用默认，单击【确定】按钮，完成【图层样式】的设置。

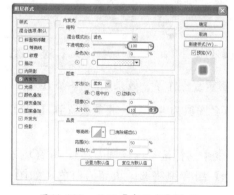

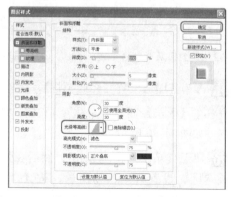

图11-100 设置【内发光】选项　　　　　图11-101 设置【等高线】

STEP 25 在【图层】面板将【001】图层拖曳到 □ 按钮上，复制得到图层副本，这样看到的放射效果就比较明显了，如图 11-102 所示。

STEP 26 在【图层】面板中将文本图层的图层混合模式定义为【变亮】，如图 11-103 所示。

STEP 27 在【图层】面板中单击 ◎. 按钮，在弹出的下拉菜单中选择【色相/饱和度】命令，如图 11-104 所示。

图11-102　复制图层　　　图11-103　设置图层的混合模式　　　图11-104　选择【色相/饱和度】命令

STEP 28 在弹出的【色相/饱和度】对话框中选择【着色】选项，设置【色相】为 282、【饱和度】为 72，按【Enter】键确认，如图 11-105 所示。

STEP 29 在【图层】面板中将文本图层移动到【001 副本】图层上方，如图 11-106 所示。

STEP 30 将制作完成的效果进行存储，在菜单栏中选择【文件】|【存储为】命令，在弹出的对话框中选择一个存储路径，为文件命名并将【格式】定义为 PSD，单击【保存】按钮，将场景文件进行存储，如图 11-107 所示。

图11-105　设置【色相/饱和度】参数　　　图11-106　调整图层位置　　　图11-107　存储场景文件

STEP 31 在【图层】面板中单击 ▼ 按钮，在弹出的下拉菜单中选择【拼合图像】命令，将图层合并，如图 11-108 所示。

STEP 32 将合并的图层进行存储，在菜单栏中选择【文件】|【存储为】命令，在弹出的对话框中选择一个存储路径，为文件命名并将格式定义为 TIFF，单击【保存】按钮，将效果进行存储，如图 11-109 所示。

图11-108　合并图层　　　　　　　图11-109　存储效果文件

11.2　手绘技法

写实绘图是指将现实生活中的事物通过绘画的形式表现出来。使用 Photoshop 软件进行写实绘画，可以非常方便地制作出高光效果，从而使事物更具真实感。

11.2.1　哈密瓜的制作

本例介绍哈密瓜的制作。在制作中将介绍【滤镜】中的【晶格化】、【查找边缘】、【球面化】、【海绵】、【分层云彩】、【混合模式】、【加深】、【减淡】等命令和工具的应用，希望通过对本例的学习，读者能够灵活掌握命令和工具的基本使用，效果如图 11-110 所示。

STEP 01 启动Photoshop CS6软件，按【Ctrl+O】组合键，在弹出的【打开】对话框中选择随书附带光盘中的【素材\第11章\哈密瓜背景.jpg】文件，如图11-111所示。

STEP 02 选择完成后，单击【打开】按钮，即可将选中的素材打开，如图 11-112 所示。

图11-110　哈密瓜的效果　　　　图11-111　【打开】对话框　　　　图11-112　打开素材文件

STEP 03 在工具箱中将前景色的 RGB 值设置为 161、185、111，在工具箱中选择【椭圆选框工具】，在文档中绘制出椭圆选区，在【图层】面板中新建【图层 1】，按【Alt+Delete】组合键将选区填充为前景色，在【路径】面板中单击【从选区生成工作路径】按钮，将选区转换为路径，如图 11-113 所示。

STEP 04 在【图层】面板中双击【图层 1】，在弹出的【图层样式】对话框中选择【内发光】选

项，将内发光的【混合模式】定义为【正片叠底】，将【不透明度】设置为85%，将发光颜色的
RGB值设置为84、104、50，【大小】为14%，如图11-114所示。

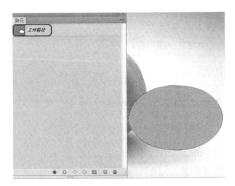

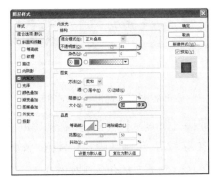

图11-113　绘制椭圆选区并填充颜色　　　　　图11-114　设置图层样式

05 在【图层】面板中选择【图层1】，右击鼠标，在弹出的快捷菜单中选择【栅格化图层样式】
命令，如图11-115所示。

06 将合并后的图层命名为【图层1】，在【路径】面板中新建【路径1】，使用【钢笔工具】
在文档中绘制出路径，如图11-116所示。

07 按【Ctrl+Enter】组合键将路径载入选区，在【图层】面板中选择【图层1】，按【Delete】
键将选区中的图像删除，如图11-117所示。

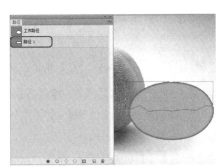

图11-115　选择【栅格化　　　　图11-116　绘制路径　　　　图11-117　删除选区中的图像

　图层样式】命令

08 按【Ctrl+D】组合键取消选区，在工具箱中选择【橡皮擦工具】，在工具选项栏中
将画笔设置为【19圆形柔边】，将【不透明度】设置为100%，在文档中擦出哈密瓜瓣的形状，
如图11-118所示。

09 在工具箱中选择【加深工具】，在工具选项栏设置画笔的笔触，将【范围】定义为【中
间调】，将【曝光度】设置为55%，然后在文档中加深瓣的颜色，如图11-119所示。

10 按住【Ctrl】键单击【图层1】前的图层缩览图，将该图层载入选区，在工具箱选择【矩
形选框工具】，并在在工具选项栏中单击【新选区】按钮，在文档中向上移动选区的位置，
按【Shift+F6】组合键，在弹出的对话框中将【羽化半径】设置为15，如图11-120所示，单击
【确定】按钮。

图11-118 擦出哈密瓜瓣的形状　　　　图11-119 对哈密瓜瓣进行加深　　　　图11-120 【羽化选区】对话框

STEP 11 按【Ctrl+M】组合键，在弹出的对话框中曲线上单击鼠标，将【输出】设置为212、【输入】设置为122，单击【确定】按钮，如图11-121所示。

STEP 12 按【Ctrl+D】组合键取消选区，在菜单栏中选择【滤镜】|【杂色】|【添加杂色】命令，如图11-122所示。

STEP 13 在弹出的对话框中将【数量】设置为1.5,单击【平均分布】单选按钮,勾选【单色】复选框，如图11-123所示。

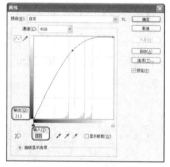

图11-121 【曲线】对话框　　　　图11-122 选择【添加杂色】命令　　　　图11-123 【添加杂色】对话框

STEP 14 设置完成后，单击【确定】按钮，在【通道】面板中新建【Alpha1】通道，在菜单栏中选择【编辑】|【填充】命令，在弹出的对话框中将【使用】设置为【50%灰色】，如图11-124所示，单击【确定】按钮，新建的通道将填充50%灰色。

STEP 15 在菜单栏中选择【滤镜】|【杂色】|【添加杂色】命令，在弹出的对话框中将【数量】参数设置为20，单击【平均分布】单选按钮，如图11-125所示。

STEP 16 设置完成后,单击【确定】按钮,再在菜单栏中选择【滤镜】|【像素化】|【晶格化】命令，在弹出的对话框中将【单元格大小】定义为13，如图11-126所示，单击【确定】按钮。

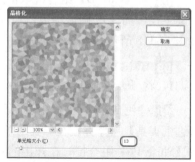

图11-124 【填充】对话框　　　　图11-125 设置杂色数量　　　　图11-126 【晶格化】对话框

STEP 17 在菜单栏中选择【滤镜】|【风格化】|【查找边缘】命令，如图 11-127 所示。

STEP 18 在文档中按【Ctrl+L】组合键，在弹出的对话框中将【输入色阶】设置为 253、0.1、255，如图 11-128 所示，设置完成后，单击【确定】按钮。

STEP 19 选择【Alpha1】通道，在【路径】面板中按住【Ctrl】键单击【工作路径】缩略图，如图 11-129 所示，将其载入选区。

图11-127　选择【查找边缘】命令　　图11-128　设置色阶参数　　图11-129　将【工作路径】载入选区

STEP 20 在菜单栏中选择【滤镜】|【扭曲】|【球面化】命令，在弹出的对话框中将【数量】参数设置为 70%，将【模式】定义为【正常】，如图 11-130 所示。

STEP 21 设置完成后，单击【确定】按钮，按【Ctrl+D】组合键将选区取消选择，在菜单栏中选择【图像】|【调整】|【反相】命令，将通道进行反相，如图 11-131 所示。

STEP 22 执行该命令后，即可将该通道进行反相，如图 11-132 所示。

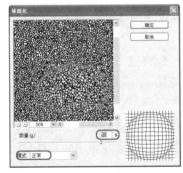

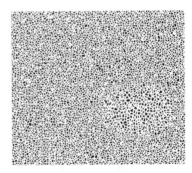

图11-130　【球面化】对话框　　图11-131　选择【反相】命令　　图11-132　对通道进行反相

STEP 23 按住【Ctrl】键单击【Alpha1】通道的通道缩略图，将该通道载入选区，选择 RGB 通道，在【图层】面板中新建【图层 2】，如图 11-133 所示。

STEP 24 在工具箱中设置前景色的 RGB 为 200、179、154，如图 11-134 所示，按【Alt+Delete】组合键将选区填充为前景色。

STEP 25 按住【Ctrl】键单击【图层 1】的缩略图，载入图层为选区，在菜单栏中选择【选择】|【反向】命令，如图 11-135 所示。

STEP 26 将选区反选，然后选择【图层 2】，按【Delete】键将反选的区域删除，如图 11-136 所示，按【Ctrl+D】组合键取消选区的选择。

27 在【图层】面板中将【图层2】放置到【图层1】的下方，并新建【图层3】，将新建的图层放置到【图层2】的下方，然后将【图层1】载入选区，将前景色的RGB值设置为83、116、42，按【Alt+Delete】组合键进行填充。按【Ctrl+D】组合键取消选区，在文档中调整【图层1】和【图层2】的位置，调整后的效果如图11-137所示。

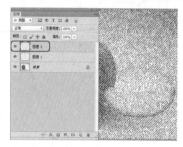

图11-133　新建图层

图11-134　设置前景色

图11-135　选择【反向】命令

图11-136　删除反选区域

图11-137　调整图层的位置

28 选择【图层2】和【图层3】，按【Ctrl+E】组合键将图层合并为【图层2】，使用【橡皮擦工具】对哈密瓜瓣进行擦除，如图11-138所示。

29 确认【图层2】处于选中状态，在菜单栏中选择【滤镜】|【杂色】|【添加杂色】命令，在弹出的对话框中将【数量】参数设置为4，单击【平均分布】单选按钮，勾选【单色】复选框，如图11-139所示。

30 设置完成后，单击【确定】按钮，在【图层】面板中将【图层1】载入选区，并在文档中调整选区的位置，然后在菜单栏中选择【选择】|【修改】|【收缩】命令，在弹出的对话框中将【收缩量】设置为4，如图11-140所示，单击【确定】按钮。

图11-138　使用橡皮擦工具对
哈密瓜瓣进行擦除

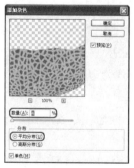

图11-130　【添加杂色】对话框

图11-140　设置收缩量

31 按【Shift+F6】组合键，在弹出的对话框中将【羽化半径】设置为15，如图 11-141 所示。

32 设置完成后，单击【确定】按钮，在工具箱中设置前景色的 RGB 为 255、186、103，如图 11-142 所示。

图11-141　设置羽化半径

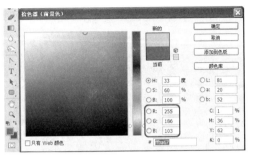

图11-142　设置前景色

33 在【图层】面板中新建【图层 3】，按【Alt+Delete】组合键将选区填充为前景色，如图 11-143 所示。

34 按住【Ctrl】键单击【图层 1】前的图层缩览图，将图层载入选区；然后选择【图层 3】，按【Ctrl+F6】组合键，在弹出的对话框中将【羽化半径】参数设置为 3，如图 11-144 所示，单击【确定】按钮。

35 按【Ctrl+Shift+I】组合键将选区反选，并按【Delete】键将反选的区域删除，如图 11-145 所示。

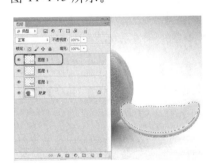

图11-143　新建【图层3】

图11-144　设置羽化半径

图11-145　反选区域

36 按【Ctrl+D】组合键取消选区的选择，在工具箱中选择【橡皮擦工具】，在文档中将遮挡住哈密瓜瓣的区域擦除，如图 11-146 所示。

37 在菜单栏中选择【滤镜】|【杂色】|【添加杂色】命令，在弹出的对话框中将【数量】参数设置为 2，单击【平均分布】单选按钮，勾选【单色】复选框，如图 11-147 所示。

38 在【图层】面板中新建【图层 4】，选择菜单栏中的【编辑】|【填充】命令，在弹出的对话框中将【使用】定义为【50% 灰色】，如图 11-148 所示。

39 设置完成后，单击【确定】按钮，在菜单栏中选择【滤镜】|【滤镜库】|【艺术效果】|【海绵】，将【画笔大小】设置为 1，将【平滑度】设置为 2，如图 11-149 所示。

40 设置完成后，单击【确定】按钮，在【图层】面板中将【图层 4】的图层混合模式定义为【叠加】，并将【图层 3】载入选区，按【Ctrl+Shift+I】组合键将选区反选，连续按几次【Delete】

键将反选的区域删除，如图 11-150 所示。

图11-146　擦除后的效果

图11-147　设置杂色参数

图11-148　【填充】对话框

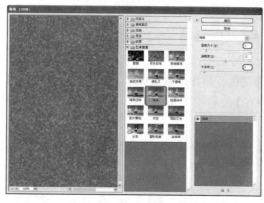

图11-149　选择【海绵】滤镜

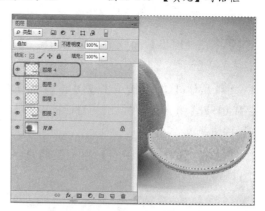

图11-150　将反选区域删除

STEP 41 按【Ctrl+D】组合键取消选区，在【图层】面板中新建图层【图层 5】，并为其填充白色，将前景色设置为【黑色】，在菜单栏中选择【滤镜】|【渲染】|【分层云彩】命令，如图 11-151 所示。

STEP 42 执行该命令后，即可为该图层添加分层云彩的效果，如图 11-152 所示。

提示 分层云彩是随机化的渲染云彩，颜色受工具箱中前景色和背景色的影响，所以在制作分层云彩的时候要注意前景色和背景色，一般第一次使用分层云彩都会使用默认的黑白灰色。

STEP 43 在菜单栏中选择【滤镜】|【风格化】|【查找边缘】命令，如图 11-153 所示。

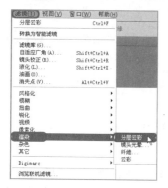

图11-151　选择【分层云彩】命令

图11-152　分层云彩的效果

图11-153　选择【查找边缘】命令

STEP 44 按【Ctrl+L】组合键打开【色阶】对话框，在弹出的对话框中将【输入色阶】设置为136、0.1、250，如图11-154所示，设置完成后，单击【确定】按钮。

STEP 45 将【图层5】的混合模式定义为【颜色加深】，将【不透明度】设置为10，如图11-155所示。

STEP 46 按住【Ctrl】键单击【图层1】前的图层缩览图，将图层载入选区，按【Ctrl+Shift+I】组合键将选区反选，确认【图层5】处于选中状态，多次按【Delete】键删除选区中的图像，如图11-156所示。

图11-154 设置色阶　　　图11-155 设置图层混合模式及不透明度　　图11-156 删除选区中的图像

STEP 47 按【Ctrl+D】组合键取消选区，在【图层】面板中选择【图层3】~【图层5】，按【Ctrl+E】组合键将选择的图层合并，并将合并后的图层命名为【果肉】，如图11-157所示。

STEP 48 在工具箱中选择【钢笔工具】，在【路径】面板中新建【路径2】，并在文档中创建出路径的形状，如图11-158所示。

STEP 49 按【Ctrl+Enter】组合键将【路径2】载入选区，按【Shift+F6】组合键打开【羽化】对话框，在弹出的对话框中将【羽化半径】设置为5，如图11-159所示，单击【确定】按钮。

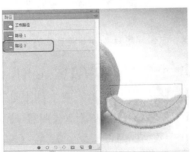

图11-157 合并图层　　　　图11-158 创建路径　　　　图11-159 设置羽化值

STEP 50 分别使用【减淡工具】和【加深工具】在选区中对【果肉】进行涂抹，如图11-160所示。

STEP 51 按【Ctrl+Shift+I】组合键将选区反选，并调整反选区域中【果肉】分界的明暗效果，如图11-161所示。

STEP 52 在【图层】面板中再次新建一个图层，在工具箱中选择【画笔工具】，在文档中绘制出果肉的高光部分，设置其模糊效果后，将图层的【不透明度】为75%，如图11-162所示。

STEP 53 在【路径】面板中新建一个【路径3】，在文档中绘制一个椭圆形，在【图层】面板中创建图层【图层4】，并将其放置到【背景】图层的上方，将前景色的RGB值设置为81、

121、79，按【Ctrl+Enter】组合键将路径载入选区，按【Alt+Delete】组合键为其填充前景色，如图 11-163 所示。

STEP 54 确定选区还处于选择状态，在菜单栏中选择【选择】|【修改】|【收缩】命令，在弹出的对话框中将【收缩量】设置为 6，如图 11-164 所示，单击【确定】按钮。

STEP 55 设置选区的收缩后，在工具箱中单击【矩形选框工具】，并在在工具选项栏中单击【新选区】按钮，在文档中移动选区的位置，然后按【Delete】键将选区中的图像删除，如图 11-165 所示。

图11-160　涂抹后的效果

图11-161　设置果肉的明暗

图11-162　绘制高光

图11-163　绘制并填充选区

图11-164　设置收缩量

图11-165　删除选区中的图像

STEP 56 分别使用【减淡工具】和【加深工具】对【图层 4】进行涂抹，如图 11-166 所示。

STEP 57 在工具箱中选择【椭圆选框工具】，在文档中盘子边的内侧创建盘子玻璃选区，在【图层】面板中创建【图层 5】，并将该图层放置到【图层 4】的下方，将其图层的【不透明度】设置为 15%，将前景色的 RGB 值设置为 12、255、0，按【Alt+Delete】组合键为选区填充颜色，如图 11-167 所示，按【Ctrl+D】组合键取消选区的选择。

图11-166　设置出盘子边的效果

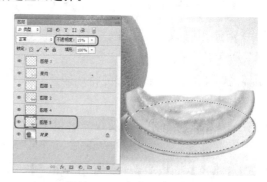
图11-167　为选区填充颜色

STEP 58 使用相同的方法创建盘子底，并在【图层】面板中将【不透明度】设置为 71，调整图层的顺序，效果如图 11-168 所示。

STEP 59 选择【图层 4】～【图层 6】，并将其拖曳到【创建新图层】按钮上，复制图层的副本，将合并的副本图层按【Ctrl+E】组合键进行合并，合并后的图层为【图层 4 副本】，将其【不透明度】设置为 20。按【Ctrl+T】组合键变换选取，右击鼠标，在弹出的快捷菜单中选择【扭曲】命令，调整盘子的形状，并对其进行垂直翻转，如图 11-169 所示。

图11-168　创建盘子底

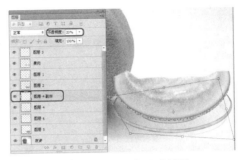

图11-169　调整盘子的倒影

STEP 60 使用同样的方法为哈密瓜添加阴影，并在文档中调整哈密瓜的大小，调整完成后，按住【Shift】键选择【图层 4 副本】、【图层 4】、【图层 6】、【图层 5】，按【Ctrl+E】组合键将其合并，按【Ctrl+U】组合键打开【色相/饱和度】对话框，勾选【着色】复选框，将【色相】和【饱和度】分别设置为 211、85，如图 11-170 所示。

STEP 61 在菜单栏中选择【文件】|【储存】命令，如图 11-171 所示。

STEP 62 在弹出的对话框中指定保存路径，将【文件名】设置为【哈密瓜】，将【格式】设置为【Photoshop (*.PSD ; *.PDD)】，如图 11-172 所示，设置完成后，单击【保存】按钮即可。

图11-170　调整盘子的颜色

图11-171　选择【储存】命令

图11-172　【储存为】对话框

11.2.2　玻璃杯的制作

本例介绍盛有牛奶的玻璃杯效果，如图 11-173 所示。制作中将使用路径绘制出玻璃杯的基本形状，并介绍如如何制作出玻璃盛有牛奶的效果。

STEP 01 运行 Photoshop CS6 软件，在菜单栏中选择【文件】|【新建】命令，弹出【新建】对话框，

将单位设置为【厘米】,将【宽度】设置为【18厘米】,将【高度】设置为【28厘米】,将【分辨率】设置为【100像素/英寸】,单击【确定】按钮,如图11-174所示。

02 新建场景文件后,在工具箱中双击【前景色】,弹出【拾色器(前景色)】对话框,将R、G、B值设置为193、221、255,单击【确定】按钮,如图11-175所示。

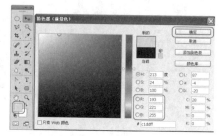

图11-173　玻璃杯的效果　　　　图11-174　新建场景文件　　　　　图11-175　设置前景色

03 按【Alt+Delete】组合键,将场景填充为前景色,如图11-176所示。

04 在【路径】面板中,单击【创建新路径】按钮 ,新建【路径1】,如图11-177所示。

> **提示**　按【Alt+Delete】组合键,填充前景色;按【Ctrl+Delete】组合键,填充背景色。

05 新建【路径1】后,在工具箱中选择【钢笔工具】 ,在场景中绘制出一条路径,如图11-178所示。

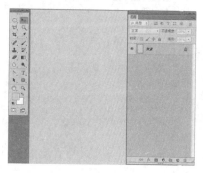

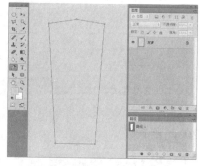

图11-176　填充前景色　　　　图11-177　创建【路径1】　　　　图11-178　绘制路径

06 绘制路径后,在工具箱中选择【转换点工具】 ,调节路径上的点,使路径更加平滑,调整出玻璃杯的基本形状,如图11-179所示。

07 在工具箱中双击【前景色】,弹出【拾色器(前景色)】对话框,将R、G、B值设置为117、137、160,单击【确定】按钮,如图11-180所示。

08 在【图层】面板单击【创建新图层】 按钮,新建并命名图层为【杯子边】。在【路径】面板中选择【路径1】,按住【Ctrl】键并单击【路径1】图层生成选区,在菜单栏中选择【编辑】

|【描边】命令，在弹出的【描边】对话框中，将【宽度】设置为【1像素】，【位置】设置为【内部】，单击【确定】按钮，如图11-181所示。

09 按【Ctrl+D】组合键，将选区取消选择，描边效果如图11-182所示。

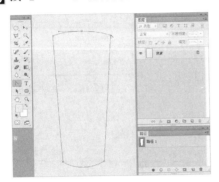

图11-179　调整路径

图11-180　设置前景色

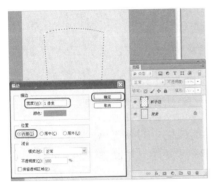

图11-181　设置描边数值

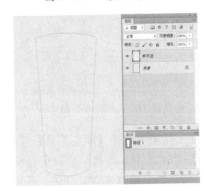

图11-182　描边效果

10 在【图层】面板中创建新图层并命名为【杯子上】，在工具箱中选择【矩形选框工具】，在场景中杯子口处创建椭圆，如图11-183所示。

11 创建图层和选区后，在工具箱中将前景色的R、G、B值设置为46、100、165，如图11-184所示。

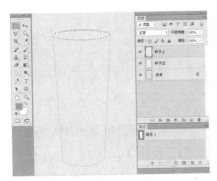

图11-183　绘制选区

图11-184　设置前景色

12 创建图层和选区后,在菜单栏中选择【编辑】|【描边】命令,在弹出的【描边】对话框中,设置【宽度】为【2像素】,将【位置】设置为【居中】,单击【确定】按钮,为场景中的选区描边,

如图 11-185 所示。按【Ctrl+D】组合键，将选区取消选择。

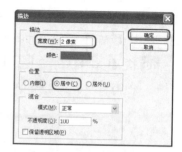

图11-185　设置描边数值

13 在【路径】面板中，按住【Ctrl】键并单击【路径 1】载入选区。在【图层】面板中选择【背景】图层，按【Ctrl+J】组合键，将选区中的图像复制到新的图层上，并将其图层命名为【杯子颜色】，如图 11-186 所示。

14 在【图层】面板中新建并命名图层为【牛奶】，在工具箱中选择【椭圆选框工具】，在场景中绘制椭圆，如图 11-187 所示。

图11-186　复制选区图像

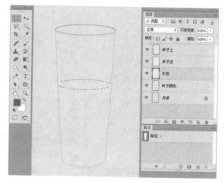

图11-187　创建图层并绘制选区

15 在工具箱中选择【渐变工具】，单击工具选项栏中的渐变色，在弹出的【渐变编辑器】对话框中，将第一个颜色色标调整到 44% 的位置，并设置该色标的 R、G、B 值为 216、227、241，单击【确定】按钮，如图 11-188 所示。

16 在场景中拖曳填充渐变，效果如图 11-189 所示。按【Ctrl+D】组合键将选区取消选择。

图11-188　设置渐变

图11-189　设置前景色

17 在工具箱中设置前景色的 R、G、B 值为 217、226、236，如图 11-190 所示。

18 在【图层】面板中新建并命名图层为【牛奶边】，按住【Ctrl】键并单击【牛奶】图层，将牛奶图层载入选区。在菜单栏中选择【编辑】|【描边】命令，在弹出【描边】对话框中设置【宽度】为【2 像素】，如图 11-191 所示。

19 在【图层】面板中选择【牛奶边】并按住【Shift】键选择【牛奶】图层，将其拖动至顶部；在【路径】面板中新建【路径 2】，在场景中创建形状，按【Ctrl+Enter】组合键将【路径 2】载入选区，如图 11-192 所示。

STEP 20 在工具箱中设置前景色的 R、G、B 值为 238、246、255，如图 11-193 所示。

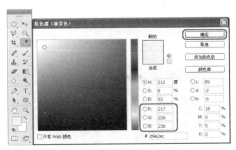

图11-190　设置前景色

图11-191　创建选区的【描边】

图11-192　绘制路径并载入选区

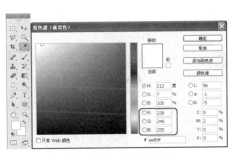

图11-193　设置前景色

STEP 21 在【图层】面板中新建【图层 1】，位于【牛奶边】图层的上方，按【Alt+Delete】组合键将选区填充为前景色，如图 11-194 所示，然后按【Ctrl+D】组合键将选区取消选择。

STEP 22 将【图层 1】重命名为【杯子侧面高光】，并将其拖曳到【杯子颜色】图层的上方。按住 Ctrl 键单击【杯子颜色】的图层缩览图，将图层载入选区，然后按【Ctrl+Shift+I】组合键将选区反选，如图 11-195 所示。

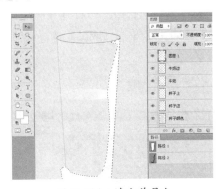

图11-194　填充前景色

图11-195　选区反选

STEP 23 选择【杯子侧面高光】图层，按【Delete】键将选区中的图像删除，按【Ctrl+D】组合键将选区取消选择，将【杯子侧面高光】图层的【不透明度】设置为 70%，如图 11-196 所示。

STEP 24 将选区取消选择，确定【杯子侧面高光】图层处于选择状态，在菜单栏中选择【滤镜】

|【模糊】|【高斯模糊】命令，弹出【高斯模糊】对话框中，设置【半径】为【2 像素】，单击【确定】按钮，如图 11-197 所示。

图11-196　调整图层不透明度

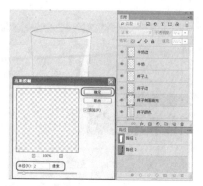

图11-197　设置【杯子侧面高光】的【高斯模糊】

25 在【路径】面板中新建【路径 3】，在工具箱中选择【钢笔工具】 ，在场景文件中创建出如图 11-198 所示的形状。

26 将【路径 3】载入选区，按【Shift+F6】组合键打开【羽化】对话框，设置【羽化半径】为【30 像素】，单击【确定】按钮，如图 11-199 所示。

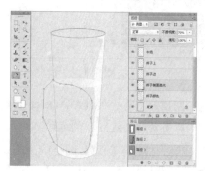

图11-198　绘制路径

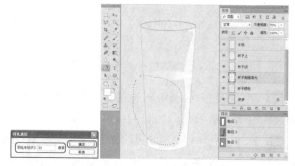

图11-199　设置羽化数值

27 在【图层】面板中选择【杯子颜色】图层，按【Ctrl+M】组合键打开【曲线】对话框，调整曲线的形状，然后设置【输出】值为 158、【输入】值为 44，单击【确定】按钮，如图 11-200 所示，按【Ctrl+D】组合键将选区取消选择。

28 设置工具箱中前景色的 RGB 为 175、189、205，如图 11-201 所示。

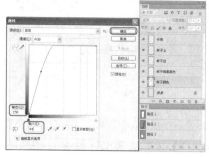

图11-200　调整曲线数值

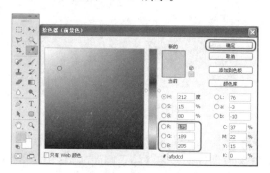

图11-201　设置前景色

29 使用 ⬭ 工具在场景中杯子的左侧创建选区，如图 11-202 所示。

30 创建选区后，按【Shift+F6】组合键弹出【羽化选区】对话框，设置【羽化半径】为【20像素】，单击【确定】按钮，如图 11-203 所示。

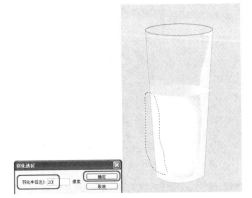

图11-202　绘制选区　　　　　　　　　　　图11-203　设置羽化数值

31 在【图层】面板中新建图层，并命名图层【左侧阴影】，位于【杯子颜色】图层的上方，按【Alt+Delete】组合键将选区填充为前景色，如图 11-204 所示，按【Ctrl+D】组合键将选区取消选择。

32 按住【Ctrl】键单击【杯子颜色】图层，将其图层载入选区，按【Ctrl+Shift+I】组合键将选区反选。在【左侧阴影】图层中按【Delete】键将选区中的的图像删除，并设置其图层的【不透明度】为 50%，按【Ctrl+D】组合键将选区取消选择，如图 11-205 所示。

图11-204　填充前景色　　　　　　　　　　图11-205　删除选区图像

33 在工具箱中选择【减淡工具】🔍，选择【杯子颜色】图层，在场景中设置牛奶区域中的杯子颜色，如图 11-206 所示。

34 在【路径】面板中新建图层【路径4】，使用【钢笔工具】🖊 在场景中杯子的底部区域绘制出杯子底的路径，如图 11-207 所示。

35 再选择图层【路径4】，按【Ctrl+Enter】组合键将路径载入选区，在【图层】面板中新建图层，并命名为【杯子底边】，位于【杯子颜色】图层上方，确定选区处于选择状态，然后，选择菜单栏中的【编辑】|【描边】命令，弹出【描边】对话框，设置【宽度】为【2像素】，确认颜色 RGB 值为 175、189、205，单击【确定】按钮，如图 11-208 所示。

36 描边后保持选区处于选择状态,按【Shift+F6】组合键弹出【羽化选区】对话框,设置【羽化半径】为 5 像素,单击【确定】按钮,如图 11-209 所示。

图11-206 使用减淡工具

图11-207 绘制杯子底边路径

图11-208 设置描边数值

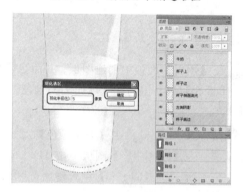

图11-209 设置羽化数值

37 设置出羽化选区后,选择【杯子颜色】图层,按【Ctrl+M】组合键弹出【曲线】对话框,调整曲线的形状,单击【确定】按钮,如图 11-210 所示。按【Ctrl+D】组合键将选区取消选择。

38 在工具箱中选择【椭圆选框工具】 ,在如图 11-211 所示的位置绘制出椭圆选区。

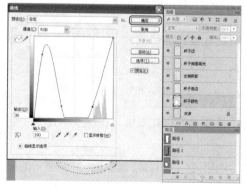

图11-210 调整曲线的形状

图11-211 创建选区

39 选择【杯子颜色】图层,按【Ctrl+M】组合键弹出【曲线】对话框,调整【曲线】的形状,设置【输出】为 120、【输入】为 146,单击【确定】按钮,如图 11-212 所示,按【Ctrl+D】组合键将选区取消选择。

STEP 40 在【路径】面板中新建【路径5】，使用【路径工具】在场景中杯子的底部创建出路径，然后按【Ctrl+Enter】组合键将路径载入选区，如图11-213所示。

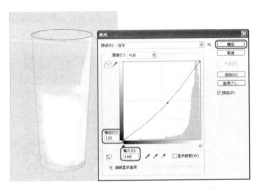

图11-212　填充选区的【曲线】

图11-213　生成选区

STEP 41 在【杯子颜色】图层上再新建一个图层【图层1】，并将选区填充为白色，如图11-214所示。

STEP 42 选择【套索工具】，在玻璃杯底部再创建出选区，并填充非常浅的灰色，如图11-215所示，按【Ctrl+D】组合键将选区取消选择。

图11-214　填充选区

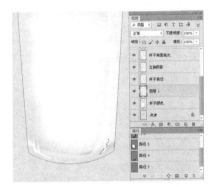

图11-215　创建并填充选区

STEP 43 确认选择【图层1】，在菜单栏中选择【滤镜】|【模糊】|【高斯模糊】命令，弹出【高斯模糊】对话框，设置【半径】为【1像素】，单击【确定】按钮，如图11-216所示。

STEP 44 在【图层】面板中，将【图层1】命名为【底高光】，如图11-217所示。

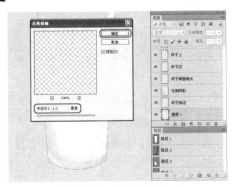

图11-216　设置模糊数值

图11-217　命名图层

45 在【图层】面板中新建图层，并命名图层为【杯子上高光】，选择【多边形套索工具】 ，在场景中创建选区，并将选区填充为白色，如图 11-218 所示，按【Ctrl+D】组合键将选区取消选择。

46 对该图层进行复制，复制出一个【杯子上高光副本】图层，按【Ctrl+T】组合键在场景中调整其大小，然后按【Ctrl+E】组合键将其向下合并图层，如图 11-219 所示。

图11-218　设置并填充选区　　　　　图11-219　复制调整并合并图层

47 在菜单栏中选择【滤镜】|【模糊】|【高斯模糊】命令，在弹出的对话框中设置【半径】为【3 像素】，单击【确定】按钮，如图 11-220 所示。

48 选择【杯子颜色】图层，使用【减淡工具】 ，在工具选项栏中设置【画笔】为【65 圆形柔边】,定义【范围】为【中间调】,设置【曝光度】为 20%,在场景中擦出杯子颜色的高光处，如图 11-221 所示。

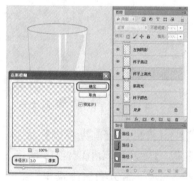

图11-220　设置高斯模糊数值　　　　图11-221　设置玻璃杯的高光

49 在【图层】面板中选择【杯子边】图层，选择【橡皮擦工具】 ，在工具选项栏中设置【画笔】为【65 圆形柔边】，将【不透明度】设置为 10%，在场景中擦出边缘的透明度，如图 11-222 所示。

50 在【路径】面板中新建【路径 6】,选择【矩形工具】 ,在场景中绘制出矩形的形状路径，如图 11-223 所示。

51 在【形状工具】的工具选项栏中单击【减去顶层形状】按钮 ，在场景中再创建两个矩形路径作为从大矩形中减去的部分，如图 11-224 所示。

52 选择【路径 6】，按【Ctrl+Enter】组合键，将路径载入选区，在【图层】面板中新建【图层 1】，位于【杯子边】图层的上方，填充选区为白色，如图 11-225 所示。

图11-222　擦出玻璃杯边的不透明度

图11-223　创建矩形路径

图11-224　创建路径

图11-225　填充选区颜色

STEP 53 取消选区的选择，在菜单栏中选择【滤镜】|【模糊】|【高斯模糊】命令，在弹出的对话框中设置【半径】为【3像素】，单击【确定】按钮，如图11-226所示。

STEP 54 按【Ctrl+T】组合键，在场景中调整【图层1】的形状，设置【图层1】的【不透明度】为40%，如图11-227所示，按【Enter】键确定操作。

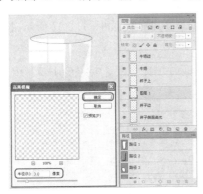

图11-226　设置模糊数值

图11-227　调整图层形状

STEP 55 复制并再调整出两个田字形,调整完成后将3个图层合并为【图层1】,如图11-228所示。

STEP 56 在【图层】面板中选择【杯子上】图层，在工具箱中选择【减淡工具】 ，在工具选项栏中设置【画笔】为【25圆形柔边】，定义【范围】为【中间调】，设置【曝光度】为100%，在场景中擦出杯子边的高光处，如图11-229所示。

图11-228　复制图层形状的效果

图11-229　调整杯子边高光

STEP 57 在【图层】面板中选择除【背景】图层外的所有图层，如图 11-230 所示。

STEP 58 将选择的图层拖曳到 □ 按钮上，复制出图层副本，按【Ctrl+E】组合键将复制出的图层合并，并将合并后的图层命名为【影子】，然后将【影子】图层放置到【背景】图层的上方，如图 11-231 所示。

图11-230　选择图层

图11-231　调整图层

STEP 59 选择【影子】图层，在场景中按【Ctrl+T】组合键调整其形状，如图 11-232 所示，按【Enter】键确定操作。

STEP 60 按住【Ctrl】键并单击【影子】图层，生成选区并填充黑色，按【Ctrl+D】组合键将选区取消选择，如图 11-233 所示。

图11-232　调整图层形状

图11-233　填充黑色

STEP 61 在菜单栏中选择【滤镜】|【模糊】|【高斯模糊】命令，在弹出的对话框中设置【半径】为【35像素】，单击【确定】按钮，如图11-234所示。

STEP 62 使用【橡皮擦工具】工具，在工具选项栏中设置一个比较大的柔边笔触，在场景中擦出阴影的效果，并将【影子】图层的【不透明度】参数设置为20%，如图11-235所示。

图11-234 设置模糊数值　　　　图11-235 制作影子的效果

STEP 63 将制作完成的场景进行存储，将其命名为【玻璃杯的制作】，格式设置为PSD，如图11-236所示。

STEP 64 将图层合并，并将效果进行存储，格式定义为TIFF格式，如图11-237所示。

图11-236 存储场景文件　　　　图11-237 存储效果文件

11.3 数码照片处理技法

Psotoshop提供了几个用于处理图像的修复工具，包括仿制图章工具，污点修复工具、修复画笔、红眼等，使用这些工具可以快速修复图像中的污点和瑕疵。下面就使用这些工具对一些图像进行修复。

11.3.1 去除面部痘痘

照片中人物脸上的痘痘会影响人物美观，本例将介绍怎样为人物去除痘痘。如图11-238、图11-239所示为去除面部痘痘的前后效果比对图。

图11-238　原图

图11-239　去除痘痘后的效果

01 按【Ctrl+O】组合键，打开随书附带光盘中的【素材\第11章\去除脸部痘痘.jpg】素材图片，如图11-240所示。

02 单击【打开】按钮，即可将选择的素材文件打开，如图 11-241 所示。

图11-240　【打开】对话框

图11-241　打开的素材图片

03 可以看到人物脸颊上有些许的痘痘。在工具箱中选择【缩放工具】，在场景中将脸部的痘痘区域放大，如图 11-242 所示。

04 在工具箱中选择【污点修复画笔】，如图 11-243 所示。

05 在场景中单击鼠标右键，在弹出的面板中将其【大小】设置为【19 像素】，设置【硬度】为 100%，其他均为默认设置，如图 11-244 所示。

图11-242　放大要修复的部分

图11-243　选择【污点修复画笔】

图11-244　设置【污点修复画笔】属性

06 设置完成后，在场景中痘痘上面单击进行修复，如图 11-245 所示。

07 松开鼠标后痘痘便消失了，图 11-246 所示。

08 使用同样的方法，对其他痘痘进行修饰，如图 11-247 所示。

图11-245　修饰痘痘

图11-246　修饰痘痘的效果

图11-247　修饰完脸上的痘痘效果

09 在菜单栏中选择【文件】|【存储为】命令，如图 11-248 所示。

10 在弹出的【JPEG】对话框中单击【确定】按钮，如图 11-249 所示。

图11-248　【存储为】对话框

图11-249　【JPEG】对话框

11.3.2　祛斑美白

本例将修饰一张人物照片，去除人物脸部的斑点，并为其美白。在制作中将使用【色彩范围】、【羽化选区】、【复制选区到新图层中】、【减少杂色】、【色阶】、【高斯模糊】、【可选颜色】、【色相/饱和度】等命令来完成祛斑美白人物的效果，如图 11-250 所示是前后对比效果。

图11-250　祛斑美白的前后对比

STEP 01 打开随书附带光盘中的【素材\第11章\脸部美白.jpg】文件，如图11-251所示。

STEP 02 在菜单栏中选择【选择】|【色彩范围】命令，如图 11-252 所示。

图11-251　打开文件

图11-252　选择【色彩范围】命令

STEP 03 弹出【色彩范围】对话框，在场景中吸取皮肤斑点的颜色，设置【颜色容差】为114，单击【确定】按钮，如图 11-253 所示。

STEP 04 拾取出皮肤斑点的选区，按【Shift+F6】组合键，在弹出的对话框中设置【羽化半径】为【5像素】，单击【确定】按钮，然后按【Ctrl+J】组合键将选区复制到【图层 1】中，如图 11-254 所示。

图11-253　打开的素材文件

图11-254　拾取皮肤斑点颜色

提示　设置【色彩范围】选取颜色时，尽量选择深色斑点颜色。

STEP 05 在【图层】面板中单击【背景】图层前的●按钮，将背景隐藏，看一下选取皮肤的效果，如图 11-255 所示。

提示　这里为选区设置【羽化半径】是为了使选区边缘变得柔和些，以便与下面图层相融合。

STEP 06 确定【图层 1】处于选择状态，在菜单栏中选择【滤镜】|【杂色】|【减少杂色】命令，如图 11-256 所示。

图11-255 设置选区的羽化并将选区复制到新图层上

图11-256 隐藏图层

07 在弹出的对话框中设置【强度】为10、【保留细节】为0%、【减少杂色】为100%、【锐化细节】为0%，单击【确定】按钮，如图11-257所示。

08 在【图层】面板中将【背景】图层取消隐藏，设置减少杂色后可以看到皮肤的杂色少了许多，如图11-258所示。

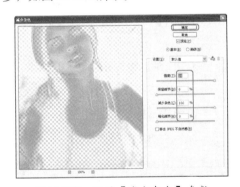

图11-257 设置【减少杂色】参数

图11-258 设置【减少杂色】后的效果

09 在菜单栏中选择【滤镜】|【减少杂色】命令或按【Ctrl+F】组合键，使用最近使用过的滤镜，如图11-259所示。

10 按【Ctrl+L】组合键打开【色阶】对话框，将中间调参数设置为1.25，单击【确定】按钮，如图11-260所示。

图11-259 为皮肤减少杂色

图11-260 调整皮肤【色阶】

STEP 11 在菜单栏中选择【滤镜】|【模糊】|【高斯模糊】命令，如图 11-261 所示。

STEP 12 在弹出的对话框中设置【半径】为【1 像素】，单击【确定】按钮，如图 11-262 所示。

STEP 13 调整完成皮肤的【高斯模糊】后，如图 11-263 所示。

图11-261 选择【高斯 模糊】命令　　图11-262 【高斯模糊】参数　　图11-263 完成效果

STEP 14 可以看到漏选的皮肤颜色比较深，下面就为大家介绍解决这种为题的方法。在【图层】面板中选择【背景】图层，按【Ctrl+L】组合键，在弹出的对话框中将中间调参数设置为1.3，单击【确定】按钮，如图 11-264 所示。

STEP 15 在【图层】面板中选择【图层 1】，按【Ctrl+E】组合键，将图层向下合并为【背景】图层，如图 11-265 所示。

图11-264 调整"背景"图层的【色阶】　　　　图11-265 合并图层

STEP 16 合并图层后，在菜单栏中选择【图像】|【调整】|【可选颜色】命令，如图 11-266 所示。

STEP 17 在弹出的对话框中定义【颜色】为【红色】，设置【青色】为 -12%、【洋红】为 18%、【黄色】为 -35%、【黑色】为 -33，选择【相对】选项，如图 11-267 所示。

STEP 18 定义【颜色】为【黄色】，设置【青色】为 -42%、【洋红】为 0、【黄色】为 -12%、【黑色】为 -65%，如图 11-268 所示。

STEP 19 定义【颜色】为【黑色】，设置【青色】为 7%、【洋

图11-266 选择【可选颜色】命令

红】为 -1%、【黄色】为 28%、【黑色】为 14%，单击【确定】按钮，如图 11-269 所示。

提示 使用【可选颜色】命令可以有选择地修改人任何某个主要颜色中的颜色数量，并且不会影响其他颜色。

图11-267 调整场景中的【红色】色值　　图11-268 调整【黄色】色值　　图11-269 调整【黑色】色值

20 选择 🔲 工具，在工具选项栏中设置【羽化】为 5，在场景中选择人物的嘴唇，如图 11-270 所示。

21 创建选区后按【Ctrl+U】组合键，在弹出的对话框中设置【饱和度】为 38，单击【确定】按钮，如图 11-271 所示。按【Ctrl+D】组合键将选区取消选择。

图11-270 创建选区　　　　　图11-271 调整选区的【色相/饱和度】参数

22 完成去斑美白的制作，如图 11-272 所示。

23 在菜单栏中选择【文件】|【存储为】命令，弹出【储存为】对话框，在对话框中指定路径，为其命名，单击【保存】按钮即可，如图 11-273 所示。

24 在弹出的【JPEG】对话框中单击【确定】按钮，如图 11-274 所示。

图11-272 完成的效果　　　图11-273 【存储为】对话框　　图11-274 【JPEG】对话框

11.3.3 除去红眼

　　红眼工具可移去用闪光灯拍摄的人物照片中的红眼，也可以移去用闪光灯拍摄的动物照片中的白色或绿色反光。红眼是由于相机闪光灯在主体视网膜上反光引起的。在光线暗淡的房间里照相时，由于主体的虹膜张开得很宽，因此将会更加频繁地看到红眼。为了避免红跟，应使用相机的红眼消除功能，或者最好使用可安装在相机上远离相机镜头位置的独立闪光装置。

　　在本例中将介绍红眼工具的使用，如图 11-275 所示为去除红眼的效果。

01 打开随书附带光盘中的【素材\第11章\消除红眼.jpg】文件，如图11-276所示。

02 在工具箱中右击 按钮，在弹出的列表中选择【红眼工具】，如图 11-277 所示。

图11-275　最终效果

图11-276　打开文件

图11-277　选择工具

03 使用【红眼工具】在素材图形中单击人物的眼睛，系统将自动修复素材图形中人物的眼睛，如图 11-278 所示。

04 将制作完成的效果进行存储，在菜单栏中选择【文件】|【存储为】命令，在弹出的对话框中选择一个存储路径，为文件命名并将【格式】定义为PSD，单击【保存】按钮，将场景文件进行存储，如图 11-279 所示。

05 在菜单栏中选择【文件】|【存储为】命令，在弹出的对话框中选择一个存储路径，为文件命名并将格式定义为 TIFF，单击【保存】按钮，将效果进行存储，如图 11-280 所示。

图11-278　修复后的效果

图11-279　存储场景文件

图11-280　存储效果文件

11.4 制作宣传海报

宣传海报及其他各种类型的卡片也是商业宣传的重要手段，在商业发达的市场社会中，各种宣传单已经成为企业形象和文化宣传展示的重要手段之一。下面将通过几个案例来了解宣传海报的设置方法和技巧。

11.4.1 汽车宣传海报

本例将介绍如何制作汽车宣传海报，主要是为场景添加图片，然后输入文字并设置颜色，效果如图11-281所示。

图11-281 汽车宣传海报

STEP 01 启动Photoshop CS6软件，按【Ctrl+O】组合键，在弹出的对话框中选择【素材\第11章\海报背景.jpg】素材文件，如图11-282所示。

STEP 02 选择完成后，单击【打开】按钮，即可打开选中的素材文件，如图11-283所示。

图11-282 【打开】对话框

图11-283 打开的素材文件

STEP 03 在工具箱中选择【横排文字工具】 T，在文档窗口中输入文字。选中输入的文字，在菜单栏中选择【窗口】|【字符】命令，在弹出的【字符】面板中将字体设置为【创艺简老宋】，将字体大小设置为【48点】，如图11-284所示。

STEP 04 选中输入的文字，在【字符】面板中单击【颜色】右侧的色块，在弹出的对话框中将 CMYK 值设置为 96、58、98、17，如图 11-285 所示。

图 11-284　输入文字并设置字体和字号

图 11-285　设置文本颜色

STEP 05 设置完成后，单击【确定】按钮，即可改变选中文字的颜色，效果如图 11-286 所示。

STEP 06 再使用【横排文字工具】在文档窗口中输入文字，选中输入的文字，在工具选项栏中将字体设置为【宋体】，将字体大小设置为【18 点】，将其字体颜色设置为黑色，效果如图 11-287 所示。

图 11-286　设置文字颜色

图 11-287　设置文字

STEP 07 使用同样的方法创建其他文字，创建后的效果如图 11-288 所示。

STEP 08 按【Ctrl+O】组合键，在弹出的对话框中选择【素材\第11章\花.psd】素材文件，如图 11-289 所示。

图 11-288　创建其他文字

图 11-289　选择素材文件

STEP 09 选择完成后，单击【打开】按钮，即可打开选中的素材文件，如图 11-290 所示。

STEP 10 在工具箱中选择【选择工具】，在文档窗口中选择所有的对象，按住鼠标左键将其拖曳至【海报背景】中，在文档窗口中调整其位置，调整后的效果如图 11-291 所示。

STEP 11 按【F7】键打开【图层】面板，在该面板中按住【Ctrl】键选择【花 01】和【花 02】图层，将其【不透明度】设置为 15，按【Enter】键确认，如图 11-292 所示。

图11-290　打开的素材文件

图11-291　调整素材文件的位置

图11-292　设置不透明度

STEP 12 按【Ctrl+O】组合键，在弹出的对话框中选择【素材\第11章\车.psd】素材文件，如图11-293所示。

STEP 13 选择完成后，单击【打开】按钮，即可打开选中的素材文件。在工具箱中选择【选择工具】，在文档窗口中选择所有的对象，按住鼠标左键将其拖曳至【海报背景】中，在文档窗口中调整其位置，如图 11-294 所示。

图11-293　选择素材文件

图11-294　调整汽车的位置

STEP 14 使用同样的方法将【图案】导入到该场景中，在文档窗口中调整其位置，效果如图 11-295 所示。

STEP 15 在【图层】面板中选择【图案】图层，按住鼠标左键将其拖曳至【创建新图层】按钮上，对其进行复制，如图 11-296 所示。

STEP 16 按【Ctrl+T】组合键变换选取，右击鼠标，在弹出的快捷菜单中选择【水平翻转】命令，在文档窗口中调整其位置，按【Enter】键确认，调整后的效果如图 11-297 所示。

图11-295　调整图案的位置　　　　图11-296　复制图层　　　　图11-297　调整素材的位置

17 在【图层】面板中单击【创建新图层】按钮 ，新建一个图层，并将其命名为【阴影】，如图 11-298 所示。

18 在工具箱中选择【钢笔工具】，在文档窗口中绘制如图 11-299 所示的图形。

图11-298　新建图层　　　　　　　图11-299　绘制图形

19 按【Ctrl+Enter】组合键将其载入选区，按【Shift+F6】组合键，在弹出的对话框中将【羽化半径】设置为【5 像素】，如图 11-300 所示。

20 设置完成后，单击【确定】按钮，在工具箱中将【前景色】设置为黑色，按【Alt+Delete】组合键填充颜色，如图 11-301 所示。

图11-300　设置羽化半径　　　　　图11-301　填充前景色

STEP 21 按【Ctrl+D】组合键取消选区，在【图层】面板中将【阴影】调整到【车】图层的下方，将混合模式设置为【正片叠底】，将其【不透明度】设置为50，按【Enter】键确认，如图 11-302 所示。

STEP 22 在【图层】面板中单击【创建新图层】按钮 ，新建一个图层，并将其命名为【边框】，如图 11-303 所示。

STEP 23 将【背景色】设置为白色，按【Ctrl+Delete】组合键进行填充。在【路径】面板中新建一个路径，在工具箱中选择【圆角矩形工具】，在工具选项栏中将【半径】设置为【10 像素】，在文档窗口中绘制一个圆角矩形，如图 11-304 所示。

图11-302　对图层进行调整

图11-303　新建图层

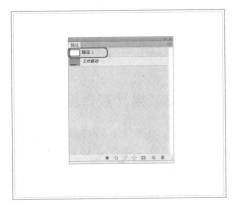

图11-304　绘制路径

STEP 24 按【Ctrl+Enter】组合键建立选区，按【Delete】键将其删除，效果如图 11-305 所示。

STEP 25 按【Ctrl+D】组合键取消选区，使用前面所介绍的方法将其他素材文件导入到文档窗口中，效果如图 11-306 所示。

图11-305　删除选区中的内容

图11-306　将其他素材文件导入到文档窗口中

STEP 26 在菜单栏中选择【文件】|【存储】命令，如图 11-307 所示。

STEP 27 弹出【存储为】对话框，在该对话框中选择一个存储路径，为其命名并将【格式】设置为【Photoshop（*.PSD；*.PDD)】，然后单击【保存】按钮，如图 11-308 所示。

STEP 28 在菜单栏中选择【文件】|【存储为】命令，在弹出的【存储为】对话框中选择一个存储路径，为其命名并将【格式】设置为【TIFF（*.TIF；*.TIFF）】，如图11-309所示，然后单击【保存】按钮，在弹出的对话框中单击【确定】按钮。

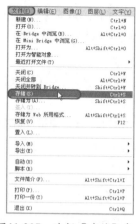

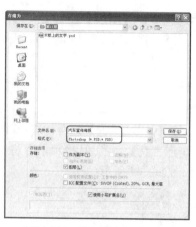

图11-307　选择【存储】命令　　　　图11-308　【存储为】对话框　　　　图11-309　【存储为】对话框

11.4.2　果汁宣传海报

本例介绍果汁宣传海报的制作。该例的
制作比较简单，主要是导入图片，然后输入
文字，并为输入的文字添加图层样式，效果
如图 11-310 所示。

STEP 01 启动 Photoshop CS6 软件，在菜单栏中
选择【文件】|【新建】命令，如图 11-311 所示。

STEP 02 弹出【新建】对话框，在该对话框中
的【名称】文本框中输入【果汁宣传海报】，
将【宽度】和【高度】设置为【24 厘米】和【16
厘米】，如图 11-312 所示。

图11-310　果汁宣传海报

图11-311　选择【新建】命令

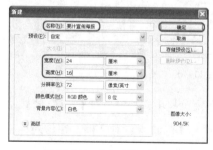

图11-312　【新建】对话框

STEP 03 单击【确定】按钮，即可新建一个空白的文档，如图 11-313 所示。

STEP 04 在工具箱中双击【设置前景色】图标，弹出【拾色器（前景色）】对话框，在该对话框

中将 RGB 值设置为 255、186、0，如图 11-314 所示。

图11-313　新建的空白文档

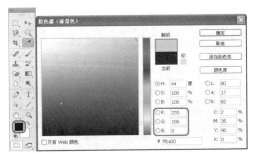

图11-314　设置前景色

05 设置完成后，单击【确定】按钮，然后按【Alt+Delete】组合键为文档填充前景色，如图 11-315 所示。

06 在菜单栏中选择【文件】|【打开】命令，如图 11-316 所示。

图11-315　填充前景色

图11-316　选择【打开】命令

07 弹出【打开】对话框，在该对话框中选择随书附带光盘中的【素材\第11章\底纹.psd】文件，然后单击【打开】按钮，如图11-317所示。

08 即可打开选择的素材文件，效果如图 11-318 所示。

图11-317　选择素材文件

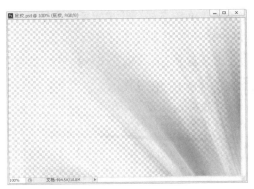

图11-318　打开的素材文件

STEP 09 使用【移动工具】 将打开的素材文件拖曳到【果汁宣传海报】场景中，并调整素材文件的位置，效果如图 11-319 所示。

STEP 10 按【Ctrl+O】组合键弹出【打开】对话框，在该对话框中选择随书附带光盘中的【素材\第11章\橙子1.png】文件，然后单击【打开】按钮，即可打开素材文件，如图11-320所示。

图11-319　拖曳素材文件

图11-320　打开的素材文件

STEP 11 使用【移动工具】 将打开的素材文件拖曳到【果汁宣传海报】场景中，然后调整素材文件的位置，并在【图层】面板中将素材文件所在图层重命名为【橙子 1】，效果如图 11-321 所示。

STEP 12 在【图层】面板中将【橙子 1】图层的【不透明度】设置为 50%，效果如图 11-322 所示。

图11-321　拖曳素材文件

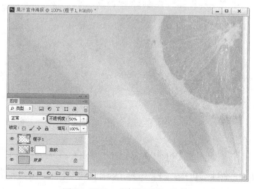

图11-322　设置不透明度

STEP 13 使用上面的方法打开其他素材文件，并将打开的素材文件拖曳至【果汁宣传海报】场景中，然后将素材文件所在图层重命名，如图 11-323 所示。

STEP 14 在工具箱中选择【钢笔工具】 ，然后在文档中绘制路径，如图 11-324 所示。

STEP 15 在工具箱中选择【横排文字工具】 ，然后将光标移至路径左端，当鼠标变成 样式时单击鼠标左键并输入文字，在工具选项栏中将字体设置为【方正综艺简体】，并为文字设置不同的大小，效果如图 11-325 所示。

STEP 16 选择输入的所有文字，在工具选项栏中单击【设置文本颜色】色块，弹出【拾色器（文本颜色）】对话框，在该对话框中将 RGB 值设置为 255、102、0，单击【确定】按钮，如图 11-326 所示。

图11-323　拖曳其他素材文件

图11-324　绘制路径

图11-325　输入并设置文字

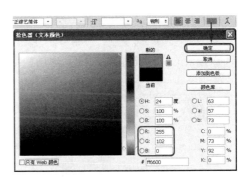

图11-326　设置文字颜色

STEP 17 为选择的文字填充颜色，效果如图 11-327 所示。

STEP 18 确定文字图层处于选择状态，在【图层】面板中单击【添加图层样式】按钮 *fx.*，在弹出的下拉菜单中选择【描边】命令，如图 11-328 所示。

图11-327　为选择的文字填充颜色

图11-328　选择【描边】命令

STEP 19 弹出【图层样式】对话框，将【大小】设置为【2像素】，将【颜色】设置为白色，然后单击【确定】按钮，如图 11-329 所示。

STEP 20 为输入的文字应用描边样式，效果如图 11-330 所示。

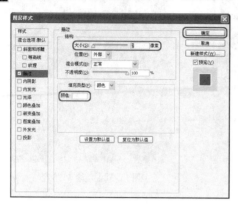

图11-329　设置描边

图11-330　应用描边

STEP 21 在工具箱中选择【横排文字工具】 ，在工具选项栏中将字体设置为【方正综艺简体】，将字体大小设置为【48 点】，将文本颜色设置为白色，然后在文档中输入文字，效果如图 11-331 所示。

STEP 22 选择输入的文字【鲜】，在工具选项栏中将字体大小设置为【60 点】，如图 11-332 所示。

图11-331　输入文字

图11-332　设置文字大小

STEP 23 在【字符】面板中单击【仿斜体】按钮 ，文字效果如图 11-333 所示。

STEP 24 按【Ctrl+T】组合键执行自由变换命令，然后旋转文字，如图 11-334 所示。

图11-333　单击【仿斜体】按钮

图11-334　旋转文字

STEP 25 按【Enter】键确认,确定文字图层处于选择状态,在【图层】面板中单击【添加图层样式】按钮 fx.,在弹出的下拉菜单中选择【描边】命令,如图 11-335 所示。

STEP 26 弹出【图层样式】对话框,将【大小】设置为【4 像素】,并单击【颜色】色块,在弹出的对话框中将 RGB 值设置为 1、107、26,设置完成后单击【确定】按钮,然后在【图层样式】面板中单击【确定】按钮,如图 11-336 所示。

图11-335　选择【描边】命令

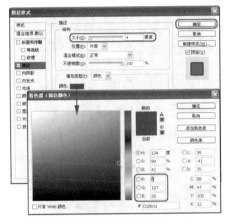

图11-336　设置描边

STEP 27 为输入的文字应用描边样式,效果如图 11-337 所示。

STEP 28 使用同样的方法,输入其他文字,并为输入的文字添加【描边】效果,如图 11-338 所示。

图11-337　应用描边

图11-338　输入其他文字

STEP 29 在工具箱中选择【横排文字工具】 T,在工具选项栏中将字体设置为【创艺简老宋】,将字体大小设置为【24 点】,将文本颜色设置为白色,然后在文档中输入文字,效果如图 11-339 所示。

STEP 30 确定文字图层处于选择状态,在【图层】面板中单击【添加图层样式】按钮 fx.,在弹出的下拉菜单中选择【描边】命令,弹出【图层样式】对话框,将【大小】设置为【2 像素】,将描边颜色的 RGB 值设置为 1、107、26,如图 11-340 所示。

图11-339　输入文字

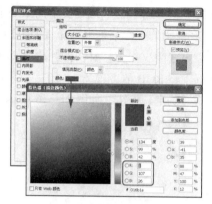

图11-340　设置描边

31 设置完成后，单击【确定】按钮，即可为输入的文字应用描边样式，效果如图11-341所示。

32 在工具箱中双击【设置前景色】图标，弹出【拾色器（前景色）】对话框，在该对话框中将RGB值设置为1、107、26，如图11-342所示。

图11-341　应用描边

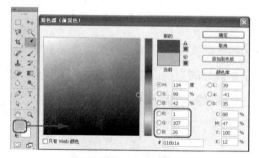

图11-342　设置前景色

33 在工具箱中选择【直线工具】 ，在工具选项栏中将工具模式设置为【形状】，将【粗细】设置为【2像素】，然后在文档中绘制直线，如图11-343所示。

34 使用前面介绍的方法输入文字【健康饮品】，并为文字添加描边，如图11-344所示。

图11-343　绘制直线

图11-344　输入文字

35 按【Ctrl+O】组合键，弹出【打开】对话框，在该对话框中选择随书附带光盘中的【素材\第11章\橙子2.png】文件，然后单击【打开】按钮，如图11-345所示。

36 即可打开素材文件，效果如图11-346所示。

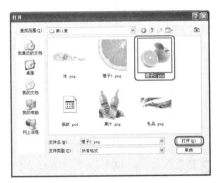

图11-345 选择素材文件

图11-346 打开的素材文件

37 使用【移动工具】将打开的素材文件拖曳到【果汁宣传海报】场景中，然后调整素材文件的位置，并在【图层】面板中将素材文件所在图层重命名为【橙子2】，效果如图11-347所示。

38 确定【橙子2】图层处于选择状态，在【图层】面板中单击【添加图层样式】按钮，在弹出的下拉菜单中选择【外发光】命令，如图11-348所示。

39 弹出【图层样式】对话框，在该对话框中将发光颜色设置为白色，将【扩展】和【大小】设置为20%和【10像素】，如图11-349所示。

图11-347 拖曳素材文件

图11-348 选择【外发光】命令

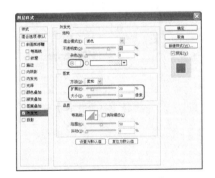

图11-349 设置外发光

40 单击【确定】按钮，应用外发光样式后的效果如图11-350所示。

41 至此，果汁宣传海报就制作完成了，在菜单栏中选择【文件】|【存储】命令，如图11-351所示。

42 弹出【存储为】对话框，在该对话框中选择一个存储路径，并将【格式】设置为【Photoshop(*.PSD；*.PDD)】，然后单击【保存】按钮，如图11-352所示。

图11-350　应用外发光

图11-351　选择【存储】命令

图11-352　【存储为】对话框

STEP 43 在【图层】面板中单击右上角的■按钮，在弹出的下拉菜单中选择【拼合图像】命令，如图11-353所示。

STEP 44 即可将所有的图层合并在一起，如图11-354所示。

STEP 45 在菜单栏中选择【文件】|【存储为】命令，在弹出的【存储为】对话框中选择一个存储路径，并将【格式】设置为【TIFF（*.TIF；*.TIFF)】，然后单击【保存】按钮，如图11-355所示。

图11-353　选择【拼合图像】命令

图11-354　合并图层效果

图11-355　保存效果文件

习题答案

第1章

一、填空题

（1）1GB ～ 2GB

（2）Photoshop、Illustrator、InDesign、Acrobat

（3）300 像素 / 英寸，96 像素 / 英寸，72 像素 / 英寸

二、问答题

（1）图像编辑窗口、工具箱、工具选项栏、面板、状态栏。

（2）图像分辨率是 Photoshop 中一个非常重要的概念，指的就是每英寸图像含有多少个点或像素；不同的印刷品对图片分辨率的要求是不同的。

第2章

一、填空题

（1）分辨率大小、尺寸大小、清晰度、平滑度

（2）摄影图库、矢量图库

二、问答题

（1）原稿的尺寸和原稿的分辨率。

（2）①在拍摄时，发生抖动，导致图片模糊；

②客户用错误的方法更改了图片，如错误地使用【重定图像像素】、【模糊】、【锐化】等命令。

第3章

一、填空题

（1）加减、羽化、样式和调整边缘

（2）曲线段、直线段、控制点、锚点、方向线

（3）多边形套索工具

二、问答题

建立好矩形选区后，单击【调整边缘】按钮，打开【调整边缘】对话框，可以调整【半径】、【对比度】、【平滑】、【羽化】和【收缩 / 扩展】等参数。

第4章

一、填空题

（1）透明性、独立性、叠加性

（2）普通图层、文字图层、背景图层、形状图层、蒙版图层、调整图层

二、问答题

（1）正常模式、溶解模式、正片叠底模式、颜色加深模式、线性加深模式、深色模式、变亮模式、滤色模式、颜色减淡模式、线性减淡模式、浅色模式、叠加模式、柔光模式、强光模式、亮光模式、线性光模式、点光模式、实色混合模式、差值模式、排除模式、色相模式、饱和度模式、颜色亮度模式。

（2）投影、内阴影、外发光、内发光、斜面和浮雕、光泽、颜色叠加、渐变叠加、图案叠加、描边样式等。

第5章

一、填空题

（1）横排蒙版工具、直排蒙版工具

（2）自动换行、可调整文字区域大小、段落文字

（3）行间距、垂直比例、水平比例、字间距

二、问答题

将图层载入选区的方法有两种：一种是在需要载入的图层上按住键盘上的【Ctrl】键单击图层缩览图；另一种就是在图层缩览图上鼠标右击，在弹出的快捷菜单中选择【选择像素】命令。

第6章

一、填空题

（1）256、深浅、明暗变化

（2）保存选取区域的、非选取区域、被选取区域、保存选区。

二、问答题

（1）在PhotoshopCS6中，共提供了3种蒙版，分别是图层蒙版、快速蒙版、矢量蒙版。

（2）一个CMYK图像至少有4个通道，分别代表青色（C）、洋红（M）、黄色（Y）、黑色（K）4个信息。

第7章

一、填空题

（1）色相、明度、饱和度

（2）青（C）、洋红（M）、黄（Y）
　　　青（C）、洋红（M）、黄（Y）

二、问答题

（1）【色彩平衡】命令主要用于调整整体图像的色彩平衡，以及对于普通色彩的校正。

（2）一个颜色包括3个属性：色相、明度、饱和度。

第8章

一、填空题

（1）半径

（2）不规则的直线、斑点

（3）锐化、进一步锐化、锐化边缘、USM锐化和智能锐化

二、问答题

（1）滤镜是Photoshop中功能最丰富、效果最奇特的工具之一。滤镜是通过不同的方式改变像素数据，以达到对图像进行抽象、艺术化的特殊处理的效果，还可以模拟出素描、水粉或油画等各种绘画效果。

（2）查找边缘、等高线、风、浮雕效果、扩散、拼贴、曝光过度、凸出、照亮边缘。

第9章

一、填空题

（1）洋红

（2）叠印

（3）栅格化

二、问答题

（1）PSD格式、PSB格式、TIFF格式、JPEG格式、EPS格式、DCS格式、PDF格式、BMP格式。

（2）PSD和TIFF格式的选择、格式转换问题、剪贴路径。

第10章

一、填空题

（1）300像素/英寸、CMYK

（2）界面、文件处理、性能、光标、透明度与色域

二、问答题

（1）选择菜单栏中的【编辑】|【首选项】|【常规】命令，就可以打开【常规】面板。

（2）选择菜单栏中的【窗口】|【动作】命令，就可以打开【动作】面板。